全国技工院校、职业院校“理实一体化”系列教材

机电控制技术

（第2版）

李乃夫　丛书主编

苏国辉　周文煜　主　编

赵茂林　范秉欣　参　编

電子工業出版社

Publishing House of Electronics Industry

北京・BEIJING

内 容 简 介

本书以培养学生应用能力为目的，突出基本技能的训练及基础知识的掌握。遵循“实用、够用”的原则，以工作任务为驱动，采用项目化教学法。学生对各个项目的任务进行相关知识的学习，并通过操作训练达到项目目标。全书主要分成机电控制系统、微机控制系统、电动机控制技术、自动机与自动生产线安装与调试、工业机械人系统与控制、数控机床应用等六个项目。

本书可作为技工学校机电一体化、电气自动化等机电类相关专业的教材，也可以供广大机电专业技术人员作为培训教材使用。

图书在版编目（CIP）数据

机电控制技术 / 苏国辉，周文煜主编. —2 版. —北京：电子工业出版社，2015.6
全国技工院校、职业院校“理实一体化”系列教材

ISBN 978-7-121-26273-9

Ⅰ. ①机… Ⅱ. ①苏… ②周… Ⅲ. ①机电一体化—控制系统—高等职业教育—教材 Ⅳ. ①TH-39

中国版本图书馆 CIP 数据核字（2015）第 125048 号

策划编辑：张　凌
责任编辑：夏平飞
印　　刷：北京七彩京通数码快印有限公司
装　　订：北京七彩京通数码快印有限公司
出版发行：电子工业出版社
　　　　　北京市海淀区万寿路 173 信箱　邮编 100036
开　　本：787×1 092　1/16　印张：18.25　字数：476 千字
版　　次：2009 年 8 月第 1 版
　　　　　2015 年 6 月第 2 版
印　　次：2024 年 1 月第 9 次印刷
定　　价：36.50 元

凡所购买电子工业出版社图书有缺损问题，请向购买书店调换。若书店售缺，请与本社发行部联系，联系及邮购电话：（010）88254888，88258888。

质量投诉请发邮件至 zlts@phei.com.cn，盗版侵权举报请发邮件至 dbqq@phei.com.cn。

本书咨询联系方式：（010）88254583，zling@phei.com.cn。

前　言

机电控制技术是微电子技术和计算机技术的迅速发展及其向机械工业的渗透所形成的。它运用基本控制原理，将机械技术、自动控制技术、计算机技术、传感测控技术、电力电子技术等有关技术进行有机组合，实现整体最佳化。因此，机电控制技术是机电控制行业的技术工人所必须掌握的一门基础知识。目前，很多中等职业学校的机电专业都开设了这门课程。但是原版教材是按照传统的学科教学模式进行编写的，与现代职业教育培养目标和企业对中职学生的要求存在较大的差距，为此，这次修订我们遵循“实用、够用”的原则，以学习任务为引领，采用项目化的编写形式对教材进行重新设计，把关键的知识和能力合理地安排在各个任务中，学生通过完成任务学会所必需的专业知识和技能，从而达到培养学生职业技能、职业习惯的目的。

本书共分六个项目 20 个任务。其中，项目一是机电控制系统，项目二是微机控制系统，项目三是电动机控制技术，项目四是自动机与自动生产线安装与调试，项目五是工业机械人系统与控制，项目六是数控机床应用。

本书由广州市轻工技师学院苏国辉、周文煜主编，赵茂林、范秉欣参编。其中，项目一、二、三主要由苏国辉编写，项目四、五主要由周文煜编写，赵茂林编写项目三中的任务 3、项目六中的任务 3、任务 4，范秉欣编写项目六中的任务 1、任务 2。周文煜统编全书。广州市轻工技师学院李乃夫担任本书主审。

由于编者水平有限，书中难免存在错误和不足之处，恳请读者批评指出，以期进一步完善。

编　者

目　　录

目录

项 目 一

机电控制系统

任务1 认识机电控制系统

任务目标

学会机电控制系统的概念、组成、结构及分类。

学习目标

应知：

（1）了解自动控制的概念。

（2）掌握机电控制系统的组成结构。

（3）了解机电控制系统的分类。

（4）掌握开环控制系统、闭环控制系统的基本原理。

建议学时

建议完成本任务为4学时。

相关知识

一、自动控制系统

1. 自动控制的基本概念

控制广泛地应用在各行各业，如温度控制、微机控制、人口控制等。所谓控制，其定义是“为达到某种目的，对某一对象施加所需的操作”，含有“调节、调整”，“管理、监督”，“运用、操作”等意思。

在上述定义中所说的对象，是指物体、机器、过程或经济、社会现象等一般广泛的系统，叫作被控对象。对于想实现控制的目标量，比如电动机的转速、储水容量水位、油压缸中活塞的位置、炉内温度等叫做控制量，而把所希望的转速、水位、位置、温度等叫做目标值或参据量。

根据产生控制作用主体的不同，控制可分为手动控制和自动控制。由人本身通过判断和操作进行的控制叫做手动控制。例如汽车的驾驶，驾驶员为到达目的地，需要根据路况和车况不断地操纵方向盘；又如人的行走、抓放物品等行为也都可称为手动控制。

自动控制，是指在没有人直接参与的情况下，利用外加的设备或装置（称为控制装置或控制器）使机器、设备或生产过程的某个工作状态或参数自动地按照预定的规律运行。

为了实现各种复杂的控制任务，首先要将被控对象和控制装置按照一定的方式连接起来，组成一个有机整体，这就是自动控制系统。在自动控制系统中，被控对象的输出量，即被控量是需要严格加以控制的物理量，它可以要求保持为某一恒定值，例如温度、压力、液位等，也可要求按照某个给定规律运行，例如飞行航线、记录曲线等；而控制装置则是对被控对象施加控制作用的机构的总体，它可以采用不同的原理和方式对被控对象进行控制。

2．机械与控制

从机械的发展史可看到，机械的发展和进步与控制是密不可分的。一方面，机械运转本身，广义地讲也可称为控制，只有配备一定的控制装置才可以达到某种较复杂的工作目的（尽管这种控制装置最初是通过纯机构来实现的）。另一方面，机械广泛深入地应用，也促进了控制科学的产生和发展。例如，作为工业革命象征的蒸汽机当时主要用于各种机械驱动，为了消除蒸汽机因负荷变化而对转速造成的影响，19 世纪末詹姆斯·瓦特发明了离心调速器。但离心调速器在某种使用条件下，蒸汽机的转速和调速器套筒的位置依然会周期性地发生很大变化，形成异常运转状态。蒸汽机和调速器能单独地各自稳定地工作，为什么在组合的情况下就出现不稳定状态呢？这一问题促使人们展开了相关研究和探索。直到 19 世纪后半叶麦克斯韦提出了系统特性以及劳斯·胡尔维兹发现了系统稳定工作的条件（稳定性判据）后上述问题才得以解决，这也可以说是控制理论的开始。

生产工艺的发展对机械系统也提出了越来越高的要求，为了达到工作目的，使得机械已不再是纯机械结构了，更多的是与电气、电子装置结合在一起，形成了机电控制系统。它由驱动装置、控制系统以及机械传动装置组成。

由此得出机电控制和自动控制的关系：自动控制是以一般系统为对象，广泛地使用控制方法进行控制系统的理论设计；而机电控制就是应用自动控制工程学的研究成果，把机械作为控制对象，研究怎样通过采用一定的控制方法来适应对象特性变化从而达到期望的性能指标。

3．工业生产过程自动化控制系统

工业生产过程自动化控制系统框图见图 1-1，它主要由以下几个方面组成。

（1）自动检测系统

在工业生产过程中，人们首先想要知道生产过程的状况如何，想要知道反映生产过程状况的某些物理量的大小。通常把这些物理量称为过程变量。工业生产中常常通过温度、压力、流量、液位、物料的成分等过程变量的大小来反映生产过程状况的好坏。自动检测系统就是对各种过程变量自动地进行检测，并且把检测的结果随时指示或记录下来的自动化系统。例如，贮水罐水位自动控制系统中，液位变送器代替玻璃液位计和人的眼睛，测量贮水罐水位的高度，并把水位高度值变换成对应的测量信号送给控制器，即把水位高度告诉给控制器。

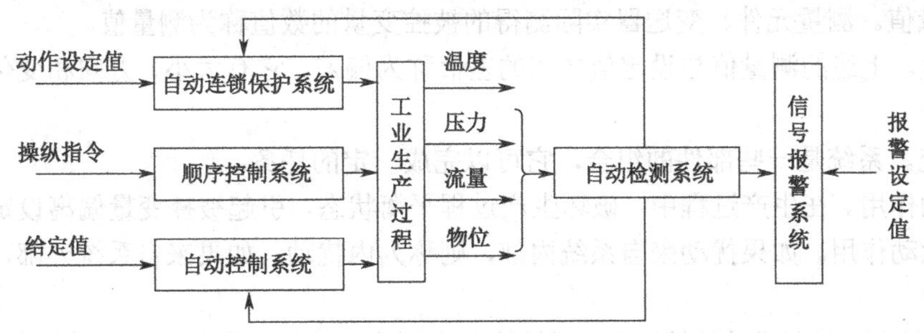

图 1-1　工业生产过程自动化控制系统框图

（2）自动连锁保护系统

在工业生产过程中常常会遇到这样的情况，当某个过程变量的数值超过或低于一定的限制时，就会影响生产的正常进行，甚至会造成种种事故。例如，用乙炔鼓风机输送乙炔气时，如果鼓风机的入口压力低于某个量值时，入口管道内就有可能被抽成负压，漏进空气而引起爆炸。这就要设置一个压力报警及自动保护系统，对鼓风机的入口压力进行测量。当入口压力低于下限值时，自动发出警报或自动采取切断电源、使鼓风机停止运转等保护性措施，避免事故发生。这种当某个过程变量的数值接近危险值时，自动发出警报或自动采取保护措施，以防止事故发生的自动化系统叫自动报警及保护系统。

（3）自动操作系统

在工业生产过程中，往往会有一些周期重复的操作。这种操作单调乏味容易使人疲劳。例如，用机械手搬运工件过程中，下降、抓取、上升、右移、下降、放松、上升、左移、复位这 9 个步骤组成一组单调的、周期重复的操作。为了摆脱这种单调的重复操作，人们设置了由自动机（顺序控制器）和执行器去自动地完成这组操作。这就是能够按照人们事先规定好的操作顺序，自动地进行单调的、周期性重复的自动操作系统，也称为顺序控制系统。

（4）自动控制系统

工业生产过程是连续的生产过程，各种过程变量都是连续变化的模拟量。在工业生产中，常常要求通过操作使得某些表征工业生产过程状况的、重要的过程变量，相对地稳定在生产工艺要求的数值上。例如，住宅水池的水位状态，当水位低于某值时水泵开动抽水，当水位高于某一值时，水泵停机，通常设置一个自动控制系统对水池水位进行自动控制操作。这种操纵某种物料量或能量的大小，使得某个过程变量保持在生产工艺要求的设定值上的自动化系统，叫做自动控制系统。

4．自动控制系统术语

在讨论和研究自动控制系统中的问题时会经常遇到一些专用的名词术语，这里就常用的名词和术语作一介绍。

（1）对象。将被操纵的机器设备作受控对象，简称对象。设备由一些器件组合而成，其作用是完成一个特定的动作。

（2）被控变量。工艺要求自动控制系统通过自动操作控制，使之满足生产过程要求的某个过程变量。在贮水罐水位控制系统中的贮水罐水位即是被控变量。

（3）设定值。生产过程中生产工艺要求被控变量达到的指标值称为设定值。

（4）测量值。测量元件、变送器实际测得的被控变量的数值称为测量值。

（5）偏差。上述的测量值与设定值之间的差值称为偏差。它有大小、方向和变化速率三个基本要素。

（6）系统。系统是一些部件的组合，它可以完成一定的任务。

（7）扰动作用。在生产过程中，破坏生产过程平衡状态，引起被控变量偏离设定值的各种作用，都叫扰动作用。如果扰动来自系统内部，则称为内扰动；如果来自系统外部，则称为外扰动。

（8）反馈控制。在有扰动的情况下，反馈控制有减小系统输出量与给定量之间偏差的作用。控制作用正是根据偏差而实现的。反馈控制仅仅是针对无法预料的扰动而设计的，可以预知或者是已知的扰动，都可以用校正的方法解决。

（9）随动系统。它是一种反馈系统。在这个系统中，输出量就是机械位移、速度或者加速度，因此随动系统与位置（或速度、加速度）控制系统是同义语。现代工业广泛地采用随动系统，如采用程序指令的机床自动化操作等。

（10）自动调整系统。它是一种反馈控制系统。在这种系统中，给定输入量保持常量或者随时间缓慢变化。这种系统的基本任务是在有扰动的情况下，使实际的输出量保持希望的数值。

（11）控制作用。被控对象受到扰动作用以后，被控变量偏离设定值，自动控制系统就对被控对象施加影响，使被控变量回到设定值上来。自动控制系统使被控变量回到设定值而对被控对象施加的影响作用叫控制作用。被自动控制系统用来施加控制作用的变量叫操纵变量。被自动控制系统用来施加控制作用的介质称为控制介质。

二、机电控制系统

1．机电控制系统的发展概况

机电控制系统的发展按所用控制器件来划分，主要经历了四个阶段：最早的机电控制系统出现在 20 世纪初，它仅借助于简单的接触器与继电器等控制电器，实现对被控对象的启、停以及有级调速等控制，它的控制速度慢，控制精度也较差；20 世纪 30 年代控制系统从断续控制发展到连续控制，连续控制系统可随时检查控制对象的工作状态，并根据输出量与给定量的偏差对被控对象自动进行调整，它的快速性及控制精度都大大超过了最初的断续控制，并简化了控制系统，减少了电路中的触点，提高了可靠性，使生产效率大为提高；20 世纪 40～50 年代出现了大功率可控水银整流器控制；时隔不久，50 年代末期出现了大功率固体可控整流元件——晶闸管，很快晶闸管控制就取代了水银整流器控制，后又出现了功率晶体管控制，由于晶体管、晶闸管具有效率高、控制特性好、反应快、寿命长、可靠性高、维护容易、体积小、重量轻等优点，它的出现为机电自动控制系统开辟了新纪元。

随着数控技术的发展，计算机的应用特别是微型计算机的出现和应用，又使控制系统发展到一个新阶段——计算机数字控制，它把晶闸管技术与微电子技术、计算机技术紧密地结合在一起，使晶体管与晶闸管控制具有了强大的生命力。20 世纪 70 年代初，计算机数字控制系统应用于数控机床和加工中心，这不仅加强了自动化程度，而且提高了机床的通用性和加工效率，在生产上得到了广泛应用。工业机器人的诞生，为实现机械加工全面自动化创造了物质基础。20 世纪 80 年代以来，出现了由数控机床、工业机器人、自动搬运车等组成的统一由中心计算机控制的机械加工自动线——柔性制造系统（FMS），它是实现自动化车间和自动化工厂的重要组成部分。机械制造自动化的高级阶段是走向设计和制造一体化，即利用计算机辅助设计（CAD）与计算机辅助制造（CAM）形成产品设计与制造过程的完整系统，对产品构思和设计直至装配、试验和质量管理这一全过程实现自动化，以实现制造过程的高效率、高柔性、高质量，实现计算机集成制造系统（CIMS）。

2．机电控制系统的构成

机电控制系统一般由 8 个部分组成，如图 1-2 所示。图 1-2 中，“〇”代表比较元件，它将测量元件检测到的被控量与输入量进行比较；“-”号表示两者符号相反，即负反馈；“+”号表示两者符号相同，即正反馈。信号从输入端沿箭头方向到达输出端的传输通路称为前向通路；系统输出量经测量元件反馈到输入端的传输通路称为主反馈通路。前向通路与主反馈通路共同构成主回路。此外，还有局部反馈通路以及由它构成的内回路。只包含一个主反馈通路的系统称为单回路系统；有两个或两个以上反馈通路的系统称为多回路系统。各个部分的功能和作用如下。

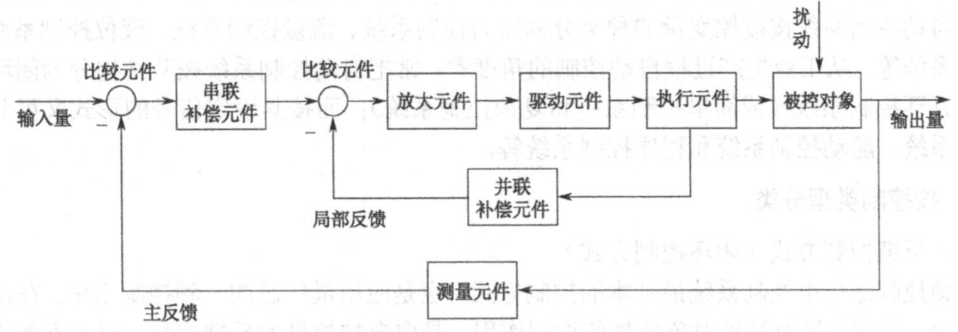

图 1-2　机电控制系统的组成框图

（1）测量元件：职能是检测被控制的物理量，如执行机构的运动参数、加工状况等。这些参数通常有位移、速度、加速度、转角、压力、流量、温度等。如果这个物理量是非电量，一般要转换为电量。

（2）比较元件：职能是把测量元件检测的被控量实际值与给定元件的输入量进行比较，求出它们之间的偏差。常用的比较元件有差动放大器、机械差动装置、电桥电路等。

（3）放大元件：职能是将比较元件给出的偏差信号进行放大，用来推动执行元件去控制被控对象。电压偏差信号可用电子管、晶体管、集成电路、晶闸管组成的电压放大级和功率放大级加以放大。

（4）执行元件：职能是直接推动被控对象，使其被控量发生变化，完成特定的加工任务，零件的加工或物料的输送。执行机构直接与被加工对象接触。根据不同的用途，执行机构具有不同的工作原理、运作规律、性能参数和结构形状，如车床、铣床、送料机械手等，结构上千差万别。

（5）驱动元件：与执行机构相连接，给执行机构提供动力，并控制执行机构启动、停止和换向。驱动元件的作用是完成能量的供给和转换。用来作为执行元件的有阀、电动机、液压马达等。

（6）补偿元件：也叫校正元件，它是结构或参数便于调整的元件，用串联或反馈的方式连接在系统中，其作用是完成加工过程的控制，协调机械系统各部分的运动，具有分析、运算、实时处理功能，以改善系统的性能。最简单的校正元件是由电阻、电容组成的无源或有源网络，复杂的则用 STD 总线工业控制机、工业微机（PC）、单片微机等组成。

（7）被控对象：是控制系统要操纵的对象。它的输出量即为系统的被调量（或被控量），如机床、工作台、设备或生产线等。

（8）接口：机电控制系统各组成部分之间的连接匹配部分称为接口。接口分为两种，机械与机械之间的连接称为机械接口，电气与电气之间的连接称为接口电路。如果两个组成部分之间相匹配，则接口只起连接作用；如果不相匹配，则接口除起连接作用外，还需起转换作用。

机电控制系统的基本工作原理是：操作人员将加工信息输入到控制系统，系统发出加工指令，启动驱动元件运转，带动执行机构进行加工。测量元件实时检测加工状态，将状态信息反馈到控制系统，经过分析、处理后，发出相应的控制指令，实时地控制执行机构运动，如此反复进行，自动地将工件按输入的加工信息完成加工。

三、机电控制系统的分类

机电自动控制系统从不同的使用角度，可以有不同的分类方法。从生产工艺的角度看，常把机电自动控制系统按被控变量的种类分为压力控制系统、流量控制系统、液位控制系统、温度控制系统等。从工业生产过程自动控制的角度看，常把自动控制系统按其结构分为闭环控制系统和开环控制系统（或简单控制系统和复杂控制系统）；而按其设定信号的形式又可分为恒值控制系统、随动控制系统和程序控制系统等。

1. 按控制类型分类

（1）反馈控制方式（闭环控制方式）

反馈控制是机电控制系统最基本的控制方式，也是应用最广泛的一种控制系统。在反馈控制系统中，控制装置对被控对象施加的控制作用，是取自被控量的反馈信息，用来不断修正被控量的偏差，从而实现对被控对象进行控制的目的，这就是反馈控制的原理。

例如，人用手拿取桌上的书，汽车驾驶员操纵方向盘驾驶汽车沿公路平稳行驶等，这些日常生活中习以为常的平凡动作都渗透着反馈控制的深奥原理。下面通过解剖手从桌上取书的动作过程，透视一下它所包含的反馈控制机理。如图 1-3 所示，书的位置是手运动的指令信息，一般称为输入信号（或参据量）。取书时，首先人要用眼睛连续目测手相对于书的位置，并将这个信息送入大脑（称为位置反馈信息），然后由大脑判断手与书之间的距离，产生偏差信号，并根据其大小发出控制手臂移动的命令（称控制作用或操纵量），逐渐使手与书之间的距离（即偏差）减小。只要这个偏差存在，上述过程就要反复进行，直到偏差减小为零，手便取到了书。可以看出，大脑控制手取书的过程，是一个利用偏差（手与书之间距离）产生控制作用，并不断使偏差减小直至消除的运动过程。显然，反馈控制实质上是一个按偏差进行控制的过程，因此，它也称为按偏差的控制，反馈控制原理就是按偏差控制的原理。

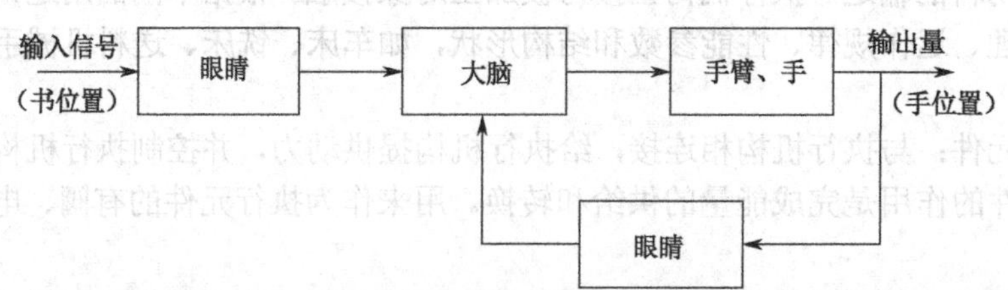

图 1-3　人取书的反馈控制系统方块图

通常，我们把取出的输出量送回到输入端，并与输入信号相比较产生偏差信号的过程称为反馈。若反馈的信号是与输入信号相减，使产生的偏差越来越小，则称为负反馈，反之，则称为正反馈。反馈控制就是采用负反馈并利用偏差进行控制的过程，而且，由于引入了被控量的反馈信息，整个控制过程成为闭合的，因此反馈控制也称闭环控制。其特点是不论什么原因使被控量偏离期望值而出现偏差时，必定会产生一个相应的控制作用去减小或消除这个偏差，使被控量与期望值趋于一致。可以说，按反馈控制方式组成的反馈控制系统，具有抑制任何内外扰动对被控量产生影响的能力，有较高的控制精度。但这种系统使用的元件多，线路复杂，特别是系统的性能分析和设计也较麻烦。

（2）开环控制方式

开环控制方式是指控制装置与被控对象之间只有顺向作用而没有反向联系的控制过程，开环控制系统结构框图如图 1-4 所示。按这种方式组成的系统称为开环控制系统，其特点是系统的输出量不会对系统的控制作用发生影响。开环控制系统可以按给定值控制方式组成，也可以按扰动控制方式组成。

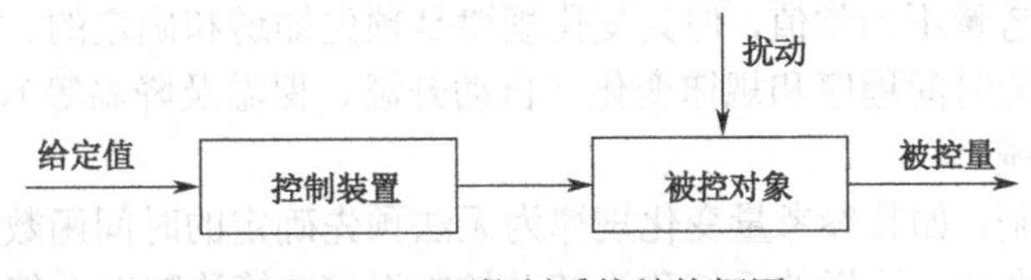

图 1-4　开环控制系统结构框图

按给定值控制的开环控制系统，其控制作用直接由系统的输入量产生，给定一个输入量，就有一个输出量即被控量与之相对应，控制精度完全取决于所用的元件及校准的精度。因此，这种开环控制方式没有自动修正偏差的能力，抗扰动性较差，但由于其结构简单、调整方便、成本低，在精度要求不高或扰动影响较小的情况下，这种控制方式还有一定的实用价值。

例如，如图 1-5 所示的开环直流电动机速度控制系统在某一转速下运行，如果机械负载增加，则电动机转速会下降，而控制系统不可能使电动机转速保持在原有的转速上。这是开环控制系统所固有的缺点。

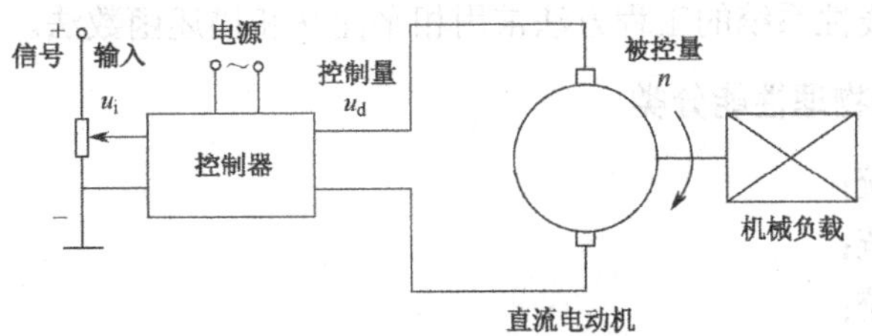

图 1-5　开环直流电动机速度控制系统

按扰动控制的开环控制系统是利用可测量的扰动量，产生一种补偿作用，以减小或抵消扰动对输出量的影响，这种控制方式也称顺馈控制或前馈控制。例如，在一般的直流速度控制系统中，转速常常随负载的增加而下降，且其转速的下降与电枢电流的变化有一定的关系。如果我们设法将负载引起的电流变化测量出来，并按其大小产生一个附加的控制作用，用于补偿由它引起的转速下降，就可以构成按扰动控制的开环控制系统。这种按扰动控制的开环控制方式是直接从扰动取得信息，并以此来改变被控量，其抗扰动性好，控制精度也较高，但它只适用于扰动是可测量的场合。

（3）复合控制方式

反馈控制在外扰影响出现之后才能进行修正工作，在外扰影响出现之前则不能进行修正工作。按扰动控制方式在技术上较按偏差控制方式简单，但它只适用于扰动是可测量的场合，而且一个补偿装置只能补偿一个扰动因素，对其余扰动均不起补偿作用。因此，比较合理的一种控制方式是把按偏差控制与按扰动控制结合起来，对于主要扰动采用适当的补偿装置实现按扰动控制，同时，再组成反馈控制系统实现按偏差控制，以消除其余扰动产生的偏差。这样，系统的主要扰动已被补偿，反馈控制系统就比较容易设计，控制效果也会更好。这种按偏差控制和按扰动控制相结合的控制方式称为复合控制方式。

2．按给定量的运动规律分类

（1）恒值控制系统

这种控制系统参考输入是个恒定值，可维持被控量恒定的反馈控制。如电机自动调速系统，当输入量恒定时，即使存在扰动的影响，仍可维持转速的基本恒定。

（2）程序控制系统

这种控制系统参考量不为常值，但其变化规律是预先知道和确定的。如热处理炉的温度调节，要求温度按一定的时间程序和规律变化（自动升温、保温及降温等）。

（3）随动控制系统

一个反馈系统控制，如其参考量变化规律为无法预先确定的时间函数，则其被控量能以一定的精度跟随参考量变化。这样的系统称为随动控制系统，简称随动系统或伺服系统。随动系统中，被控量通常是机械位移、速度或加速度等。

3．按照元件特性分类

（1）线性控制系统

各组成元件或环节不包含非线性元件，各元件的输入、输出特性都是线性。线性系统的性能可用线性微分方程描述。线性系统中，可以使用叠加原理。

（2）非线性控制系统

含有非线性特性元件的系统，称为非线性控制系统，简称非线性系统。非线性系统不能采用叠加原理。分析非线性系统的工程方法常用相平面法和描述函数法。

4．按控制元件的物理性能分类

（1）电气控制系统；

（2）液压控制系统；

（3）机械控制系统；

（4）机电一体化控制系统；

（5）热能控制系统。

5．按照信号作用特点分类

（1）连续控制系统

亦称为模拟控制系统。系统中各个组成元件输出量都是输入量的连续函数。

（2）断续控制系统

系统中包含断续元件，其输入量是连续量，而输出量是断续量。目前有三种断续控制系统。

① 继电器系统，亦称开关控制系统。

② 脉冲系统，又称采样控制系统。脉冲系统将输入的信号变成一串脉冲信号输出，脉冲的幅度、宽度及符号取决于采样时刻的输入量。

③ 数字控制系统。在数字控制系统中，信号以数码形式传递。

6. 按自动控制系统功能分类

（1）自动调节系统

自动调节系统即恒值控制系统。

（2）最优控制系统

最优控制系统是指控制系统实现对某种性能指标为最佳的控制。

（3）自适应控制系统

自适应控制系统是一种能够连续测量输入信号和系统特性的变化，自动地改变系统的结构与参数，使系统具有适应环境的变化并始终保持优良品质的自动控制系统。不少对象的特性是随时间和环境变化而变化的，如飞机特性随飞行高度、空气速度而变化，轧钢机张力随卷板机卷绕钢板多少而变化等。在这些情况下，普通固定结构的反馈系统就不能满足需要，因此要求采用自适应系统。

7. 自学习系统

它具有辨识、判断、积累经验和学习的功能。在控制特性事先不能确切知道或不能确切地用数学模型描述时，采用自学习控制可以在工作过程中，不断地测量，估计系统的特性，并决定最优控制方案，实现性能指标最优控制。

任务实施

1. 在老师的指导下，学生学习掌握本任务的相关知识。
2. 学生独立完成本任务的习题。
3. 学生完成自我评价，教师完成教师评价。

习题

1. 什么是自动控制？试列举日常生活中需要自动控制的例子。

2. 工业生产过程自动化控制系统包括哪几个部分？

3. 什么是自动控制系统？

4. 自动控制系统的控制作用是什么？

6. 机电控制系统经历了哪几个发展阶段？

7. 机电控制系统由哪几部分构成？试分析它们的作用。

8. 在机电控制系统中，只包含一个主反馈通路的系统称为____________，有两个或两个以上反馈通路的系统称为____________。

9. 什么是反馈控制与开环控制？试分析它们的特点。

10. 控制系统从不同的使用角度可以分为哪几类？

11. 控制系统把取出的输出量送回到输入端，并与输入信号相比较产生偏差信号的过程，称为______。

12. 若反馈的信号是与输入信号相减，使产生的偏差越来越小，则称为______，反之，则称为______。

评价反馈

（一）自我评价（50 分）

学生进行自我评价，评分值记录于表 1-1 中。

表 1-1　自我评价表

项目内容	配　分	评分标准	扣分	得分
1. 学习掌握习题 1～4 的知识内容	10 分	1. 预习课程的内容。 2. 完成学习后，掌握课程的知识点。		
2. 完成习题 1～4	15 分	1. 按时认真完成，答案正确。 2. 每一道题目的答案出现错误，扣 3～4 分。		
3. 学习掌握习题 5～7 的知识内容	10 分	1. 预习课程的内容。 2. 完成学习后，掌握课程的知识点。		
4. 完成习题 5～7	15 分	1. 按时认真完成，答案正确。 2. 每一道题目的答案出现错误，扣 3～5 分。		
5. 学习掌握习题 8～12 的知识内容	10 分	1. 预习课程的内容。 2. 完成学习后，掌握课程的知识点。		
6. 完成习题 8～12	15 分	1. 按时认真完成，答案正确。 2. 每一道题目的答案出现错误，扣 3～4 分。		
7. 学习态度、上课纪律	25 分	1. 学习态度不认真，可酌情扣 7～10 分。 2. 课堂纪律不好，可酌情扣 7～10 分。 3. 迟到、早退，扣 5 分。		
		总评分=（1～7 项总分）×50%		

签名：＿＿＿＿＿＿　＿＿＿＿年＿＿月＿＿日

（二）教师评价（50 分）

授课教师结合学生课堂表现及自评结果进行综合评价，并将评价意见与评分值记录于表 1-2 中。

表 1-2　教师评价表

教师总体评价意见：	
教师评分（50 分）	
总评分=自我评分+教师评分	

教师签名：＿＿＿＿＿＿　＿＿＿＿年＿＿月＿＿日

任务 2 认识自动控制系统的基本规律

任务目标

学会自动控制系统的控制规律。

学习目标

应知：

(1) 了解双位控制的原理。

(2) 掌握比例控制规律、积分控制规律、微分控制规律的特点。

(3) 了解比例积分控制、比例微分控制规律的特点。

(4) 掌握比例积分微分控制规律的特点。

建议学时

建议完成本学习任务为 4 学时。

相关知识

一、双位控制规律

在自动控制系统中，调节器是很重要的组成部分。当被控对象受到干扰作用后，被控变量将偏离原来的设定值。控制器把被控变量的测量值与设定值进行比较，如果产生偏差，就按预先设置的控制规律发出控制信号，去控制执行器产生动作，从而使被控变量回到设定值。

在自动调节系统中，调节器将系统的被控量与给定值进行比较，得到偏差，而后按照一定的控制规律来控制调节过程，使被控量等于或接近设定值。调节器输出信号的作用称为控制作用或调节作用，调节器输出信号随输入信号而变化的规律称为调节器的控制规律。

从调节规律的角度来看，目前在生产过程中常用的基本控制规律有以下几种：双位控制、比例控制、积分控制、微分控制以及比例积分控制、比例积分微分控制。

1. 双位控制

双位控制规律是一种最简单的调节规律。当测量值小于或大于给定值时，控制器的输出为最大值；当测量值大于或小于设定值时，控制器的输出为最小值。输入偏差 e 与控制器的输出 p 的关系如式（1-1)。

$$\begin{cases} p = p_{\max} & e > 0\ (\text{或 } e < 0) \\ p = p_{\min} & e < 0\ (\text{或 } e > 0) \end{cases} \tag{1-1}$$

式（1-1）所表示的关系就是双位控制规律。其特性曲线如图 1-6 所示。这种调节规律的特点是输入偏差可以有无限多个值，但输出却只有两个极限值，从一个极限变换到另一个极限的时间是很快的，故称之为双位控制。

图 1-7 是一个典型的采用双位控制的控制系统。它利用电极式液位计来控制水箱的液位，箱内装有一根电极，作为测量液位的装置，电极的一端与继电器 J 的线圈相接，另一端调整在液位给定值的位置，液体经装有电磁阀的管道进入水箱，由出液管流出。由于液体是导电的，因此水箱外壳接地。当液位低于设定值 H_0 时，流体未接触电极，继电器 J 断路，此时电磁阀全开，流体流入水箱使液位上升；当液位上升至稍大于设定值 H_0 时，流体与电极接触，于是继电器接通，从而使电磁阀全关，流体不再进入水箱，但箱内流体仍在继续往外排出，故液位将要下降。当液位下降至稍小于设定值时，流体与电极脱离，于是电磁阀又开启。如此反复循环，液位被维持在设定值上下很小一个范围内波动。

这种的调节系统表面上看似乎很理想，但实际上这样的调节规律将会使运动部件（在本例中就是电磁阀）频繁地动作，那必将大大缩短运动部件的使用寿命，从而影响双位控制系统能否安全可靠地工作。

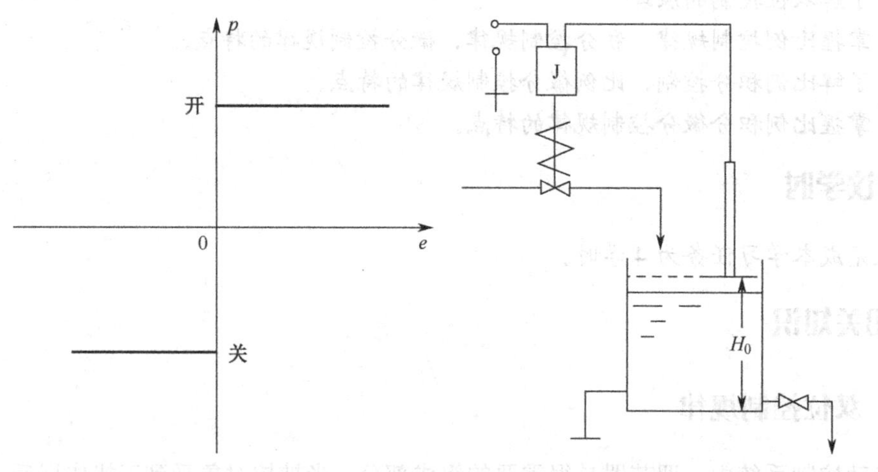

图 1-6　双位控制特性曲线　　图 1-7　双位调节系统的示例

2. 实际的双位控制

在实际的自动控制系统中，实际生产的给定值总是有一定允许偏差的，有的允许范围小些，有的允许范围大些。也就是说，被控变量始终不能真正稳定在给定值上，而是在给定值附近上下波动。因此，实际应用的双位控制器都有一个中间区。当被控变量在中间区内时，调节器输出状态不变化，调节机构不动作。当偏差上升至高于给定值的某一数值后，调节器输出状态才变化，调节机构打开；当偏差下降至低于给定值的某一数值后，调节器输出状态才发生变化，调节机构关闭。这样，调节机构开关的频繁程度便大为降低，减少了器件的损坏。

实际双位控制调节规律见图 1-8。这个控制调节系统是在图 1-7 所示的系统的基础上改造而成的。它的控制过程是这样的：当被控制量液位低于下限值时，电磁阀打开，液体流入水箱。由于流入液体比流出液体多，故液位上升。当液位升至上限值时，电磁阀关闭，液体停止流入。由于此时液体仍然在流出，故液位由上升变为下降，但在下降过程中电磁阀的状态不变。直到液位下降至下限值时，电磁阀又打开，液体又重新流入水箱，液位又开始由下降变为上升，但液位上升过程中，电磁阀打开的状态不变。

图 1-9 是实际的双位控制调节过程。其中上图表示调节机构的输出变化与时间的关系；下图表示被控变量（液位）在中间区内随时间变化的曲线，它是一个被控量在上限值 h_H 和下限

值 h_L 间等幅振荡过程。

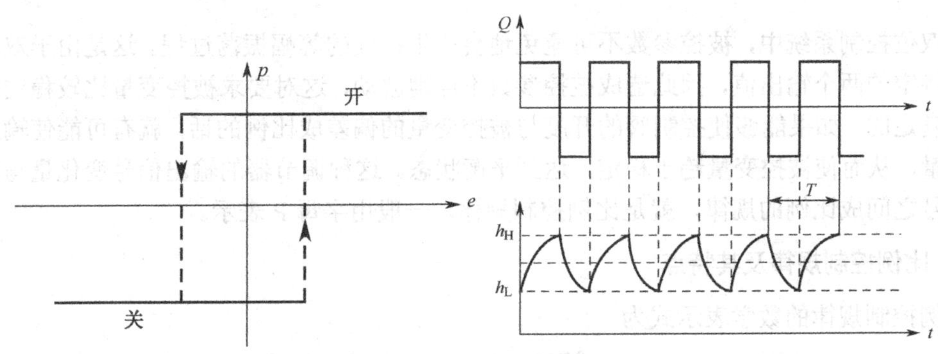

图 1-8 实际双位控制调节规律　　图 1-9 实际的双位控制调节过程

3. 双位控制的应用实例

工厂里常用动圈式双位指示调节仪表来控制电加热器的温度，如图 1-10 所示，它的工作原理如下。

被测温度由热电偶 3 测量电路变换为直流毫伏信号，输入到动圈测量机构 2，使动圈连同其上的指示指针和铝旗 1 随输入信号电压的大小产生偏转，指针直接指示出测量值。同时铝旗也处于一个相应的位置，它与给定指针 6 上附有的平面检测振荡线圈 7 构成的偏差变成了铝旗与平面检测线圈的相互位置变化。检测线圈是控制电路中的一个电感元件。当测量指针尚未到达给定指针位段（即指示值小于给定值）时，铝旗在检测线圈外面，检测线圈有较大的电感量，高频振荡放大器有振荡电流输出，使继电器 8 吸合，加热器 4 通电加热。当测量值达到给定值时（即指示指针与给定指针重合），装在指示指针上的小铝旗便进入两平行检测线圈之间，使检测线圈的电感量减少，高频振荡器便停振，流过继电器线圈的电流将显著减少，于是继电器触点断开，加热电路断电，温度就逐渐下降。当测量值又小于设定值，即小铝旗退出检测线圈时，高频振荡放大器再次起振，输出较大的振荡电流，使继电器触点重新吸合，电热器再次通电加热。如此反复循环，就实现了加热器的双位控制。

双位控制调节器的结构简单，成本较低，易于实现，因此应用很普遍。工厂中常用的最简单的双位控制元件有带电触点式压力表、电触点水银温度计、双金属温度计等。

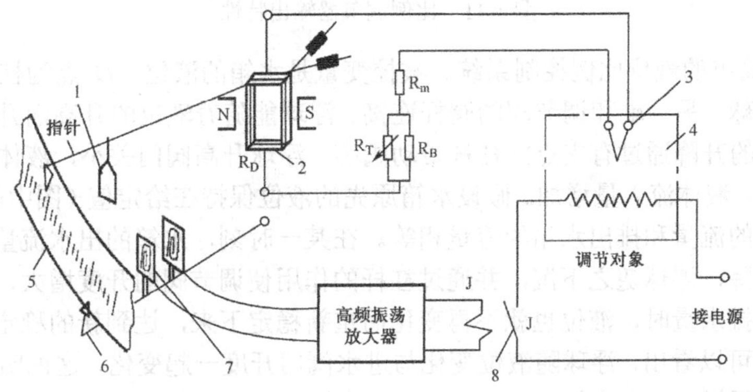

图 1-10 动圈式双位指示调节仪表工作原理

1—铝旗；2—动圈；3—热电偶；4—加热器；5—标尺；6—给定指针；7—检测振荡线圈；8—继电器

二、比例控制规律

在双位控制系统中，被控参数不可避免地会产生持续的等幅振荡过程。这是由于双位控制器只有特定的两个输出值，因此造成被控参数不停地波动，这对要求被控变量比较稳定的系统是不能满足的。如果能够使控制阀的开度与被控变量的偏差成比例的话，就有可能使输入量等于输出量，从而使被控变量趋于稳定，达到平衡状态。这种调节器的输出信号变化量与输入的偏差信号之间成比例的规律，就是比例控制规律，一般用字母 P 表示。

1. 比例控制规律及其特点

比例控制规律的数学表示式为

$$\Delta p = K_{\mathrm{p}} e \tag{1-2}$$

式中 Δp——控制器的输出变化量；

K_{p}——比例调节器的放大倍数；

e——控制器的输入偏差信号。

比例调节器的放大倍数 K_{p} 是可调的，它决定了比例作用的强弱，所以比例调节器实际上可以看成一个放大倍数可调的放大器，其特性如图 1-11 所示。当放大倍数 K_{p} 大于 1 时，比例作用为放大；而当放大倍数 K_{p} 小于 1 时，比例作用为缩小。在控制器放大倍数 K_{p} 不变的情况下，控制器的输入偏差大，输出变化量也大；输入偏差小，相应的输出量变化也小。

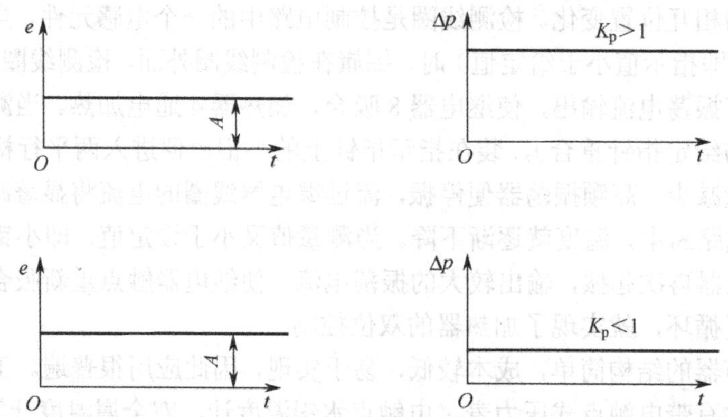

图 1-11　比例调节器输出特性

图 1-12 是简单的液位比例控制系统。被控变量是水箱的液位。O 点为杠杆的支点，杠杆的一端固定着浮球，另一端和调节阀的阀杆连接。浮球能随着液位的升高而升高，随液位的下降而下降。浮球的升降通过有支点的杠杆带动阀芯，浮球升高阀门关小，液体流入量减少；浮球下降阀门开大，液体流入量增加。假设水箱原先的液位保持在给定值（图中的实线位置）上，这说明进入水箱的流量和排出水箱的流量相等。在某一时刻，水箱的出水流量 Q_{o} 突然增大，此时液位就会下降，浮球随之下沉，并通过杠杆的作用使调节阀的开度增大，使进水量增加。当进水量又等于排水量时，液位也就不再变化而重新稳定下来，达到新的稳定状态。

从上述分析可以看出，浮球随液位变化与进水阀门开度一起变化，这说明比例作用能够及时控制系统。值得提出，当液位一旦变化，虽经比例控制系统能达到稳定，但已回不到原来的给定值。也就是说，液位新的平衡位置相对于原来设定位置有一偏差值（即水箱实线与虚线液位之差），此偏差值称为余差，所以比例控制又称为有差控制。

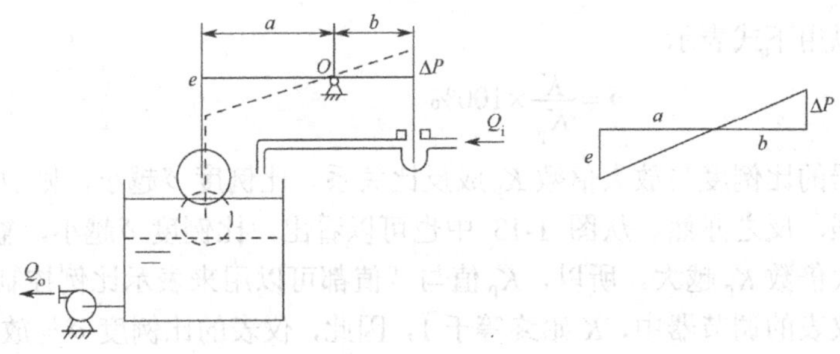

图 1-12 简单的液位比例控制系统

2. 比例度

由式（1-2）可知，比例调节器的比例放大倍数 K_p 是反映比例调节作用强弱的重要参数。工业上通常采用一个比例度 δ 来代替比例放大倍数，用以衡量调节器比例调节作用的强弱程度。

比例度是指调节器输入的变化与相应输出变化比值的百分数，可以表示为

$$\delta = \frac{e/(x_{\max} - x_{\min})}{\Delta p/(p_{\max} - p_{\min})} \times 100\% \tag{1-3}$$

式中 e——控制器的输入变化量（偏差）；

Δp——控制器的输出变化量；

$x_{\max}$-$x_{\min}$——仪表的刻度范围；

$p_{\max}$-$p_{\min}$——调节器输出的工作范围。

例如，一只电动比例温度调节器，它的量程刻度是 100～200℃，电动调节器输出是 0～10 mA，假设指示指针从 140℃移到 160℃时，调节器的输出电流从 3 mA 变化到 8 mA，其比例度是

$$\delta = \frac{(160-140)/(200-100)}{(8-3)/(10-0)} \times 100\% = 40\%$$

当温度变化是全量程的 40%时，调节器的输出从 0 变化到 10 mA。在这个范围内，温度的变化和调节器的输出变化是成比例的。如果这个调节器的输入变化量超过了全量程的 40%，调节器的输出就不能再跟着输入变化了。因为它的输出只能在既定的输出范围内变化。因此，比例度就是使调节器输出作全范围变化时所需要的输入偏差变化量占全量程的百分数。

控制器比例度 δ 与比例调节器输入、输出的关系如图 1-13 所示。比例度越小，输出变化全范围时所需的输入变化区间也就越小，反之亦然。

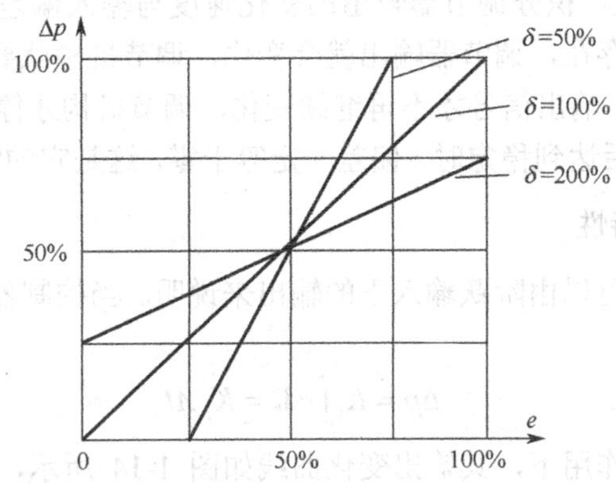

图 1-13 比例度与比例调节器输入、输出的关系

比例度也可以用下式表示

$$\delta=\frac{K}{K_p}\times 100\% \tag{1-4}$$

这说明控制器的比例度与放大倍数 K_p 成反比关系。比例度 δ 越小，则放大倍数 K_p 越大，比例控制作用越强，反之亦然。从图 1-13 中也可以看出，比例度 δ 越小，输入、输出曲线越陡，这正说明放大倍数 K_p 越大。所以，K_p 值与 δ 值都可以用来表示比例控制作用的强弱。

在单元组合仪表的调节器中，K 始终等于 1，因此，仪表的比例度 δ 与放大倍数 K_p 互为倒数关系，即

$$\delta=\frac{1}{K_p}\times 100\% \tag{1-5}$$

三、积分控制规律

比例调节器在工业调节系统中应用很广泛。但是，比例调节存在余差，比例控制的结果不能使被控变量回到给定值，如果要求余差很小，必须使比例放大倍数 K_p 调整得很大，会使调节系统的稳定性不好。如果要消除余差，提高控制精度，就必须在比例控制的基础上引入积分控制作用，构成比例积分控制规律。

1. 积分控制规律及其特点

调节器的输出变化量 Δp 与输入偏差 e 对时间的积分成比例关系，称为积分控制规律，一般用字母 I 表示。

积分控制规律的数学表示式为

$$\Delta p=K_i\int e\mathrm{d}t \tag{1-6}$$

式中 K_i 为积分比例系数（积分速度）。

积分比例系数 K_i 的大小表示积分作用的强弱。如 K_i 越大，表示积分作用越强，反之亦然。

积分控制作用输出信号的大小不仅取决于输入偏差信号的大小，而且还取决于偏差所存在时间的长短。只要存在偏差，它的存在时间越长，输出信号变化越大。

另外式（1-6）还可以通过对它进行微分，把它变换为

$$\frac{\mathrm{d}\Delta p}{\mathrm{d}t}=K_i e \tag{1-7}$$

由式（1-7）可以看出，积分调节器输出的变化速度与输入偏差成正比。因此，积分控制规律的特点是：只要偏差存在，调节器输出就会变化，调节机构就要动作，系统不可能稳定，直至偏差消除（即 $e=0$），输出信号才不再继续变化，调节机构才停止动作，系统才可能稳定下来。积分控制作用在最后达到稳定时，偏差一定等于零，这是它的特点，也是它的主要优点。

2. 积分控制器输出特性

积分控制作用的特性可以由阶跃输入下的输出来说明。当控制器的输入偏差 e 是一常数 A 时，式（1-6）可改写为

$$\Delta p=K_i\int e\mathrm{d}t=K_i At \tag{1-8}$$

在阶跃输入偏差信号作用下，其输出变化曲线如图 1-14 所示，从图中可以看出，当积分调节器的输入是阶跃偏差信号时，输出是一直线，其斜率为 K_i。只要存在偏差，积分调节器的

输出将随着时间延长而不断增大（或缩小）。

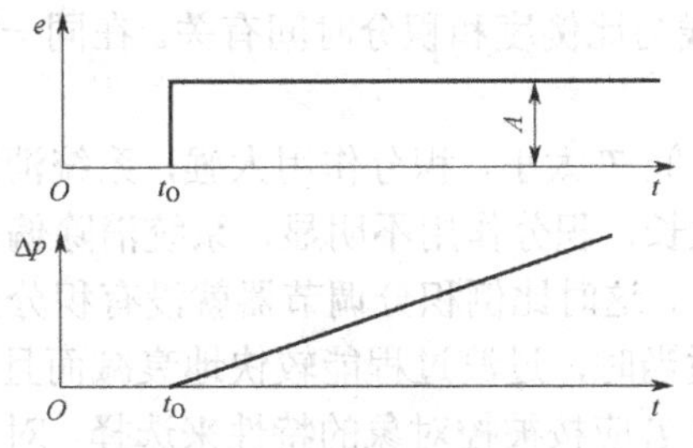

图 1-14　积分控制输出特性

积分控制规律能够消除余差，但它的输出变化不能较快地跟随偏差的变化而变化，因而出现迟缓的控制，总是落后于偏差的变化，作用缓慢，波动较大，不易稳定，所以积分控制规律一般不单独使用。

四、比例积分控制规律

1. 比例积分控制规律及其特点

比例控制规律是输出信号与输入偏差成比例关系，动作及时，但是有静差；而积分控制虽能消除静差，但动作时间长，容易使控制过程产生振荡。比例积分控制规律就是把它们结合起来，组成一个以比例控制为主，积分控制为辅的调节器。这种调节器称为比例积分调节器，用它实现的控制称为比例积分控制，简称 PI 控制。

比例积分控制规律可表示为

$$\Delta p = K_{\mathrm{p}}(e + K_{\mathrm{i}}\int e\mathrm{d}t) = K_{\mathrm{p}}(e + 1/T_{\mathrm{i}}\int e\mathrm{d}t) \qquad (1\text{-}9)$$

式中 T_{i} 称为比例调节器的积分时间，$T_{\mathrm{i}} = 1/K_{\mathrm{i}}$。

由于比例积分控制是在比例控制的基础上，又加上积分控制，所以它的输出既有比例控制及时、克服偏差有力的特点，又具有积分控制能克服静差的性能。

当输入为一阶跃变化的信号时，PI 调节器的输出特性如图 1-15 所示。可以看出，调节器输出的变化刚开始是一个阶跃变化，这是比例控制的结果；接着随时间逐渐上升，这是积分控制的作用。

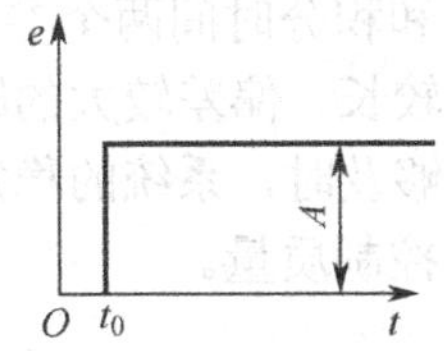

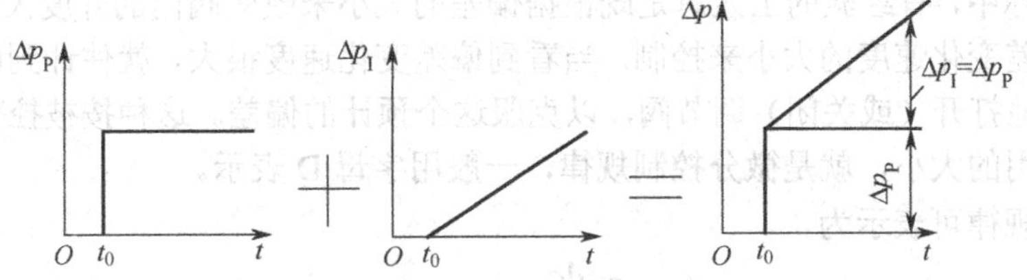

图 1-15　比例积分控制输出特性

2. 积分时间对过渡过程的影响

PI 调节器的过渡过程曲线与比例度和积分时间有关。在同一比例度下，积分时间对过渡过程的影响如图 1-16 所示。

从图中可以看出，积分时间 T_i 太小，积分作用太强，系统消除偏差的能力很强，使振荡加剧，稳定性降低。积分时间太长，积分作用不明显，系统消除偏差的能力很弱，使过渡时间延长，但振荡减弱，稳定性提高。这时比例积分调节器就没有积分作用，调节器就变成一个纯比例调节器。只有当积分时间适当时，过渡过程能较快地衰减而且没有偏差。

所以，调节器的积分时间 T_i 应按被控对象的特性来选择，对于管道压力、流量等滞后不大的对象，T_i 可选得小些；温度对象的滞后较大，T_i 可选得大些。

由于比例积分调节器兼有比例调节器和积分调节器的优点，因此它得到了广泛应用。

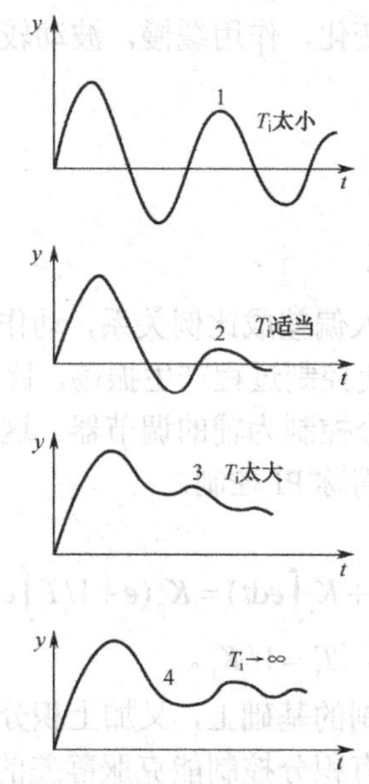

图 1-16　积分时间对过渡过程的影响

五、微分控制规律

比例积分控制规律可以同时调整比例度和积分时间两个参数，因而在很多工业系统都被广泛使用。但是比例积分控制也存在控制时间较长、偏差较大的缺点；特别是当对象负荷变化剧烈时，由于积分控制的迟缓，使控制作用不够及时，系统的稳定性差。因此，可以在比例积分控制的基础上再增加微分作用，以提高系统控制质量。

1. 微分控制规律及其特点

在生产实际中，有经验的工人总是既根据偏差的大小来改变阀门的开度大小（比例作用），同时又根据偏差变化速度的大小来控制。当看到偏差变化速度很大，就估计到即将出现很大偏差，因而过量地打开（或关闭）调节阀，以克服这个预计的偏差。这种按被控变量变化的速度来确定控制作用的大小，就是微分控制规律，一般用字母 D 表示。

微分控制规律可表示为

$$\Delta p = T_d \frac{de}{dt} \tag{1-10}$$

式中 Δp——输出信号；

T_d——微分时间；

$\frac{de}{dt}$——偏差信号的变化速度。

从式（1-10）可知，偏差信号的变化速度越大，微分时间越长，则调节器输出也就越大。这说明在微分作用下，输出的大小与偏差信号的变化速度成正比。而对于一个固定不变的偏差来说，不管这个偏差有多大，由于它的变化速度为零，微分作用的输出就总为零，这是微分作用的特点。

如果在控制器输入端加入一个阶跃输入信号，如图 1-17（a）所示，则在输入信号加入的瞬间，偏差变化速度无穷大，这时微分作用的输出也应无穷大，其动态特性如图 1-17（b）所示。在此之后，由于输入不再变化，输出立即降到零。但实际中这种控制作用是不能实现的，称为理想微分作用。实际的微分调节作用如图 1-17（c）所示。在阶跃输入发生时，输出突然上升到某个较大的有限高度，然后呈指数规律下降到零，这是一种微分作用，称为实际微分及控制作用。

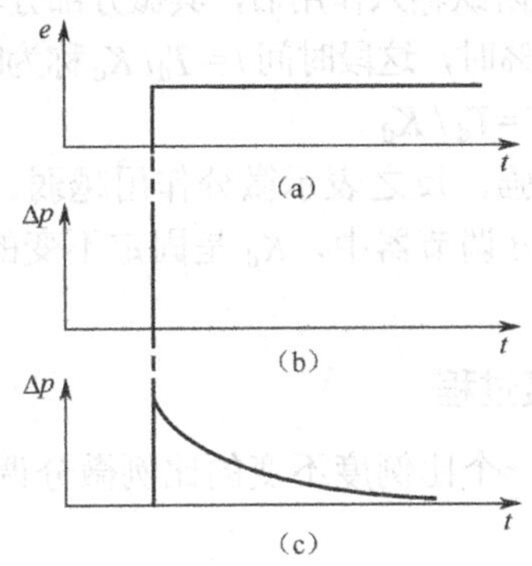

图 1-17 微分控制特性

2. 实际的微分控制规律及微分时间

实际微分调节器的输出由两部分组成：比例作用和近似微分作用。比例作用的比例度固定为 100%。实质上，实际微分调节器是一个比例度不变的比例微分调节器，简称 PD 调节器。

当微分调节器输入一个阶跃信号时，实际微分调节器的输出为

$$\Delta p = \Delta p_p + \Delta p_d = A + A(K_d - 1)e^{-\frac{K_d}{T_d}t} \tag{1-11}$$

式中 Δp——实际微分调节器的输出；

A——实际微分调节器阶跃输入的大小；

K_d——微分放大倍数；

T_d——微分时间；

t——时间。

实际的微分控制输出特性如图 1-18 所示。由图可见，当调节器在输入阶跃信号作用后，输出立即升高了，然后逐渐下降，最后只剩下比例作用。

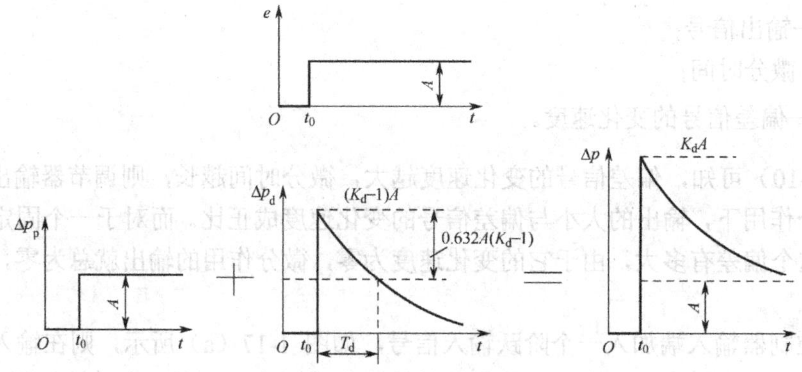

图 1-18　实际的微分控制输出特性

微分时间 T_d 是表示微分作用强弱的一个参数，它决定了微分作用的衰弱快慢。若令式（2-11）中的 $t = T_d / K_d$，则微分调节器的输出为

$$\Delta p_d = A(K_d - 1)e^{-1} = 0.368A(K_d - 1)$$

就是说，当实际微分调节器受阶跃输入作用后，其微分部分输出一开始跳跃一下，然后慢慢下降。当下降了微分作用部分的 63.2%时，这段时间 $t = T_d / K_d$ 称为时间常数，用 T 表示，即

$$T = T_d / K_d \tag{1-12}$$

T_d 值越大，表示微分作用越强，反之表示微分作用越弱。所以，改变 T_d 的大小，就可以改变微分作用的强弱。实际的微分调节器中，K_d 是固定不变的，T_d 则是可以调节的，因此 T_d 的作用更大。

3．比例微分控制系统的过渡过程

实际的微分调节器实质上是一个比例度不变的比例微分调节器。采用 PD 调节器的控制系统，其过渡过程如图 1-19 所示。

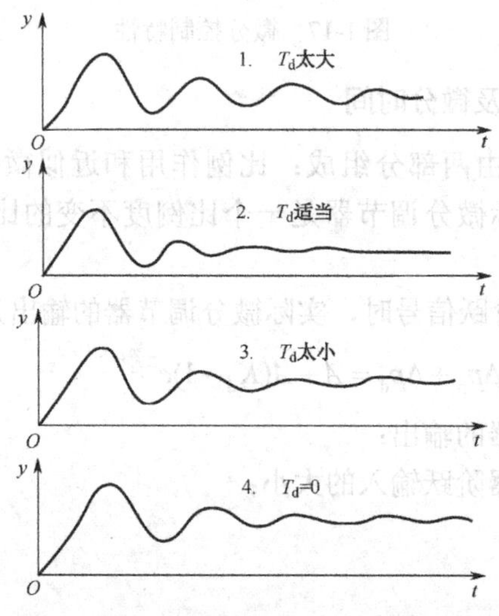

图 1-19　比例微分控制系统的过渡过程

当被控变量增大时，微分作用就改变控制阀开度去阻止它增大；反之，当被控变量减小时，微分作用就改变控制阀开度去阻止它减小。由此可见，微分作用具有抑制振荡的效果。

所以，在控制系统中，适当地增加微分作用后，可以提高系统的稳定性，减少被控变量的波动幅度，并降低余差。但是，微分作用也不能加得过大，否则由于控制作用过强，控制器的输出剧烈变化，不仅不能提高系统的稳定性，反而会引起被控变量大幅度地振荡。

六、比例积分微分控制规律

1．比例积分微分控制规律及特点

PD 调节器的作用是很明显的，但它的控制过程仍然存在余差。所以，在生产上经常引入积分作用，使控制器同时具有比例、积分、微分三种控制作用。这种包括三种控制规律的控制器称为比例积分微分控制器，简称为三作用控制器，用 PID 表示。

比例积分微分控制规律的输入输出关系可表示为

$$\Delta p=\Delta p_{\mathrm{p}}+\Delta p_{\mathrm{i}}+\Delta p_{\mathrm{d}}=k_{\mathrm{p}}(e+\frac{1}{T_{\mathrm{i}}}\int e\mathrm{d}t+T_{\mathrm{d}}\frac{\mathrm{d}e}{\mathrm{d}t}) \quad (1\text{-}13)$$

式中的符号意义与前面的相同。

2．比例积分微分控制特性

当调节器输入一个单位阶跃偏差信号时，PID 控制器的输出信号等于比例信号、积分信号和微分信号三部分之和，如图 1-20 所示。

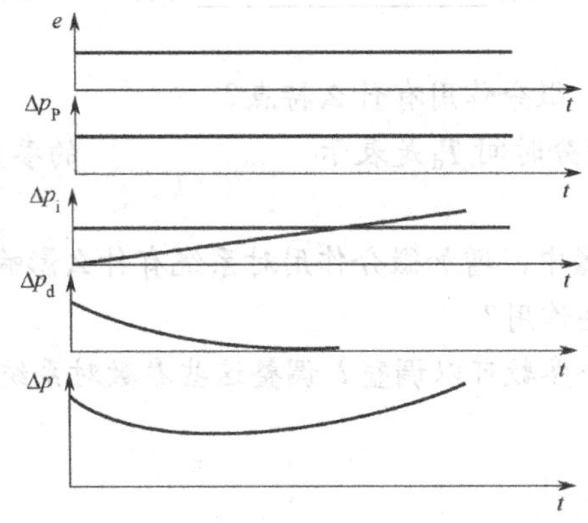

图 1-20 比例积分微分控制系统的过渡过程

从图中可以看出，PID 控制器在阶跃信号输入下，调节器的微分作用和比例作用同时发生，使总的输出信号大幅度地变化，产生一个强烈的控制作用。然后微分作用逐渐消失，积分作用逐渐加强，直到余差完全消失为止。而在 PID 的输出中，比例作用是始终与偏差相对应的。它是一种最基本的控制作用。

PID 控制器的参数有三个可以调整，即比例度 δ、积分时间 T_{i} 和微分时间 T_{d}。适当选取这三个参数的数值，就能够较好地满足控制的要求。如果把 PID 调节器的微分时间调到零，它就变成了比例积分调节器（PI）；如果把 PID 调节器的积分时间调到最大，它就变成了一个比例微分调节器（PD）。如果把微分时间调到零，同时把积分时间调到最大，它就成为一个纯比例调节器。

任务实施

1．在老师的指导下，学生学习掌握本任务的相关知识。

2. 学生独立完成本任务的习题。

3. 学生完成自我评价，教师完成教师评价。

习题

1. 双位控制规律的特点是什么？

2. 实际的双位控制过程是什么过程？它与理论的双位控制过程有什么区别？

3. 调节器________的作用称为调节作用，调节器输出信号随输入信号而变化的规律称为________。

4. 比例控制规律的特点是什么？

5. 请说明在比例调节器中，比例度与放大倍数的关系是什么？

6. 在比例调节器中，比例放大倍数 K_p 是反映________的重要参数，比例度 δ 用以衡量调节器________。

7. 积分控制规律的特点是什么？

8. 请说出积分控制规律的优缺点是什么？

9. 比例积分控制规律就是把________与________组合，形成一个以________为主，________为辅的调节器。

10. 比例积分控制的输出既有________的特点，又有________的性能。

11. 在微分控制规律中，微分作用有什么特点？

12. 在微分调节器中，微分时间 T_d 是表示________的参数，它决定了________的衰弱快慢。

13. 请说明在微分调节器中，增加微分作用对系统有什么影响？

14. PID 控制器具有哪些作用？

15. PID 控制器有哪几个参数可以调整？调整这些参数对系统有什么影响？

评价反馈

（一）自我评价（50 分）

学生进行自我评价，评分值记录于表 1-3 中。

表 1-3 自我评价表

项目内容	配分	评分标准	扣分	得分
1. 学习掌握习题 1～3 的知识内容	5 分	1. 预习课程的内容。 2. 完成学习后，掌握课程的知识点。		
2. 完成习题 1～3	10 分	1. 按时认真完成，答案正确。 2. 每一道题目的答案出现错误，扣 2～4 分。		
3. 学习掌握习题 4～6 的知识内容	5 分	1. 预习课程的内容。 2. 完成学习后，掌握课程的知识点。		
4. 完成习题 4～6	10 分	1. 按时认真完成，答案正确。 2. 每一道题目的答案出现错误，扣 2～4 分。		
5. 学习掌握习题 7～8 的知识内容	5 分	1. 预习课程的内容。 2. 完成学习后，掌握课程的知识点。		

续表

项 目 内 容	配 分	评 分 标 准	扣 分	得 分
6．完成习题 7～8	10 分	1．按时认真完成，答案正确。 2．每一道题目的答案出现错误，扣 2～4 分。		
7．学习掌握习题 9～10 知识内容	5 分	1．预习课程的内容。 2．完成学习后，掌握课程的知识点。		
8．完成习题 9～10	10 分	1．按时认真完成，答案正确。 2．每一道题目的答案出现错误，扣 2～4 分。		
9．学习掌握习题 11～12 的知识内容	5 分	1．预习课程的内容。 2．完成学习后，掌握课程的知识点。		
10．完成习题 11～12	10 分	1．按时认真完成，答案正确。 2．每一道题目的答案出现错误，扣 2～4 分。		
11．学习掌握习题 13～15 的知识内容	5 分	1．预习课程的内容。 2．完成学习后，掌握课程的知识点。		
12．完成习题 13～15	10 分	1．按时认真完成，答案正确。 2．每一道题目的答案出现错误，扣 2～4 分。		
13．学习态度、上课纪律	10 分	1．学习态度不认真，可酌情扣 3～5 分。 2．课堂纪律不好，可酌情扣 3～5 分。 3．迟到、早退，扣 3 分。		
总评分=（1～13 项总分）×50%				

签名：__________ ________年__月__日

（二）教师评价（50 分）

授课教师结合学生课堂表现及自评结果进行综合评价，并将评价意见与评分值记录于表 1-4 中。

表 1-4 教师评价表

教师总体评价意见：	
教师评分（50 分）	
总评分=自我评分+教师评分	

教师签名：__________ ________年__月__日

项目二

微机控制系统

任务1 认识微机控制系统

任务目标

学会微机工业控制系统的概念、组成及分类。

学习目标

应知：

（1）了解微机工业控制系统的发展概况及趋势。

（2）掌握微机工业控制系统的概念及组成。

（3）了解微机工业控制系统的分类。

建议学时

建议完成本任务为 4 学时。

相关知识

一、微机工业控制系统的概况

1. 发展概况

自从 1946 年世界上第一台电子计算机在美国诞生以来，数字计算机在世界各国得到了极大的重视和迅速发展。20 世纪 70 年代微型计算机的推广，标志着计算机的发展和应用进入了新的阶段。人们开始把计算机用于工业生产过程控制，控制理论与计算机的结合产生了新型的计算机控制系统，为自动控制系统的应用与发展开辟了新的途径。

计算机控制系统的发展大体上经历了三个阶段。

试验阶段（1965 年以前）：早在 1952 年，首先在化工生产中实现了用计算机的自动测量和数据处理。1954 年，开始使用计算机在工厂实现开环系统。1959 年，世界上首套闭环计算机控制装置在美国一个炼油厂建成并投入使用，该系统能够实现对多个参数进行检测和控制。1960 年，在美国一间化工厂实现在合成氨和丙烯腈生产过程中进行计算机监督控制。

实用和普及阶段（1965—1969 年）：由于小型计算机的商品化出现，使计算机控制系统可靠性不断提高，成本不断下降，使计算机在生产过程的应用得到很大的发展，但这个阶段仍然是以集中型的计算机控制系统为主。在高度集中的控制系统中，若计算机出现故障，将对整个装置和生产系统带来严重影响。虽然采用多机并用、增加备份计算机可以提高集中控制的可靠性，却会增加成本。

大量推广和分级控制阶段（1970 年以后）：随着电子技术的突飞猛进，微型计算机（简称微机）的出现，使得计算机控制进入了一个崭新的发展阶段。计算机控制系统开始逐步普及，与此同时，控制结构、控制理论、实时控制的安全性和可靠性也得到充分地研究，特别是分级分布式控制系统结构的理论与方法得到了重视和应用。另外，现代工业的复杂性，生产过程的高度连续化、大型化的特点，导致了计算机控制系统的结构发生变化，从传统的集中控制为主的系统逐渐转变为集散型控制系统（DCS）。它的控制策略是分散控制、集中管理，同时配合友好、方便的人机监视界面和数据共享。集散式控制系统或计算机分布式控制系统为工业控制系统的水平提高提供了基础。DCS 系统成功地解决了传统集中控制系统整体可靠性低的问题，从而使计算机控制系统获得了大规模的推广应用。

比较计算机技术与计算机控制的发展历程，可以看出，计算机控制系统经历了集中式控制、分级式控制和分布式控制系统三个阶段。

（1）集中式控制：以单片机、PLC、工控机为核心的集中式控制。

（2）分级（集散）式控制：多台微处理器分散在现场进行控制，采用总线为高速数据通道。

（3）分布式控制系统：即开放性、网络化的控制系统，利用全分布式的智能化控制网络和基于网络的测控设备，实现系统或设备的即插即用。这种控制系统通常是由大、中、小型计算机组合起来，形成计算机系统来进行控制的。在这种采用分段结构的计算机控制系统中，按照计算机各自的特点，在充分发挥各自的潜力下，形成分布式控制。

2. 发展趋势

随着生产规模的逐渐扩大，对生产过程的自动化程度要求越来越高，系统控制在向着更加复杂、可靠性以及精确性要求更高的方向发展。这就要求我们有更加先进的控制系统。而计算机控制技术的发展与数字化、智能化、网络化为特征的信息技术发展密切相关。随着科技的不断进步，微电子技术、传感器与检测技术、计算机技术、网络与通信技术、先进控制技术、优化调度技术等都对计算机控制系统发展产生了重要的影响。因此，计算机控制系统的发展前景是非常广阔的。

计算机控制系统的发展趋势如下。

（1）工业用可编程控制器的广泛应用

可编程控制器（PLC）是当前应用最成功的计算机控制系统。它是根据工业生产特点而发展起来的一种控制器，具有可靠性高、编程简单、易于掌握、具有独立的编程器、价格低廉等特点。除了具有逻辑控制、顺序控制、数字控制功能以外，还具有人机交互、网络通信等功能。它可以将顺序控制和过程控制结合起来，实现对生产过程的控制，并具有很高的可靠性。目前，PLC 的应用非常广泛，在很多工业领域中均得到了广泛的应用，高档的 PLC 还可以和上位机一起构成复杂的控制系统，以位总线、现场总线、工业以太网等网络通信技术为基础，具有先进控制、优化调度、系统自诊断等功能，能够完成对各种参数的自动检测和过程控制。

（2）工业控制网络将向有线和无线相结合的方向发展

计算机网络技术、无线技术以及智能传感器技术的结合，使得工业现场的数据能够通过无线链路直接上传、发布和共享。无线局域网技术能够在各种复杂环境下为各种现场智能设备、移动机器人以及各种自动化设备之间的通信提供宽带的无线数据链路以及网络拓扑结构，有效地弥补了有线网络的不足，进一步完善了工业控制网络的通信性能。

（3）系统能够实现最优控制和自适应控制

计算机控制系统能在工作条件不变的情况下实现最优控制，使得系统经常处于最佳工作状况，生产取得最好的经济效益。另外，当工作条件发生变化时，计算机控制系统能自动地改变控制规律，使系统仍能处于最佳工作状态，这就是自适应控制。

二、微机工业控制系统的组成

1. 微机工业控制系统的概念

自动控制系统通常由被控对象、检测装置、控制器等组成。自动控制系统根据控制对象、控制规律、执行机构的不同分为两种系统。

（1）闭环控制系统

在这种控制系统中，被控量是系统的输出，被控量又反馈到输入端，与输入量（给定值）相减，所以又被称为按误差进行控制，如图2-1所示。

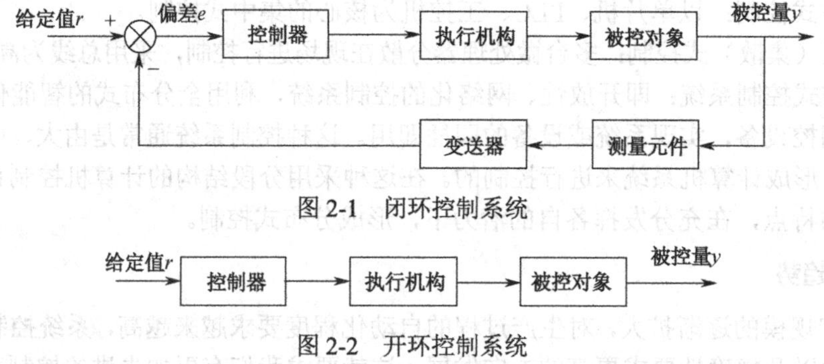

图2-1　闭环控制系统

给定值r　控制器　执行机构　被控对象　被控量y

图2-2　开环控制系统

（2）开环控制系统

与闭环控制系统不同，它不需要被控对象的反馈信号，控制器直接根据给定值去控制被控对象工作。这种控制系统不能自动消除被控参数与给定值之间的误差，如图2-2所示。

在自动控制系统中，控制器起到主要的控制作用。在微机控制系统中，就是用微机取代常规的控制器，实现对动态系统进行控制与调节。其典型结构如图2-3所示。

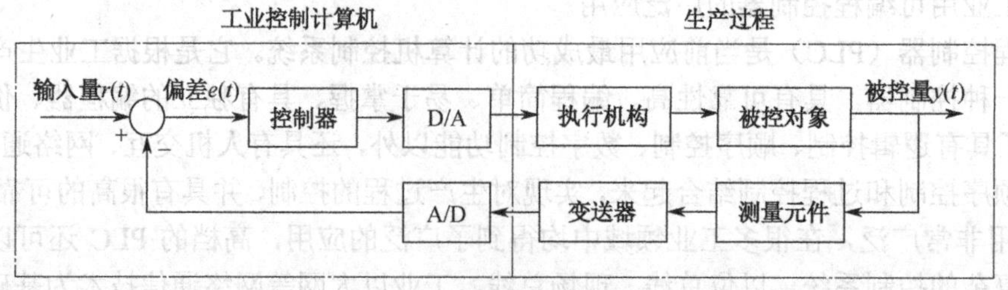

图2-3　微机控制系统

2. 微机控制系统的组成

微机控制系统是利用微机实现生产过程自动控制的系统，它由微机控制和生产对象组成。微机控制是整个系统的核心部分，相当于控制系统的神经中枢。微机控制包括硬件、软件以及网络等部分。下面主要介绍微机控制系统硬件和软件的结构与功能。

（1）微机控制系统的硬件结构

硬件由主机、I/O 接口电路及外部设备等组成。图 2-4 是微机控制系统的硬件结构框图。下面对各部分作简要说明。

① 主机。

主机由 CPU、存储器（RAM、ROM）组成，是控制系统的核心。按照人们预先安排的程序，对被控对象进行信息的检测、处理、分析和计算，并做出相应的决策或判断，再通过接口和系统总线向系统的各个部分发出各种控制命令，实现对被控对象的自动控制。

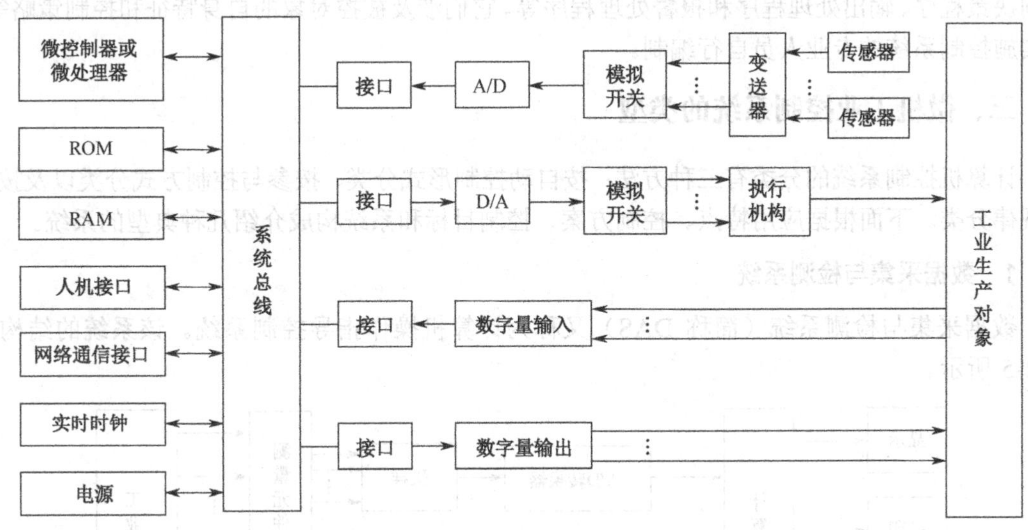

图 2-4 微机控制系统的硬件结构框图

② I/O 接口与输入/输出通道。

I/O 接口与输入/输出通道是主机与被控对象进行信息交换的纽带。外部设备和被控对象是不能直接由主机控制的，必须由 I/O 接口传送相应的信息和命令。目前在工业控制微机中常用的接口有：并行接口、串行接口、数据传送接口、中断控制接口以及定时器 / 计数器接口等。

输入/输出通道是用于信息传递和交换的通道，一般分为模拟量输入/输出通道、数字量输入/输出通道。由于生产过程中被控对象的参数大多是模拟信号，与计算机 CPU 使用的数字信号不同，因此，通道还包括将模拟量转换为数字量的 A/D 转换器和将数字量转换为模拟量的 D/A 转换器等。

③ 常用外围设备。

常用的外围设备有输入设备、输出设备和外存储器。输入设备有键盘、鼠标等。它们主要用来输入用户程序、操作命令和运算数据等。输出设备有打印机、显示器、记录仪等。它们主要用来显示或记录各种信息和数据，反映被控对象的运行状态，以便人们能及时了解系统的控制过程。外存储器有磁盘驱动器、磁带录音机、光盘驱动器等，主要用来存储程序和有关数据，还具有输入/输出功能。

④ 检测元件和执行机构。

在微机控制系统中，首先必须对各种参数进行采集。为此，首先要用检测元件（即传感器）把非电量信号转变成电信号，然后再送入计算机系统进行控制。执行机构就是根据微机发出的控制命令，改变操纵变量的大小，从而克服偏差，使被控制量达到规定的要求。

（2）微机控制系统的软件组成

软件是指完成各种功能的计算机程序的总和，它是微机系统的核心。整个系统的动作都是在软件指挥下协调工作的。以功能来区分，软件可分为系统软件、应用软件等。

① 系统软件提供计算机运行和管理的基本环境，是用户使用、管理、维护计算机的程序的总称。它一般包括操作系统、语言处理系统、数据库管理系统和服务性程序系统，通常由计算机制造厂为用户配套，有一定的通用性。

② 应用软件是计算机为实现特定控制目的而编制的专用程序，一般包括数据采集程序、控制决策程序、输出处理程序和报警处理程序等。它们涉及被控对象的自身特征和控制策略等，由实施控制系统的专业人员自行编制。

三、微机工业控制系统的类型

计算机控制系统的分类有三种方法：按自动控制形式分类、按参与控制方式分类以及按调节规律分类。下面根据应用特点、控制方案、控制目标和系统构成介绍几种典型的系统。

1. 数据采集与检测系统

数据采集与检测系统（简称 DAS）又称为计算机操作指导控制系统。该系统的结构如图 2-5 所示。

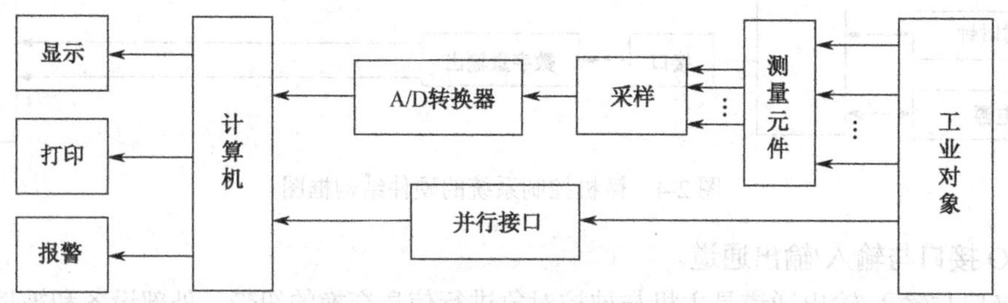

图 2-5　数据采集与检测系统

计算机对由检测装置检测出来的系统参数进行收集，按预先设定的算法计算，通过对大量的参数的积累和分析，对生产过程进行趋势分析，为操作人员提供参考。或者得出最佳设定值，通过显示或打印输出数据，操作人员可以根据这些数据进行必要的操作控制，这种应用方式，计算机不直接参与过程控制，对生产过程不直接产生影响。属于在线检测、离线控制的系统。

2. 直接数字控制系统

直接数字控制系统（简称 DDC）的结构如图 2-6 所示。

DDC 系统是由控制计算机取代常规的模拟调节控制器而直接对生产过程进行控制。它利用计算机把系统采集到的多个被控参数进行收集，并按预先确定的控制规律进行运算，输出量直接控制被控对象，使被控参数稳定在设定值上。

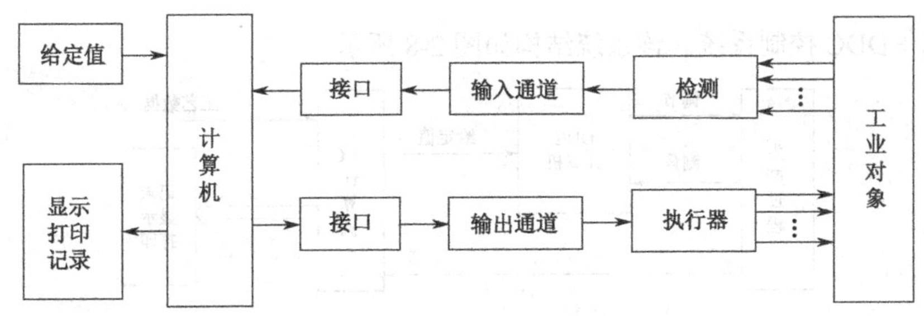

图 2-6 直接数字控制系统

DDC 系统中的计算机能够完全取代传统的模拟调节器，实现多回路的 PID 调节，使被控对象的状态保持在设定值上。而且不需要改变硬件，只要改变控制算法和应用程序便可实现较复杂的控制，如前馈控制、模糊控制、最佳控制等。DDC 系统在工业生产控制系统中应用较普遍，是计算机控制系统中的主要控制形式之一。

3. 计算机监督控制系统

在 DDC 系统中，对生产过程产生直接影响的被控对象给定值是预先设定的，并被保存起来，而这个给定值不能根据生产过程中信息和条件的变化及时修改，因此 DDC 系统无法使生产过程处于最佳状态。

计算机监督控制系统（简称 SCC）是根据生产过程的各种状态信号和信息，按生产过程的数学模型计算出设备运行的最佳控制信号，并将最佳控制信号送给模拟调节器或 DDC 计算机，对 DDC 的计算机或模拟调节仪表进行调整或设定控制的目标值。从而使生产过程在最佳工作状态下运行。

SCC 系统的特点是能保证被控制的生产过程始终处于最佳状态下工作，从而获得最大效益。

监督控制系统有两种不同的结构形式：一种是 SCC+模拟调节器控制系统，另一种是 SCC + DDC 控制系统。

① SCC +模拟调节器控制系统。该系统结构如图 2-7 所示。

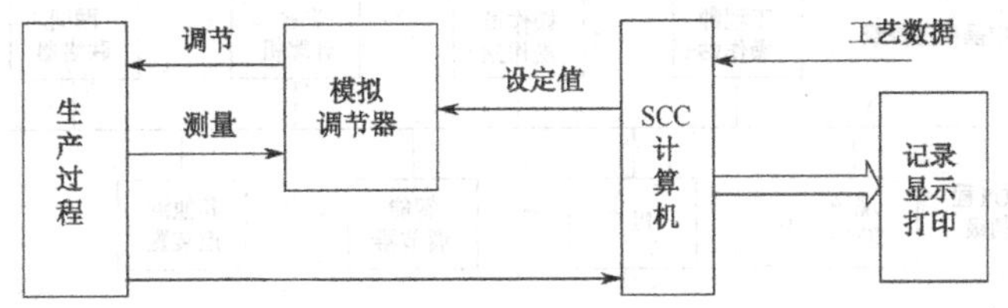

图 2-7 SCC +模拟调节器控制系统

计算机对被控对象的各个参数进行收集检测，并按预先确定的控制规律计算出最佳给定值送给模拟调节器。此给定值在模拟调节器中与测量值进行比较，其偏差值经模拟调节器计算后，把控制量输出到执行机构，以达到控制生产过程的目的。系统就可以根据生产过程工作状况的变化，不断地改变给定值，以实现最优控制。

当 SCC 计算机出现故障时，可由模拟调节器独立完成操作。

② SCC＋DDC 控制系统。该系统结构如图 2-8 所示。

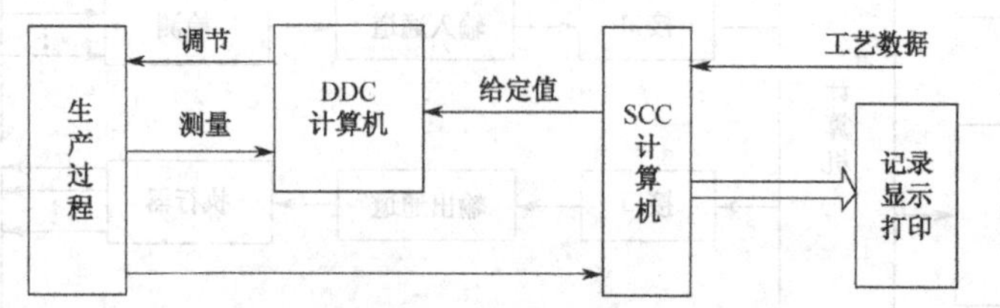

图 2-8　SCC＋DDC 控制系统

该系统实际是一个两级计算机控制系统，一级是监督级 SCC，其作用是用于分析和计算，得出的最佳给定值送给 DDC 级计算机直接控制生产过程。另一级是控制级 DCC。SCC 与 DDC 之间通过接口进行信息交换。当 DDC 级计算机出现故障时，可由 SCC 级计算机代替，因此大大提高了系统的可靠性。

4．集散控制系统

集散控制系统（简称 DCS）的结构如图 2-9 所示。

计算机控制发展初期，对复杂的生产对象的控制都是采用计算机集中控制方式，一台计算机控制多个设备及多个回路。但这种控制方式对计算机的可靠性要求很高，一旦计算机出故障，会对整个生产过程产生很大的影响。20 世纪 80 年代，随着功能完善而价格低廉的微处理器、微型计算机的出现而产生了集散控制系统。

集散控制系统的实质就是利用计算机技术对生产过程进行集中管理和分散控制的一种新型控制技术。它利用分散在不同地点的若干台微型计算机分担原先由一台中、小型计算机完成的控制与管理任务，同时通过高速数据通道把各个分散的微型计算机的信息集中起来，进行集中的监视和操作，并实现复杂的控制和优化。

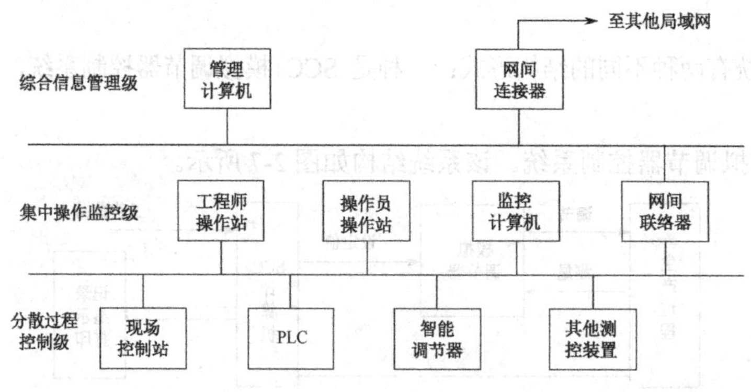

图 2-9　集散控制系统

整个系统由集中管理部分、分散监控部分和通信部分组成。集中管理部分用于全系统的信息管理和优化控制；分散监控部分用于系统的控制与监测；通信部分连接集散控制系统的各个分散部分，完成数据、指令或其他信息的传递。集散控制系统具有以下特点：

（1）控制分散，管理集中；

（2）系统采用模块化结构；

（3）控制功能较完善、数据处理很方便；

（4）有较强的数据通信能力；

（5）系统运行的可靠性高。

5. 现场总线控制系统

现场总线控制系统（简称 FCS）的结构如图 2-10 所示。

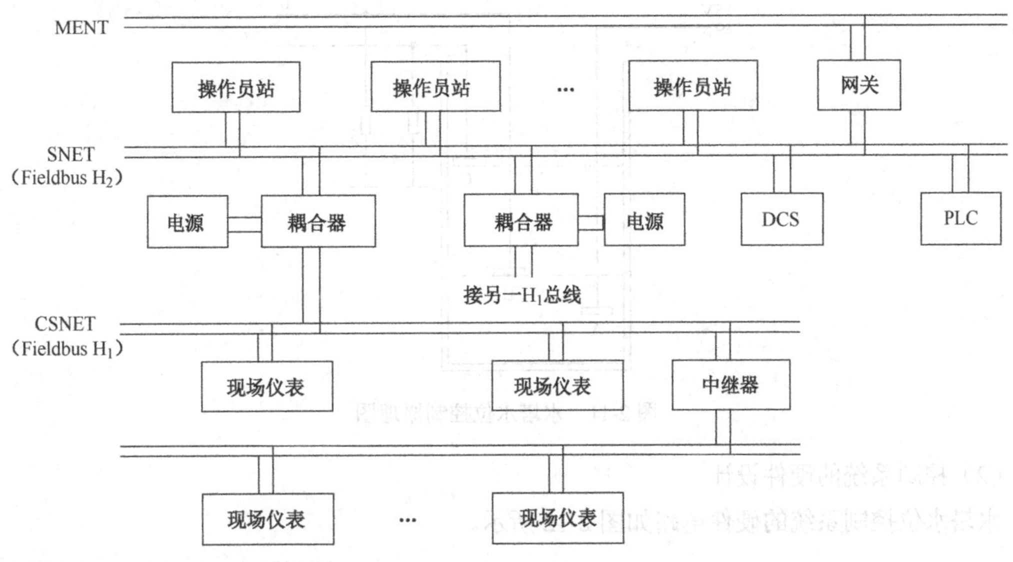

图 2-10 现场总线控制系统

现场总线是连接现场智能设备和自动化系统的数字通信网络。它属于双向传输、多分支结构。现场总线控制系统就是利用现场总线把各种传感器、执行器和控制器连接起来，通过网络总线传输各种数据信息和控制信号，从而达到自动控制的目的。FCS 系统是一个开放式的互联网络，它采用“工作站—现场智能仪表”的系统结构，比 DCS 的结构模式还要简单，从而降低了系统成本，提高了系统可靠性。

FCS 系统有两个特点：一是系统内部全部采用数字信号传送信息，提高了信息传输的速度、精度和距离，从而提高系统的可靠性；二是实现了控制功能的分散，即把控制功能分散到各现场设备和仪表中，使现场设备和仪表成为具有综合功能的智能设备和仪表。

6. 微机工业控制系统的典型例子

微机控制系统在工业控制领域中应用非常广泛，下面是一个采用单片微型计算机控制水塔水位的应用例子。

（1）控制系统的控制要求

图 2-11 是水塔水位控制原理图。其中 A、C 表示水位变化的上下极限位置。通常，应保持水位在上下极限范围之内。因此，利用三根不同高度金属棒，检测水位变化情况，发出水位信号。其中 A 棒指示下限水位，C 棒指示上限水位，B 棒在上下水位之间。A 棒接+5V 电源，B 棒、C 棒各通过一个电阻与地相连。

系统利用单片机控制电机，从而带动水泵供水，以达到控制水位的目的。供水时，水位上升，当达到上限时，由于水的导电作用，B、C 棒连通+5V。因此，b、c 两端置 1，控制电机和水泵停止工作，不再供水。当水位降到下限时，B、C 棒都不能与 A 棒导电，因此，b、c 两端置 0。这时应启动电机，带动水泵工作，给水塔供水。

当水位处于上下限之间时，B、A 棒导通。由于 C 棒不能与 A 棒导通，因而 b 端置 1 状态。c 端为 0 状态。这时，当电机带动水泵工作，给水塔加水，水位在不断上升；或者是电机没有工作，水位在不断下降。只要水位不超过上下极限位置时，系统仍然保持原有的工作状态。

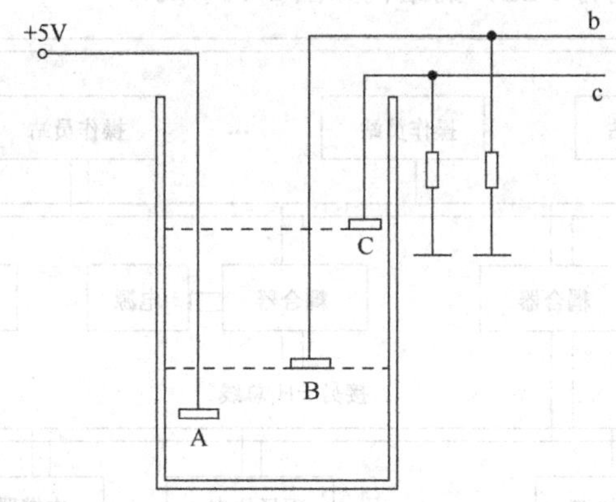

图 2-11　水塔水位控制原理图

（2）控制系统的硬件设计

水塔水位控制系统的硬件电路如图 2-12 所示。

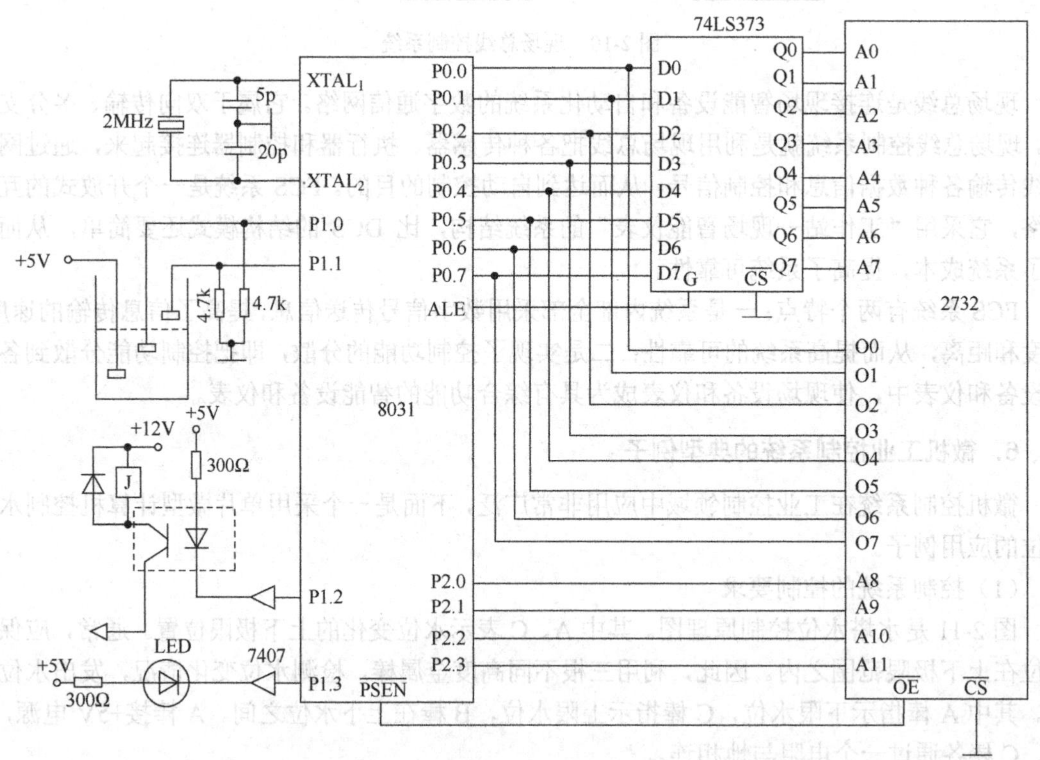

图 2-12　水塔水位控制系统硬件原理图

① 由于系统对控制精度要求不高，因此采用 8031 单片机。但 8031 没有内部 ROM，需外扩展 ROM 作为程序存储器。本系统使用 27 系列的 EPROM 芯片 2732 构成 4KB 的扩展程序存

储器。采用 74LS373 作为地址锁存器。

② 水位 b、c 的输入信号由 P1.0 和 P1.1 输入，这两个信号共有四种组合状态，如表 2-1 所示。通过四种状态分别控制系统的四个功能的实现。

③ P1.2 端输出的控制信号通过光电耦合作用控制电机工作，从而提高系统控制的可靠性。

④ 由 P1.3 输出报警信号，驱动一只发光二极管进行光报警。

表 2-1 系统输入信号状态

C（P1.1）	B（P1.2）	操 作
0	0	电机运转
0	1	状态不变
1	0	故障报警
1	1	电机停转

（3）控制系统的软件设计

图 2-13 所示是控制系统的主程序及延时子程序流程图。

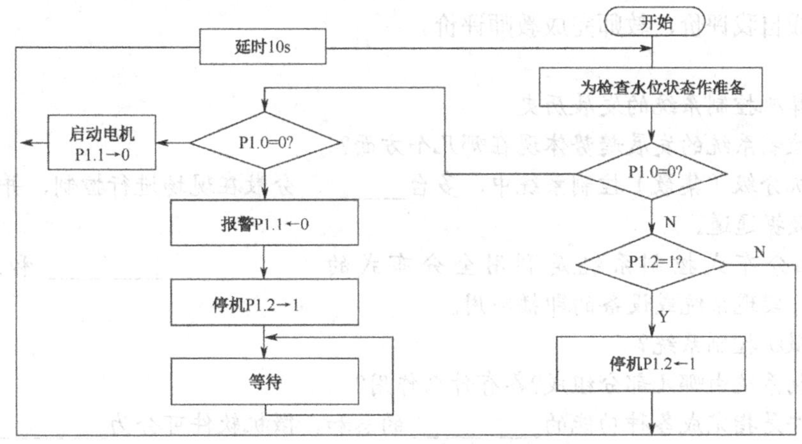

图 2-13 水位控制系统的主程序及延时子程序流程图

主程序

```
        ORG     8000H
        AJMP    LOOP
LOOP:   ORL     P1,#03H         ；准备检查水位状态
        MOV     A,P1            ；
        JNB     ACC.0,ONE       ；P1.0=0 则转
        JB      ACC.1,TWO       ；P1.1=1 则转
BACK:   ACALL   D10S            ；延时 10 秒
        AJMP    LOOP            ；
ONE:    JNB     ACC.1, THREE    ；P1.1=0 则转
        CLR     93H             ；P1.3←0,启动报警装置
        SETB    92H             ；P1.2←1,停止电机工作
FOUR:   SJMP    FOUR            ；
THREE:  CLR     92H             ；启动电机
        AJMP    BACK            ；
```

```
TWO:     SETB    92H                    ;停止电机工作
         AJMP    BACK                   ;
```

延时子程序 D10S(延时 10 秒)

```
         ORG     8030H
         MOV     R3 , #19H
LOOP3:   MOV     R1 , #85H
LOOP1:   MOV     R2 , #FAH
LOOP2:   DJNZ    R2 , LOOP2
         DJNZ    R1 , LOOP1
         SJNZ    R3 , LOOP3
         RET
```

任务实施

1. 在老师的指导下，学生学习掌握本任务的相关知识。
2. 学生独立完成本任务的习题。
3. 学生完成自我评价，教师完成教师评价。

习题

1. 简述计算机控制系统的发展历史。
2. 计算机控制系统的发展趋势体现在哪几个方面？
3. 在计算机分级（集散）控制系统中，多台________分散在现场进行控制，并且采用________为高速数据通道。
4. 计算机分布式控制系统是利用全分布式的____________________和基于网络的__________，实现系统或设备的即插即用。
5. 什么是微机控制系统？
6. 微机控制系统由哪几部分组成?各有什么作用？
7. 微机软件是指完成各种功能的__________的总和，微机软件可分为__________、____________等。
8. 数据采集与检测系统和直接数字控制系统的工作原理是什么？
9. 集散控制系统和现场总线控制系统的特点是什么？

评价反馈

（一）自我评价（50分）

学生进行自我评价，评分值记录于表2-2中。

表2-2 自我评价表

项目内容	配分	评分标准	扣分	得分
1. 学习掌握习题1～4的知识内容	10分	1. 预习课程的内容。 2. 完成学习后，掌握课程的知识点。		
2. 完成习题1～4	15分	1. 按时认真完成，答案正确。 2. 每一道题目的答案出现错误，扣3～4分。		

续表

项 目 内 容	配 分	评 分 标 准	扣 分	得 分
3. 学习掌握习题 5～7 的知识内容	10 分	1. 预习课程的内容。 2. 完成学习后，掌握课程的知识点。		
4. 完成习题 5～7	15 分	1. 按时认真完成，答案正确。 2. 每一道题目的答案出现错误，扣 3～5 分。		
5. 学习掌握习题 8～9 的知识内容	10 分	1. 预习课程的内容。 2. 完成学习后，掌握课程的知识点。		
6. 完成习题 8～9	15 分	1. 按时认真完成，答案正确。 2. 每一道题目的答案出现错误，扣 4～7 分。		
7. 学习态度、上课纪律	25 分	1. 学习态度不认真，可酌情扣 7～10 分。 2. 课堂纪律不好，可酌情扣 7～10 分。 3. 迟到、早退，扣 5 分。		
总评分=（1～7 项总分）×50%				

签名：____________ ____________年___月___日

（二）教师评价（50 分）

授课教师结合学生课堂表现及自评结果进行综合评价，并将评价意见与评分值记录于表 2-3 中。

表 2-3 教师评价表

教师总体评价意见：	
教师评分（50 分）	
总评分=自我评分+教师评分	

教师签名：____________ ____________年___月___日

任务 2 认识单片机

任务目标

通过完成单片机控制单个 LED 闪烁发光任务，认识单片机的组成结构及基本原理。

学习目标

应知：

（1）掌握单片机的结构组成。

（2）掌握 8051 单片机引脚功能。

（3）了解单片机存储器的结构及原理。

（4）了解单片机外部总线结构、时钟电路及复位方式。

应会：

（1）会按图连接单片机电路。

（2）会设计编写控制程序。

（3）会通电运行调试电路。

建议学时

建议完成本任务为6学时。

器材准备

本学习任务所需的通用设备、工具和器材如表2-4所示。

表2-4 通用设备、工具和器材明细表

序号	名 称	型 号	规 格	单位	数量
1	MCS-51单片机实验开发板			块	1
2	电子零件		LED发光二极管、电阻、电容等	批	1
3	万用电表	MG-27型	0-10-50-250A、0-300-600V、0～300Ω	台	1
4	电工实训常用工具		如电工钳、尖嘴钳、电工刀、电烙铁、一字和十字形螺丝刀等	套	1
5	编程电脑			台	1

相关知识

单片机又称单片微控制器，它是在一块芯片中集成了CPU、ROM、RAM、定时器/计数器和多种功能的I/O线等一台计算机所需要的基本功能部件。目前，世界上有很多单片机的系列产品，其中8051是MCS-51系列单片机的典型产品，下面以这一代表性的机型进行系统的讲解。

一、MCS-51单片机的基本结构

8051单片机包含中央处理器（CPU）、程序存储器（ROM）、数据存储器（RAM）、定时器/计数器、并行接口、串行接口和中断系统等几大单元及数据总线、地址总线和控制总线等三大总线。单片机的内部结构框图如图2-14所示。下面我们就8051单片机内部的单个部件与大家进行讲解。

1. 中央处理器

中央处理器简称CPU，是单片机的核心部件，完成运算和控制操作。它通常由运算器和控制器组成。

（1）运算器

运算器是单片机的运算部件，用于实现算术和逻辑运算。

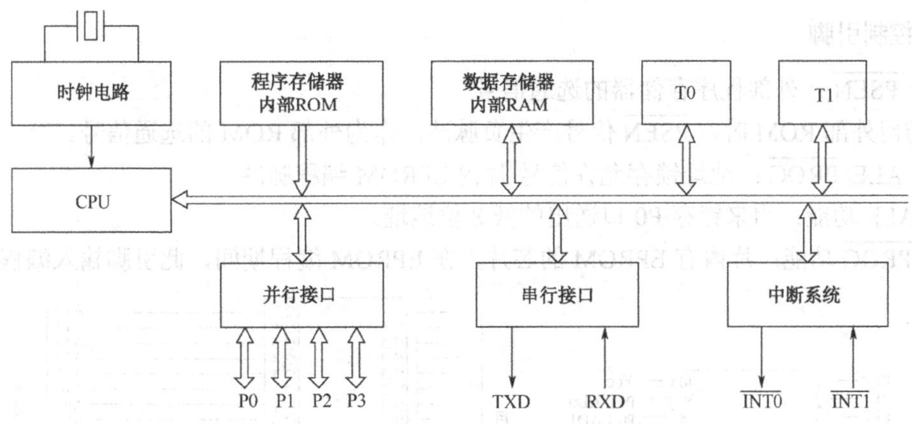

图 2-14 8051 单片机的内部结构框图

（2）控制器

控制器是单片机的指挥控制部件，使单片机各部分能自动协调地工作。

2. 存储器

在单片机内部，存储器由内部程序存储器（ROM）和内部数据存储器（RAM）构成。通常，ROM 存储器的容量较大，RAM 存储器的容量较小，这是单片机用作控制的一大特点。

（1）内部程序存储器

ROM 一般为 1～32KB，用于存放应用程序和原始数据。根据片内 ROM 的结构，单片机的内部程序存储器又可分为无 ROM 型、ROM 型和 EPROM 型三类。

（2）内部数据存储器

片内 RAM 容量为 64～256B，用于存放可读写的数据。

3. 定时器/计数器

用于实现定时和计数的功能，为 16 位寄存器。

4. 并行 I/O 接口

完成数据的并行输入和输出。

5. 串行接口

完成串行数据的输送。

6. 中断系统

单片机共有 5 个中断源，即外部中断两个，定时/计数中断两个，串行中断一个，用来满足控制过程的需要。

二、MCS-51 单片机引脚定义及功能

MCS-51 系列单片机有 40 个引脚，引脚排列如图 2-15 所示，可以把引脚分为以下三个部分。

1．控制引脚

（1）$\overline{\text{PSEN}}$：外部程序存储器的选通信号

在访问外部 ROM 时，$\overline{\text{PSEN}}$ 信号产生负脉冲，作为外部 ROM 的选通信号。

（2）ALE/$\overline{\text{PROG}}$：地址锁存允许信号/片内 EPROM 编程脉冲

① ALE 功能：用来锁存 P0 口送出的低 8 位地址。

② $\overline{\text{PROG}}$ 功能：片内有 EPROM 的芯片，在 EPROM 编程期间，此引脚输入编程脉冲。

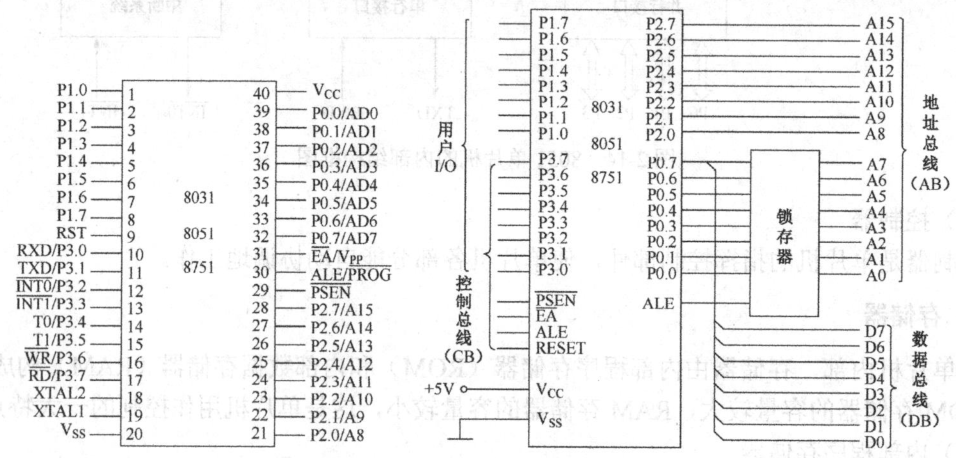

图 2-15 MCS-51 单片机引脚排列

（3）$\overline{\text{EA}}$/Vpp：内外 ROM 选择/片内 EPROM 编程电源

① $\overline{\text{EA}}$ 功能：内外 ROM 选择端。

② Vpp 功能：片内有 EPROM 的芯片，在 EPROM 编程期间，施加编程电源 Vpp。

（4）RST/V_{PD}:复位/备用电源

① RST（Reset）功能：复位信号输入端。

② V_{PD} 功能：在 V_{CC} 掉电情况下，接备用电源。

2．I/O 引脚

8051 共有四个双向的 8 位并行 I/O 端口：P0、P1、P2、P3 口，共 32 个引脚。其中 P3 口还具有第二功能，用于特殊信号输入/输出和控制信号（属控制总线）。

（1）P0 口：P0.0～P0.7

第一功能是作为通用的输入/输出口线，第二功能是在系统扩展时，担任 8 位数据总线和低 8 位地址总线。

（2）P1 口：P1.0～P1.7

通常只作为通用的输入/输出口线。

（3）P2 口：P2.0～P2.7

第一功能是作为通用的输入/输出口线，第二功能是在系统扩展时作为高 8 位地址总线。

（4）P3 口：P3.0～P3.7

第一功能是作为通用的输入/输出口线，第二功能（见表 2-5）用于特殊信号输入/输出和控制信号（属控制总线）。

表 2-5　P3 口各引脚的第二功能

P3 口引脚	第二功能	P3 口引脚	第二功能
P3.0	RXD 串行输入	P3.4	T0 定时器 0 外部输入
P3.1	TXD 串行输出	P3.5	T1 定时器 1 外部输入
P3.2	$\overline{INT0}$ 外部中断 0 输入	P3.6	外部 RAM 写信号 $\overline{WR}$
P3.3	$\overline{INT1}$ 外部中断 1 输入	P3.7	外部 RAM 读信号 $\overline{RD}$

3. 电源及其他引脚线

（1）V_{CC}：芯片电源，接+5V。

（2）V_{SS}：接地端。

（3）XTAL1、XTAL2：外接晶体引线端。

当使用内部时钟时，这两个引脚端接外部石英晶体和微调电容。当使用外部时钟时，用于外接外部时钟源。

三、MCS-51 单片机外部总线的结构

单片机的引脚可以构成三总线结构，从而方便单片机系统的扩展。

1. 地址总线 AB

AB 总线用于传送片内的地址信息，地址总线宽度为 16 位，用符号 A0～A15 表示。因此，外部存储器寻址范围为 64KB，地址从 0000H～FFFFH。P0 口经地址锁存器提供 16 位地址总线的低 8 位地址 A7～A0，由 P2 口直接提供高 8 位地址 A15～A8。

2. 数据总线 DB

DB 总线用于片内外之间传送数据，数据总线宽度为 8 位，用符号 D7～D0 表示，由 P0 口提供。

3. 控制总线 CB

CB 总线用于传送控制信息，由 P3 口的第二功能状态和 4 根独立控制线 RESET、$\overline{EA}$、ALE、$\overline{PSEN}$ 组成。

四、MCS-51 单片机存储器的结构

MCS-51 型单片机的存储器配置方式与其他常用的微机系统不同。它把程序存储器（ROM）和数据存储器（RAM）分开，各有自己的寻址系统、控制信号和功能。构成了 ROM 和 RAM 两类存储器。

MCS-51 型单片机的存储器组织结构可以分为三个不同的存储空间，分别是：

- 64KB 外部数据存储器（外 RAM）；
- 256B 内部数据存储器（内 RAM），包括特殊功能寄存器；
- 64KB 程序存储器（ROM），包括片内 ROM 和片外 ROM。

1. 数据存储器（RAM）

数据存储器（RAM）用于存放程序运行中间数据和最终结果。MCS-51 单片机数据存储器分成片内 RAM 和片外 RAM，其中片内 RAM 有 128 个单元（地址是 00H～7FH），还有一个特殊功能寄存器（SFR）区。

（1）片内数据寄存器

片内数据寄存器是 8 位地址，共有 128 个单元，分成工作寄存区、位寻址区和用户 RAM 区。

① 通用寄存区（00H～1FH）。

通用寄存区共占 32 个 RAM 单元，分成四组，记作第 0 组、第 1 组、第 2 组、第 3 组。每组 8 个单元，记作 R0～R7。寄存器常用于存放操作数和中间结果等，称为通用寄存器。在任意时刻，CPU 只能使用其中一组寄存器，并且把正在使用的那组寄存器称为当前寄存器组，由程序状态字寄存器 PSW 中的 RS1、RS0 位的状态决定（见表 2-6）。在 CPU 复位后，系统默认第 0 组工作寄存器组为当前寄存器组。

表 2-6　工作寄存器组选择

RS1　RS0	当前寄存器组	地　址	寄　存　器
0　　0	0	00H～07H	R0～R7
0　　1	1	08H～0FH	R0～R7
1　　0	2	10H～17H	R0～R7
1　　1	3	18H～1FH	R0～R7

② 位寻址区（20H～2FH）。

位寻址区共有 16 个 RAM 单元，计 128 位，每一位都有一个位地址，位地址范围从 20H 单元的第 0 位 00H 开始，到 2FH 单元的第 7 位 7FH 结束。在位寻址区里，既可以作为一般 RAM 单元进行字节读写，也可以对每一个 RAM 单元中的每一位进行读写操作。

③ 用户 RAM 区（30H～7FH）。

用户 RAM 区共有 80 个 RAM 单元，用于存放用户的各种数据和中间结果，起到数据缓冲的作用。通常把堆栈开辟在此区内。

（2）特殊功能寄存器（SFR）

特殊功能寄存器也叫专用寄存器，专用于控制、管理片内算术逻辑部件、并行 I/O 口、串行 I/O 口、定时器/计数器、中断系统等各功能部件。MCS-51 单片机把特殊功能寄存器作为可以直接寻址的字节，可由用户直接寻址，其中有些还可以进行位寻址，即对每一位进行独立操作。MCS-51 系列有 21 个专用寄存器，其名称、符号与字节地址如表 2-7 所示。

SFR 分别属于以下各个功能单元：

CPU：ACC，B，PSW，SP，DPTR。

并行口：P0，P1，P2，P3。

中断系统：IE，IP。

定时/计数器：TMOD，TCON，T0，T1。

串行口：SCON，SBUF。

电源控制：PCON。

表 2-7 特殊功能寄存器名称、符号与地址字节一览表

特殊功能寄存器名称	符号	字节地址	位地址/位定义							
			D7	D6	D5	D4	D3	D2	D1	D0
寄存器 B	B	F0H	F7H	F6H	F5H	F4H	F3H	F2H	F1H	F0H
累加器	ACC	E0H	E7H	E6H	E5H	E4H	E3H	E2H	E1H	E0H
程序状态字	PSW	D0H	D7H	D6H	D5H	D4H	D3H	D2H	D1H	D0H
			CY	AC	F0	RS1	RS0	OV		P
中断优先级控制寄存器	IP	B8H	BFH	BEH	BDH	BCH	BBH	BAH	B9H	B8H
						PS	PT1	PX1	PT0	PX0
并行 I/O 口 P3 端口	P3	B0H	B7H	B6H	B5H	B4H	B3H	B2H	B1H	B0H
			P3.7	P3.6	P3.5	P3.4	P3.3	P3.2	P3.1	P3.0
中断允许控制寄存器	IE	A8H	AFH	AEH	ADH	ACH	ABH	AAH	A9H	A8H
			EA			ES	ET1	EX1	ET0	EX0
并行 I/O 口 P2 端口	P2	A0H	A7H	A6H	A5H	A4H	A3H	A2H	A1H	A0H
			P2.7	P2.6	P2.5	P2.4	P2.3	P2.2	P2.1	P2.0
串行数据缓冲器	SBUF	99H								99H
串行控制寄存器	SCON	98H	9FH	9EH	9DH	9CH	9BH	9AH	99H	98H
			TMOD	SM1	SM2	REN	TB8	RB8	T1	R1
并行 I/O 口 P1 端口	P1	90H	97H	96H	95H	94H	93H	92H	91H	90H
			P1.7	P1.6	P1.5	P1.4	P1.3	P1.2	P1.1	P1.0
定时/计数 T1 高字节	TH1	8DH								
定时/计数 T0 高字节	TH0	8CH								
定时/计数 T1 低字节	TL1	8BH								
定时/计数 T0 低字节	TL0	8AH								
定时/计数工作方式	TMOD	89H	GA	C/$\overline{T}$	M1	M0	GATE	C/$\overline{T}$	M1	M0
定时器/计数器控制	TCON	88H	8FH	8EH	8DH	8CH	8BH	8AH	89H	88H
			TF1	TR1	TF0	TR0	IE1	IT1	IE0	IT0
电源控制波特率选择	PCON	87H	SMOD				GF1	GF0	PD	IDL
数据指针（高字节）	DPH	83H								
数据指针（低字节）	DPL	82H								
堆栈指针	SP	81H								
并行 I/O 口 P0 端口	P0	80H	87H	86H	85H	84H	83H	82H	81H	80H
			P0.7	P0.6	P0.5	P0.4	P0.3	P0.2	P0.1	P0.0

下面对部分经常使用的 SFR 进行介绍。

① 累加器 ACC，为 8 位寄存器，主要用于存放操作数，也可以用来存放运算的中间结果。ACC 助记符为 A。

② 寄存器 B，也是 8 位寄存器，主要用于乘除运算，与累加器 ACC 配合使用，用来保存运算结果。在乘法或除法运算前，乘数或除数存放在 B 中。乘法或除法操作后，乘积的高 8 位或除法的余数存放在 B 中。此外，B 也可以作为一般寄存器使用。

③ 程序状态字寄存器（PSW），是一个 8 位寄存器，存放程序执行的状态信息。各位的含义如表 2-8 所示。

表 2-8　PSW 字各位的含义

D7	D6	D5	D4	D3	D2	D1	D0
Cy	AC	F0	RS1	RS0	OV	F1	P

• 进（借）位标志位 Cy（D7 位）：其功能一是存放算术运算的进位或借位标志；二是在位操作中作为位累加器使用。

• 辅助进位标志位 AC（D6 位）：在算术运算中，当出现了低半字节向高半字节的进位或借位时，AC 位的状态变为 1，否则为 0。

• 用户自定义标志位 F0（D5 位）：是用户定义的标志位，可通过软件对它置位或复位。

• 工作寄存器组选择位 RS1、RS0（D4、D3 位）：可通过软件对它置位或复位，用来设定哪一组工作寄存器为当前寄存器组。

• 溢出标志位 OV（D2）：用于指示有符号数算术运算的溢出。当运算结果超出单片机所表示数的范围（−128～+127）时，OV=1，否则为 0。

• 用户自定义标志位 F1（D1 位）：同 F0。

• 奇偶标志位 P（D0）：用于判断累加器 ACC 中存放数据“1”的个数的奇偶性。若为奇数，该位为 1，否则为 0。

④ 堆栈指针寄存器 SP，堆栈指针 SP 是一个 8 位专用寄存器，用于指示堆栈顶部在内部 RAM 中的位置。

堆栈有两种操作，一种是数据存入（PUSH），另一种是数据弹出（POP）。在“出栈”和“入栈”操作中，SP 的值会发生相应的变化，即栈顶的地址并不是定值。在单片机复位时，SP 的值自动定义为 07H，也就是说系统复位后，将从 08H、09H…单元开始存放数据。

⑤ 数据指针寄存器 DPTR，这是一个 16 位的寄存器，由两个 8 位的寄存器构成，名称分别为 DPL（低 8 位）和 DPH（高 8 位）。DPTR 通常在访问外部数据存储器时作地址指针使用。

⑥ 程序计数器 PC，它是一个 16 位的专用寄存器，但它并不属于 SFR。PC 主要用来存放下一条要执行指令的存放地址。在单片机工作时，CPU 首先在 PC 的“指示”下，将存放在 ROM 中某个存储单元中的某条指令取出，然后执行该指令。指令执行完毕，PC 的值自动加 1，随着 PC 值的改变，指令一条一条被执行。

2. 程序存储器（ROM）

程序存储器（ROM）用于存放编好的程序，采用 16 位的程序计数器 PC 作为地址指针，MCS-51 单片机内有 4KB 单元的 ROM，若扩展容量可达到 64KB，地址范围为 0000H～FFFFH，用 $\overline{EA}$ 控制片内 ROM 和片外 ROM 寻址。

五、MCS-51 单片机时钟电路与复位方式

1. 时钟电路

时钟电路用于产生单片机工作所需要的时钟信号，产生时钟的方法一般有以下两种。

（1）内部时钟方式

利用芯片内部的振荡器，在 XTAL1（19）和 XTAL2（18）引脚两端跨接晶振，构成自激振荡电路，向内部时钟电路发出脉冲，如图 2-16（a）所示。

（2）外部时钟方式

当使用外部时钟方式时，对于 HMOS 型的 8051 单片机，应将外部振荡脉冲接入 XTAL2

引脚，XTAL1 引脚接地；而对于 CHMOS 型的 80C51 单片机，外部时钟信号的接入方式则不同，外部信号接 XTAL1，XTAL2 悬空，如图 2-16（b）、（c）所示。

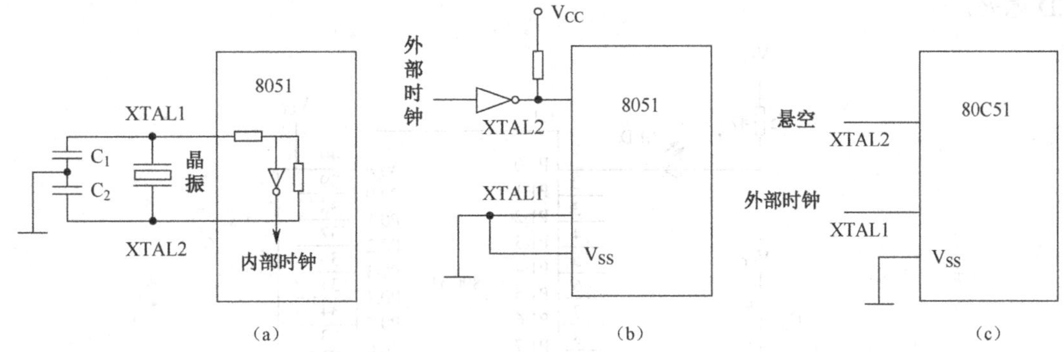

图 2-16　MCS-51 单片机时钟电路

2. 复位方式

复位的目的是使 CPU 及各专用寄存器处于一个确定的初始状态，并从这个状态开始工作。如复位时，SP 的值为 07H，PC 的内容为 0000H。单片机在启动运行时，需要先复位；当程序运行出错或由于操作错误造成单片机死机时，也需要用复位操作来解决问题。因此，复位是很重要的工作方式。单片机必须配合外部电路才能实现复位。常见的外部复位电路有上电复位、按键手动复位等，如图 2-17 所示。

（1）上电复位：利用 RC 充电来实现上电瞬间，RST 引脚端出现正脉冲。选择 C 和 R 的适当参数，就可以使 RST 引脚端的高电平保持 10ms 以上，从而使单片机有效地复位。

（2）按键手动复位：分为按键电平复位、按键脉冲复位两种。同样需要选择元件参数，以保证复位高电平持续两个机器周期以上。

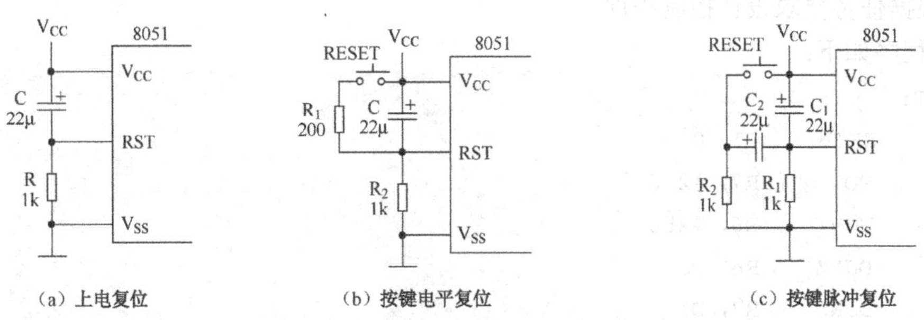

图 2-17　MCS-51 单片机复位电路

任务实施

1. 连接单片机及外围电路，并检查电路连接是否正确无误。

单片机控制单个 LED 闪烁发光电路如图 2-18 所示。在单片机的 40、20 引脚加上 5V 电源，采用加电自动复位电路和内部时钟。$\overline{EA}$（31 引脚）是内外 ROM 选择端：当 $\overline{EA}$ 接高电平时，CPU 执行内部 ROM 存储的程序；$\overline{EA}$ 接低电平时，CPU 执行外部 ROM 存储的程序。在本电路中，$\overline{EA}$ 接 5V 高电平。

80C51 单片机共有四个双向的 8 位并行 I/O 端口：P0、P1、P2、P3 口。LED 发光二极管接在 P1 口的 P1.0 端。R_2 是限流电阻，防止流过 LED 的电流过大。当 P1.0 为低电平时，加在 LED 两端的电压能够使其导通，LED 点亮；当 P1.0 为高电平时，加在 LED 两端的电压不足，LED 熄灭。

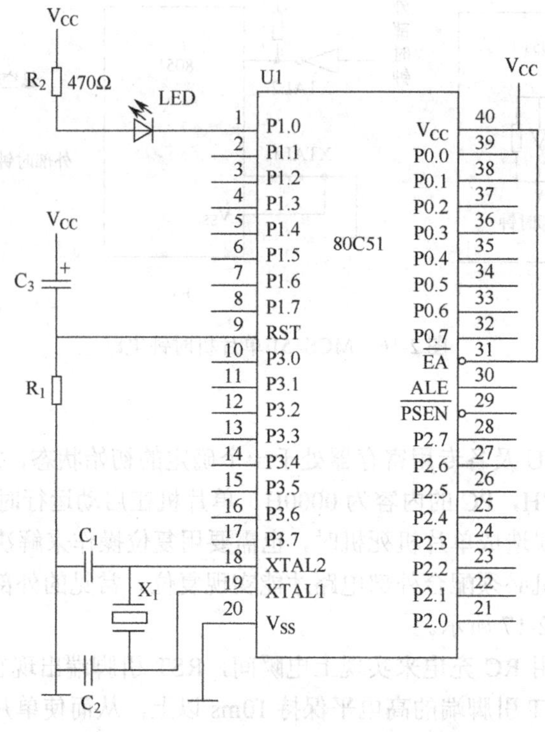

图 2-18　单片机控制单个 LED 闪烁发光电路

2．根据任务要求设计控制程序。

参考程序如下：

```
START:
        SETB    P1. 0
        MOV     R7, #250
D1:     MOV     R6, #250
D2:     DJNZ    R6, D2
        DJNZ    R7, D1
        CLR     P1. 0
        MOV     R7, #250
D3:     MOV     R6, #250
D4:     DJZN    R6, D4
        DJNZ    R7, D3
        SETB    P1. 0
        MOV     R7, #250
D5:     MOV     R6,  #250
D6:     DJNZ    R6, D6
        DJNZ    R7, D5
```

```
        CLR     P1. 0
        MOV     R7，#250
D7:     MOV     R6，#250
D8:     DJNZ    R6，D8
        DJNZ    R7，D7
        END
```

3. 在电脑上编写控制程序，并检查程序是否正确无误。

4. 把控制程序下载到单片机上，通电运行，试验电路功能，检查LED能否闪烁发光。

习题

1. 单片机的基本组成包括哪几部分？它们的用途是什么？

2. 8051单片机的四个8位并行I/O端口的功能分别是什么？

3. MCS-51系列单片机有哪些信号需要芯片引脚以第二功能的方式提供?

4. 从单片机系统扩展的角度出发，单片机的引脚构成哪三总线结构?它们的作用分别是什么？

5. MCS-51系列单片机内部RAM低128单元划分成几个部分？其主要功能是什么？

评价反馈

（一）自我评价（40分）

先进行自我评价，评分值记录于表2-9中。

表2-9 自我评价表

项目内容	配 分	评 分 标 准	扣 分	得 分
1. 实训准备	10分	掌握任务的相关知识，做好实训准备工作。 未能掌握相关知识，酌情扣3～5分。 未能做好实训准备工作，扣5分。		
2. 连接电路	20分	按照图示连接电路，检查电路。 电路连接有误，可酌情扣3～5分。 没有检查电路，扣5～10分		
3. 编写程序	20分	正确编写程序，检查程序。 程序编写有错，每次可酌情扣3～5分。 没有检查程序，扣5～10分		
4. 通电运行	30分	能正确下载、运行与调试电路，得满分。 操作失误，酌情扣5～10分。 不会进行下载、运行及调试，扣10～15分。		
5. 安全、文明操作	20分	1. 违反操作规程，产生不安全因素，可酌情扣7～10分。 2. 着装不规范，可酌情扣3～5分。 3. 迟到、早退、工作场地不清洁，每次扣1～2分。		
			总评分=（1～5项总分）×40%	

签名：____________ ____年___月___日

（二）小组评价（30分）

再由同一实训小组的同学结合自评的情况进行互评，同样将评分值记录于表2-10中。

表2-10　小组评价表

项目内容	配　分	评　分
1．实训记录与自我评价情况	20分	
2．对实训室规章制度的学习与掌握情况	20分	
3．相互帮助与协作能力	20分	
4．安全、质量意识与责任心	20分	
5．能否主动参与整理工具、器材与清洁场地	20分	
	总评分=（1～5项总分）×30%	

参加评价人员签名：＿＿＿＿＿＿＿＿＿＿＿＿＿＿＿　＿＿年＿＿月＿＿日

（三）教师评价（30分）

最后由指导教师结合自评与互评的结果进行综合评价，并将评价意见与评分值记录于表2-11中。

表2-11　教师评价表

教师总体评价意见：	
教师评分（30分）	
总评分=自我评分+小组评分+教师评分	

教师签名：＿＿＿＿＿＿＿＿　＿＿年＿＿月＿＿日

任务3　单片机控制应用

任务目标

通过完成单片机实现步进电动机正反转控制及单片机实现温度检测系统控制的任务，学会单片机的实际应用。

学习目标

应知：

（1）掌握单片机寻址方式和基本指令。

（2）掌握单片机的中断系统的结构，了解中断系统的原理。

（3）了解单片机的定时器、计数器的结构和原理。

（4）了解单片机串行接口的结构和原理。

（5）掌握单片机系统扩展的原理和方法。

应会：

（1）会按图连接单片机硬件电路和控制系统。

（2）会设计编写单片机控制程序。

（3）会通电运行调试电路和系统。

建议学时

建议完成本任务为 24 学时。

任务 3.1　应用单片机实现步进电动机的正反转控制

器材准备

本学习任务所需的通用设备、工具和器材如表 2-12 所示。

表 2-12　通用设备、工具和器材明细表

序号	名　称	型　号	规　格	单位	数量
1	MCS-51 单片机实验开发板			块	1
2	步进电动机及驱动芯片		四相步进电动机、UL2003A 驱动芯片	台	1
3	电子零件		数码显示管一个、按钮两个、1.2MHz 晶振一个、电容等	批	1
4	万用电表	MG-27 型	0-10-50-250A、0-300-600V、0～300Ω	台	1
5	电工实训常用工具		电工钳、尖嘴钳、电工刀、电烙铁、一字和十字形螺丝刀等	套	1
6	编程电脑			台	1

相关知识

一、单片机指令系统

计算机能够运行工作，是因为人们给了它相应的指令，指令是 CPU 控制功能部件完成功能的命令。MCS-51 系列单片机共有 111 条指令，构成了它的指令系统。按照这些指令的操作性质可分为数据传送类、算术运算类、逻辑操作类、位操作类、控制转移类五大类指令。在讲解 MCS-51 系列单片机的各种指令之前，先介绍单片机指令系统的基本格式。

（一）指令格式

MCS-51 单片机指令的格式由操作码助记符和操作数组成，基本格式为：

```
指令地址：操作码助记符　目的操作数，源操作数；注释
```

1．指令地址

指令地址表示指令位置的符号地址，通常由英文字母和数字组成，首字符为字母，地址后加冒号。

2．操作码助记符

操作码助记符用于指示单片机执行何种操作，如加、减、传送等，用指令助记符表示。

3．操作数

操作数表示参加运算的数据或数据所在的地址，有目的操作数和源操作数两大类，操作数之间用“，”分隔。

4. 注释

注释是对该指令的解释说明，可有可无，注释与指令用“;”分隔。

（二）指令助记符常用符号的意义

Rn：当前工作寄存器R0～R7，n=0～7。

Ri：间址寄存器R0和R1，i=0,1。

direct：内部RAM单元或特殊功能寄存器SFR的8位地址。

#data：8位数据，在指令系统中被称为8位立即数。

#data16：16位数据，在指令系统中被称为16位立即数。

addr16：16位目的地址。

addr11：11位目的地址。

rel：带符号的8位偏移量。rel的范围为-128～+127。

bit：位地址，表示片内RAM中的可寻址位和SFR中的可寻址位。

@：间接寄存器或变址寄存器的前缀标志。

/bit：表示对指定的位操作数取反。

（X）：寄存器或存储单元X的内容。

((X))：以寄存器或存储单元X的内容作为地址的存储单元的内容。

←：表示左边的内容被右边的内容替代。

← →：表示数据交换。

（三）寻址方式

寻址是寻找参加运算的操作数的地址。根据寻找方法的不同，MCS-51系列单片机共有7种寻址方式：立即寻址、直接寻址、寄存器寻址、寄存器间接寻址、变址寻址、相对寻址、位寻址。

1. 立即寻址

在指令中，直接给出参与运算的操作数，该操作数称为立即数，前面加“#”标志。

例如：MOV A，#5DH；A ← 5DH

表示把立即数5DH送累加器A中。

例如：MOV DPTR，#2A5DH；DPTR←2A5DH

表示把立即数2A5DH送16位数据指针DPTR中，其中高8位2AH送DPH，低8位5DH送DPL。

2. 直接寻址

在直接寻址中，指令中给出操作数的存放地址。

例如：MOV A，28H；A ←（28H）

表示把内部RAM28H单元的数据送累加器A中。

3. 寄存器寻址

在寄存器寻址中，操作数在寄存器中，指令给出操作数所在的寄存器。

例如：MOV A，R1；A ←（R1）

表示把工作寄存器组中的R1的内容送到累加器A中。

4. 寄存器间接寻址

在寄存器间接寻址中，寄存器的内容是存放操作数的存储单元地址，可通过该地址找到存储单元，从而找到操作数。具有间接寻址功能的寄存器有 R0、R1、DPTR，在指令中，寄存器名称前面加前缀“@”标志。

例如：假定 R1 寄存器的内容是 3AH，3AH 单元的内容是 73H，

MOV A，@R1；A←（(R1)）

表示以 R1 寄存器内容 3AH 为地址，把该地址单元的内容 73H 送累加器 A。

5. 变址寻址

变址寻址是以程序计数器 PC 或数据指针 DPTR 的内容为基本地址，以累加器 A 的内容为变地址，将两者相加得出的十六位地址作为操作数地址。

例如：MOVC A，@A+DPTR；A←（A+DPTR）

表示把 DPTR 和 A 的内容相加作为操作数在程序存储器中的单元地址，再把该存储单元的内容送累加器 A。

6. 相对寻址

相对寻址是将程序计数器 PC 当前的内容加上在指令中所给出的偏移量 rel，结果作为转移的目的地址。其中，rel 是带符号的 8 位二进制补码数，取值范围是-128～+127。

目的地址=转移指令地址+转移指令字节数+偏移量 rel

=$PC_{当前值}$+偏移量 rel

例如：JZ　30H；若 A=0，则 $PC_{目的}$=$PC_{当前}$+02H+30H。若 A<>0，则程序顺序执行。

这条指令是以累加器 A 的内容是否为 0 作为条件的相对转移指令，双字节指令。

设指令执行前 $PC_{原来}$=1000H，则 $PC_{当前}$=1000H+02H=1002H，而 rel=30H，所以 $PC_{目的}$= $PC_{当前}$+rel=1002H+30H=1032H。若 A=0，执行该指令时，转移的目的地址是 1032H。

7. 位寻址

位寻址是指对片内 RAM 的位寻址区或可以进行位寻址的特殊功能寄存器 SFR 进行位操作的寻址方式。

例如：MOV C，3AH；C←（3AH）

表示把位地址 3AH 的单元内容送位累加器 C。

（四）指令系统

MCS-51 系列单片机共有 111 条指令，按照这些指令的功能可分成：数据传送类、算术运算类、逻辑操作类、位操作类、控制转移类五大类指令。

1. 数据传送类指令

数据传送类指令的功能是将源操作数传送到指令指定的目的地址，传送后，源操作数的内容不变。

按照指令的操作方式可分为三种：数据传送、数据交换、堆栈操作。

根据指令涉及的存储器空间分布，操作码有三种形式：MOV、MOVX、MOVC。

（1）以累加器 A 为目的的操作数指令

```
MOV  A，#data     ;      (A) ← # data
MOV  A，direct    ;      (A) ← (direct)
MOV  A，Rn        ;      (A) ← (Rn)
MOV  A，@ Ri      ;      (A) ← ((Ri))
```

这组指令的功能是把源操作数的内容送累加器 A，源操作数的内容不发生改变。

例 1 已知（R1）=4AH；（50H）=12H；（4AH）=34H。执行下列程序：

```
MOV  A，# 5BH          ；执行后：（A）=5BH。
MOV  A，50H            ；执行后：（A）=（50H）=12H。
MOV  A，R1             ；执行后：（A）=（R1）=4AH。
MOV  A，@ R1           ；执行后：（A）=（（R1））=（4AH）=34H。
```

（2）以 Rn 为目的的操作数指令

```
MOV  Rn，#data         ；（Rn）← # data
MOV  Rn，direct        ；（Rn）←（direct）
MOV  Rn ，A            ；（Rn）←（A）
```

这组指令的功能是把源操作数的内容送到当前工作寄存器组 Rn（R0～R7）中的某个寄存器，源操作数的内容不发生改变。

例 2 已知（A）=4AH；（50H）=12H；（4AH）=34H。执行下列程序：

```
MOV  R1，#2DH          ；执行后：（R1）=2DH。
MOV  R1，50H           ；执行后：（R1）=12H。
MOV  R1 ，A            ；执行后：（R1）=4AH。
```

（3）以直接地址为目的的操作数的指令

```
MOV  direct，#data         ；（direct）← # data
MOV  direct2，direct1      ；（direct2）← direct1
MOV  direct，A             ；（direct）←（A）
MOV  direct，Rn            ；（direct）←（Rn）
MOV  direct，@Ri           ；（direct）←（（Ri））
```

指令中，目的操作数是直接地址。该组指令的功能是把源操作数的内容送到直接地址指出的存储单元，源操作数的内容不发生改变。

例 3 已知（A）=50H；（50H）=12H；（4AH）=34H；（R1）=4AH。执行下列程序：

```
MOV  B6H，#F2H         ；执行后：（B6H）=F2H。
MOV  B6H，50H          ；执行后：（B6H）=12H。
MOV  B6H，A            ；执行后：（B6H）=50H。
MOV  B6H，R1           ；执行后：（B6H）=4AH。
MOV  B6H，@ R1         ；执行后：（B6H）=（（R1））=（4AH）=34H。
```

（4）以间接地址为目的的操作数的指令

```
MOV  @ Ri，#data       ；（（Ri））← # data
MOV  @ Ri，direct      ；（（Ri））←（direct）
MOV  @ Ri，A           ；（（Ri））←（A）
```

这组指令的功能是把源操作数的内容送到以间接寄存器 Ri（R_0或 R_1）的内容为地址的内部 RAM 存储单元中，源操作数的内容不发生改变。

例 4 已知（A）=50H；（50H）=12H；（4AH）=34H；（R0）=4AH。执行下列程序：

```
MOV  @ R0，#23H        ；执行后：（R0）=4AH，（4AH）=23H。
MOV  @ R0，50H         ；执行后：（R0）=4AH，（4AH）=12H。
MOV  @ R0，A           ；执行后：（R0）=4AH，（4AH）=50H。
```

（5）交换指令

```
① XCH   A，direct      ；（A）←→（direct）
② XCH   A，Rn          ；（A）←→（Rn）
```

```
③ XCH   A，@Ri          ；（A）←→（（Ri））
④ XCHD  A，@Ri          ；A的低4位 ←→（Ri）的低4位
⑤ SWAP  A               ；A的低4位 ←→ A的高4位
```

第①～③条指令是字节交换指令，其功能是把源操作数的内容与目的操作数（累加器A）的内容进行交换；

第④条指令是半字节交换指令，其功能是把源操作数低4位的内容与目的操作数低4位的内容进行交换,高4位的内容不变；

第⑤条指令是半字节交换指令，其功能是把累加器内容自身的高4位和低4位互换。

例5 已知（A）=50H；（50H）=12H；（4AH）=34H；（R0）=4AH。执行下列程序：

```
XCH   A，4AH            ；执行后：（A）=34H，（4AH）=50H。
XCH   A，R0             ；执行后：（A）=4AH，（R0）=50H。
XCH   A，@R0            ；执行后：（A）=34H，（R0）=4AH，（4AH）=50H。
XCHD  A，@ R0           ；执行后：（A）=54H，（R0）=4AH，（4AH）=30H。
SWAP  A                 ；执行后：（A）=05H。
```

（6）堆栈操作指令

堆栈的操作有入栈和出栈两种，通过堆栈指示器SP进行读写操作，栈顶由堆栈指针SP指定，因为SP是唯一的，所以指令中隐含了SP，而只表示出直接寻址的地址单元。

```
PUSH direct             ；（SP）←（SP + 1），（SP）←（direct）
```

这条指令的功能是把堆栈指针SP内容加1，然后把直接地址单元的内容传送到堆栈指针SP指示的栈顶单元。

```
POP direct              ；（direct）←（SP），（SP）←（SP）-1
```

这条指令的功能是将堆栈指针SP指示栈顶单元的内容送到直接地址指出单元中，然后堆栈指针SP内容减1。

堆栈操作时应符合“先进后出”和“后进先出”的原则。

例6 已知（SP）=5FH，（A）=64H，（B）=20H。执行下列程序：

```
PUSH  ACC               ；执行后：（SP）=60H，（60H）=64H。
PUSH  B                 ；执行后：（SP）=61H，（61H）=20H。
POP   B                 ；执行后：（B）=（61H）=（20H），（SP）=30H。
POP   ACC               ；执行后：（A）=（60H）=（64H），（SP）=5FH。
```

（7）累加器A与外部数据存储器RAM传送指令

```
MOVX  A，@ Ri           ；A ←（（ Ri ））
MOVX  A，@ DPTR         ；A ←（（ DPTR ））
MOVX  @ Ri，A           ；（Ri）←（A）
MOVX  @ DPTR，A         ；（DPTR）←（A）
```

这组指令的功能是将累加器A和外部扩展的RAM或I/O口之间的数据传送。指令助记符为MOVX，使用DPTR或Ri作为间接寻址寄存器。

例7 将外部数据存储器RAM中0100H单元中的内容送入外部RAM中的0200H单元中。已知（0100H）= F1H，（0200H）= 5DH。程序如下：

```
MOV   DPTR，#0100H      ；（DPTR） = 0100H
MOVX  A，@ DPTR         ；（A） = F1H
MOV   DPTR，#0200H      ；（DPTR） = 0200H
MOVX  @ DPTR，A         ；（0200H） = F1H
```

2. 算术运算类指令

MCS-51 单片机算术运算类指令包括加、减、乘、除四则运算以及加 1、减 1 运算。

（1）加法指令

① 不带进位加法指令。

```
ADD  A，# data          ；(A) ← (A) + # data
ADD  A，direct          ；(A) ← (A) + (direct)
ADD  A，Rn              ；(A) ← (A) + (Rn)
ADD  A，@ Ri            ；(A) ← (A) + ((Ri))
```

功能：将累加器 A 中的内容与源操作数指定的内容相加，运算结果存放在累加器 A 中。寻址方式有立即寻址、直接寻址、寄存器寻址、寄存器间接寻址。

② 带进位加法指令。

```
ADDC  A，  #data        ；(A) ← (A) + #data + Cy
ADDC  A，  direct       ；(A) ← (A) + (direct) + Cy
ADDC  A，  Rn           ；(A) ← (A) + (Rn) + Cy
ADDC  A，  @ Ri         ；(A) ← (A) + ((Ri)) + Cy
```

功能：将累加器 A 中的内容与源操作数指定的内容和进位位 CY 的内容相加，运算结果存放在累加器 A 中。寻址方式有立即寻址、直接寻址、寄存器寻址、寄存器间接寻址。

加法指令对程序状态字寄存器 PSW 产生影响：

- 若位 3 有进位，则 AC 置 1，否则 AC 清 0；
- 若位 7 有进位，则 CY 置 1，否则 CY 清 0；
- 若位 6 或位 7 中一个有进位而另一个没有进位，则 OV 置 1，否则 OV 清 0；
- A 中 1 的个数为奇数，则 P 置 1，否则 P 清 0。

例 8 设（A）=B6H，（R0）=29H，执行指令：

```
ADD  A，R0            ；(A) ← (A) + R0
                 1 0 1 1 0 1 1 0
               + 0 0 1 0 1 0 0 1
               -----------------
                 1 1 0 1 1 1 1 1
```

结果是：（A）=DFH，（R0）=29H，CY=0，OV=0，AC=0，P=1。

例 9 设（A）=85H，（20H）=F6H，CY=1，执行指令：

```
ADDC  A，20H          ；(A) ← (A) + (20H) +CY
                 1 0 0 0 0 1 0 1
                 1 1 1 1 0 1 1 0
               +               1
               -----------------
                 0 1 1 1 1 1 0 0
```

结果是：（A）=7CH，（20H）=F6H，CY=1，OV=1，AC=0，P=1。

③ 加 1 指令。

```
INC  A                ；(A) ← (A) + 1
INC  Rn               ；(Rn) ← (Rn) + 1
INC  direct           ；(direct) ← (direct) + 1
INC  @ Ri             ；(Ri) ← ((Ri)) + 1
INC  DPTR             ；DPTR ← (DPTR) + 1
```

功能：将操作数所指定单元的内容加 1，结果存入原单元中。只有第一条指令对 PSW 的 P 位产生影响，其余操作不影响 PSW 的任何标志位。

例 10 设（A）=0FH，（R1）=40H，（R2）=FFH，（40H）=3BH，（DPTR）=01H，执行指令：

```
INC  A
INC  R2
INC  @R1
INC  DPTR
```

结果是：（A）=10H，（R2）=00H，（40H）=3CH，（DPTR）=02H。

（2）减法指令

① 带借位减法指令。

```
SUBB  A, #data        ;  (A) ← (A) - #data - Cy
SUBB  A, direct       ;  (A) ← (A) - (direct) - Cy
SUBB  A, Rn           ;  (A) ← (A) - (Rn) - Cy
SUBB  A, @ Ri         ;  (A) ← (A) - ((Ri)) - Cy
```

功能：将累加器 A 中的内容减去源操作数指定的内容和进位位 CY 的内容，运算结果存放在累加器 A 中。寻址方式有立即寻址、直接寻址、寄存器寻址、寄存器间接寻址。

带借位减法指令对程序状态字寄存器 PSW 产生影响：

- 若位 3 有借位，则 AC 置 1，否则 AC 清 0；
- 若位 7 有借位，则 CY 置 1，否则 CY 清 0；
- 若位 6 或位 7 中一个有借位而另一个没有借位，则 OV 置 1，否则 OV 清 0；
- A 中存放的差的结果，若 1 的个数为奇数，则 P 置 1，否则 P 清 0。

例 11 设（A）=C9H，（R2）=54H，CY=1，执行指令：

```
SUBB  A, R2

      1 1 0 0 1 0 0 1
      0 1 0 1 0 1 0 0
  -                 1
  -----------------
      0 1 1 1 0 1 0 0
```

结果是：（A）=74H，CY=0，OV=1，AC=0，P=0。

② 减 1 指令。

```
DEC  A          ;  (A) ← (A) -1
DEC  Rn         ;  (Rn) ← (Rn) -1
DEC  direct     ;  (direct) ← (direct) -1
DEC  @ Ri       ;  (Ri) ← ((Ri)) -1
```

功能：将操作数所指定单元的内容减 1，结果存入原单元中。只有第一条指令对 PSW 的 P 位产生影响，其余操作不影响 PSW 的任何标志位。

（3）乘法和除法指令

① 乘法指令。

```
MUL   A*B  ;   A ← A*B 积的低字节      B ←A*B 积的高字节
```

功能：将累加器 A 和通用寄存器 B 中的两个 8 位无符号数相乘，乘积的高字节放在寄存器 B 中，低字节存入累加器 A 中。

乘法指令对程序状态字寄存器 PSW 产生影响：

• 当寄存器 B 中有内容时，PSW 的 OV 位置 1，否则 OV 清 0。
• 在乘法运算中，进位标志位 CY 总是为 0。

例 12 设（A）=25H，（B）=30H，执行指令：

```
MUL  AB
```

结果是：（A）=F0H，（B）=06H，即积为 06F0H，CY=0，OV=1。

② 除法指令。

```
DIV   AB     ;   A ← A/B 的商              B ← A/B 的余数
```

功能：将累加器 A 中 8 位无符号数除以通用寄存器 B 中的 8 位无符号数，商存入累加器 A 中，余数放在寄存器 B 中。

执行除法指令，当除数为 0 时，程序状态字寄存器 PSW 的 OV 位置 1，CY 位总是为 0。

例 13 设（A）=FBH，（B）=12H，执行指令：

```
DIV  AB
```

结果是：（A）=0DH，（B）=11H，CY=0，OV=0。

（4）十进制调整指令

```
DA  A
```

功能：是一条专用指令，用于对累加器 A 进行十进制加法的调整。

该指令使用时要紧跟在 ADD 或 ADDC 指令之后，从而对累加器 A 中的结果进行修正。

3. 逻辑操作类指令

MCS-51 逻辑操作类指令包括逻辑与、或、异或等运算以及清除、求反、移位等操作。

（1）逻辑“与”操作指令

```
ANL  A，#data             ; A ←（A）∧ data
ANL  A，direct            ; A ←（A）∧（direct）
ANL  A，Rn                ; A ←（A）∧（Rn）
ANL  A，@ Ri              ; A ←（A）∧（（Ri））
ANL  direct，#data        ; direct ←（direct）∧ data
ANL  direct，A            ; direct ←（direct）∧（A）
```

功能：将指令中源操作数和目的操作数的内容按位进行与操作运算，结果再存入目的操作数所确定的存储单元中。

当要对存储单元内容的某些位清 0 而其他位保持不变时，可使用逻辑与指令。

例 14 设（A）=7BH，（R1）=D5H，执行指令：

```
ANL  A，R1
              A        0 1 1 1 1 0 1 1
              R1  ∧   1 1 0 1 0 1 0 1
                      ─────────────────
                       0 1 0 1 0 0 0 1
```

结果是：（A）=51H。

（2）逻辑“或”操作指令

```
ORL  A，#data             ; A ←（A）∨ data
ORL  A，direct            ; A ←（A）∨（direct）
ORL  A，Rn                ; A ←（A）∨（Rn）
ORL  A，@ Ri              ; A ←（A）∨（（Ri））
ORL  direct，#data        ; direct ←（direct）∨ data
```

```
ORL  direct, A          ; direct ← (direct) ∨ (A)
```

功能：将指令中源操作数和目的操作数的内容按位进行或操作运算，结果再存入目的操作数所确定的存储单元中。

当要求对存储单元内容的某些位置 1 而其他位保持不变时，可使用逻辑或指令。

例 15 设（A）= 7BH，（R1）=D5H，执行指令：

```
ORL  A, R1
                    A      0 1 1 1 1 0 1 1
                    R1  ∨  1 1 0 1 0 1 0 1
                           ---------------
                           1 1 1 1 1 1 1 1
```

结果是：（A）=FFH。

（3）逻辑“异或”操作指令

```
XRL  A, #data           ;  A ← (A) ⊕ data
XRL  A, direct          ;  A ← (A) ⊕ (direct)
XRL  A, Rn              ;  A ← (A) ⊕ (Rn)
XRL  A, @ Ri            ;  A ← (A) ⊕ ((Ri))
XRL  direct, #data      ; direct ← (direct) ⊕ data
XRL  direct, A          ; direct ← (direct) ⊕ (A)
```

功能：将指令中源操作数和目的操作数的内容按位进行异或操作运算，结果再存入目的操作数所确定的存储单元中。

运算规则是“相同为 0、相异为 1”。当要求对存储单元内容的某些位取反而其他位状态保持不变时，可使用逻辑异或指令来实现。

例 16 设（A）= 7BH，（R1）=D5H，执行指令：

```
XRL  A, R1
                    A      0 1 1 1 1 0 1 1
                    R1  ⊕  1 1 0 1 0 1 0 1
                           ---------------
                           1 0 1 0 1 1 1 0
```

结果是：（A）=AEH。

（4）累加器清 0 及按位取反操作指令

累加器清 0 指令

```
CLR  A              ; A ← 0
```

功能：把累加器 A 中的内容清 0。

累加器按位取反指令

```
CPL  A              ; A ← (A)
```

功能：对累加器 A 中的内容按位取反。

这两条指令仅对 PSW 中的奇偶标志位 P 产生影响。

例 17 设（A）=C7H，执行指令：

```
CLR  A
```

结果是：（A）=00H。

例 18 设（A）=C7H，执行指令：

```
CPL  A
```

结果是：（A）=38H。

（5）移位操作指令

MCS-51 的移位操作指令只能对累加器 A 进行移位。分为带进位移位和不带进位移位两类。

循环左移

```
RL  A;
```

功能：将累加器 A 的内容向左循环移位一次。

循环右移

```
RR  A;
```

功能：将累加器 A 的内容向右循环移位一次。

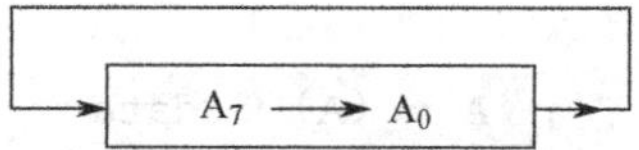

带进位循环左移

```
RLC  A
```

功能：将累加器 A 的内容和进位标志 CY 一起向左循环移位一次。

带进位循环右移

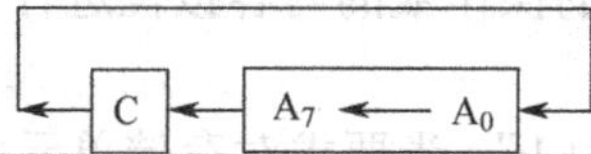


```
RRC  A
```

功能：将累加器 A 的内容和进位标志 CY 一起向右循环移位一次。

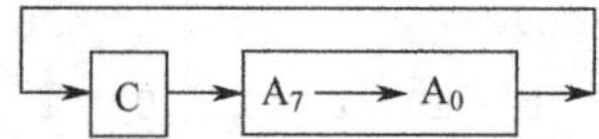

4．位操作类指令

MCS-51 单片机有一个布尔处理器，使 CPU 能够按位进行操作。同时它具有丰富的位操作指令，其中包括数据传送、控制、逻辑操作、条件转移等指令。

（1）位传送指令

```
MOV  C, bit                ; Cy ← (bit)
MOV  bit, C                ; bit ← (Cy)
```

功能：将位地址表示的位单元和累加位 CY 的内容进行互相传送。由于没有两个位存储单元之间的传送指令，因此必须通过累加位 CY 作中介。

例 19 把位地址 5DH 的值送位 A3H 中，程序如下：

```
MOV  C, 5DH
MOV  A3H, C
```

（2）位置位和位复位指令

```
CLR  C                     ; Cy ← 0
CLR  bit                   ; bit ← 0
SETB  C                    ; Cy ← 1
SETB  bit                  ; bit ← 1
```

功能：将位地址表示的位单元和累加位 CY 置位和复位。

（3）位取反指令

```
CPL  C                     ; Cy ← (Cy)
CPL  bit                   ; bit ← (bit)
```

功能：将位地址表示的位单元和累加位 CY 的内容取反，结果放回原单元中。

（4）位逻辑操作指令

```
ANL  C, bit          ; Cy ← (Cy) ∧ (bit)
ANL  C, / bit        ; Cy ← (Cy) ∧ (bit)
ORL  C, bit          ; Cy ← (Cy) ∨ (bit)
ORL  C, / bit        ; Cy ← (Cy) ∨ (bit)
```

功能：将累加位 CY 的内容和位地址表示位单元的内容进行逻辑与、或运算，结果放回累加位 CY 中。

（5）空操作指令

```
NOP                  ; PC ← PC + 1
```

功能：该指令不执行任何操作，仅使 PC 值加 1。在程序中常用于等待和延时。

二、步进电动机

步进电动机是一种感应电动机，它是将电脉冲信号转换为相应的角位移或直线位移的一种特殊执行电动机。每输入一个电脉冲信号，电动机就转动一个角度，它的运动形式是步进式的，所以称为步进电动机。

步进电动机的步进驱动器就是为步进电动机分时供电的多相时序控制器。当步进驱动器接收到一个脉冲信号时，就驱动步进电动机按设定的方向转动一个固定的角度（称为“步距角”），它的旋转是以固定的角度一步一步运行的。可以通过控制脉冲个数来控制角位移量，从而达到准确定位的目的；同时可以通过控制脉冲频率来控制电动机转动的速度和加速度，从而达到调速的目的。

现在比较常用的步进电动机包括反应式步进电动机（VR）、永磁式步进电动机（PM）、混合式步进电动机（HB）和单相式步进电动机等。

永磁式步进电动机一般为两相，转矩和体积较小，步进角一般为 7.5° 或 15° 。

反应式步进电动机一般为三相，可实现大转矩输出，步进角一般为 1.5° ，但噪声和振动都很大。反应式步进电动机的转子磁路由软磁材料制成，定子上有多相励磁绕组，利用磁导的变化产生转矩。

混合式步进电动机是指混合了永磁式和反应式的优点。它又分为两相和五相：两相步进角一般为 1.8° ，而五相步进角一般为 0.72° 。

步进电动机是一种控制用的特种电动机。它作为执行元件，是机电控制的关键产品之一。它具备没有积累误差（精度为 100%）的特点，因此广泛应用在各种自动化控制系统中。随着微电子和计算机技术的发展，步进电动机的需求量与日俱增，在各个国民经济领域都有应用。

有关步进电动机的相关知识请参考项目三中任务 1：步进电动机的认识与应用。

任务实施

1．连接单片机控制步进电动机正反转的控制电路，检查电路连接是否有误。

单片机控制步进电动机的硬件电路如图 2-19 所示。

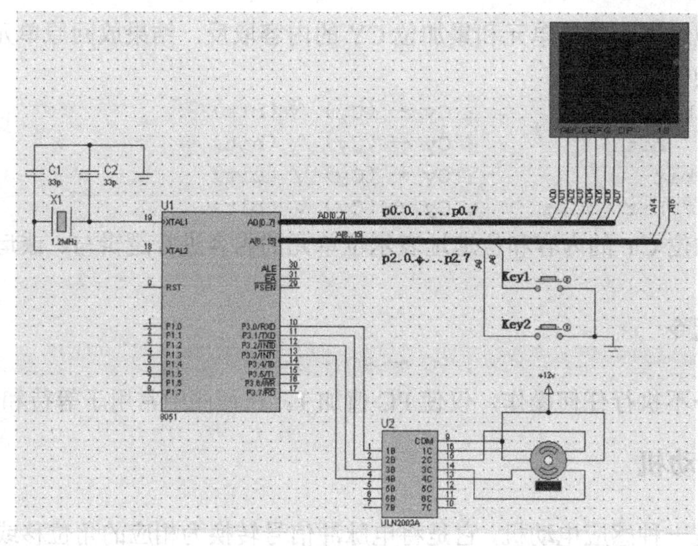

图 2-19　单片机控制步进电动机的硬件电路

由于单片机输出电流不大，不能直接驱动步进电动机，因此需要采用驱动芯片，本电路采用的驱动芯片是 ULN2003A，它是集电极开路输出的功率反相器。单片机的 P3.0～P3.3 端口接驱动芯片，驱动芯片的输出端分别接电动机的 A、B、C、D 相。P0.0～P0.7 端口和 P2.6～P2.7 端口连接 LED 数码管，当电动机正转时显示 CC，当电动机反转时显示 AA。P2.0～P2.1 端口接按钮开关，用于控制步进电动机的正反转。

2．根据任务的控制要求设计流程图和控制程序。

（1）单片机控制步进电动机正反转的流程图如图 2-20 所示。

（2）参考程序如下。

```
          K1   EQU P2. 0
          K2   EQU P2. 1
          ORG       0000H
          AJMP      MAIN
          ORG       0030H
MAIN:     MOV       A,#33H
          SETB      P2. 6
          SETB      P2. 7
KEY1:     SETB      K1;
          JB        K1,KEY2;
KEY11:    ACALL     DELAY_A;
          SETB      K1
          JB        K1,KEY11;
          ACALL     LOOP1
KEY2:     SETB      K2
          JB        K2, KEY1;
KEY21:    ACALL     DELAY_A;
          SETB      K2
          JB        K2,KEY21;
          ACALL     LOOP2
          AJMP      KEY1
LOOP1:    RL        A
          MOV       P3,A;
          MOV       P0,#0C6H;
```

```
            ACALL   DELAY
            RET
LOOP2:      RR      A
            MOV     P3,A;
            MOV     P0,#88H;
            ACALL   DELAY
            RET
DELAY:      MOV     R6,#20H
DELAY22:    MOV     R7,#80H
DELAY11:    DJNZ    R7,DELAY11
            DJNZ    R6,DELAY22
            RET
DELAY_A:    MOV     R7,#88H
DELAY1:     DJNZ    R7,DELAY1
            RET
```

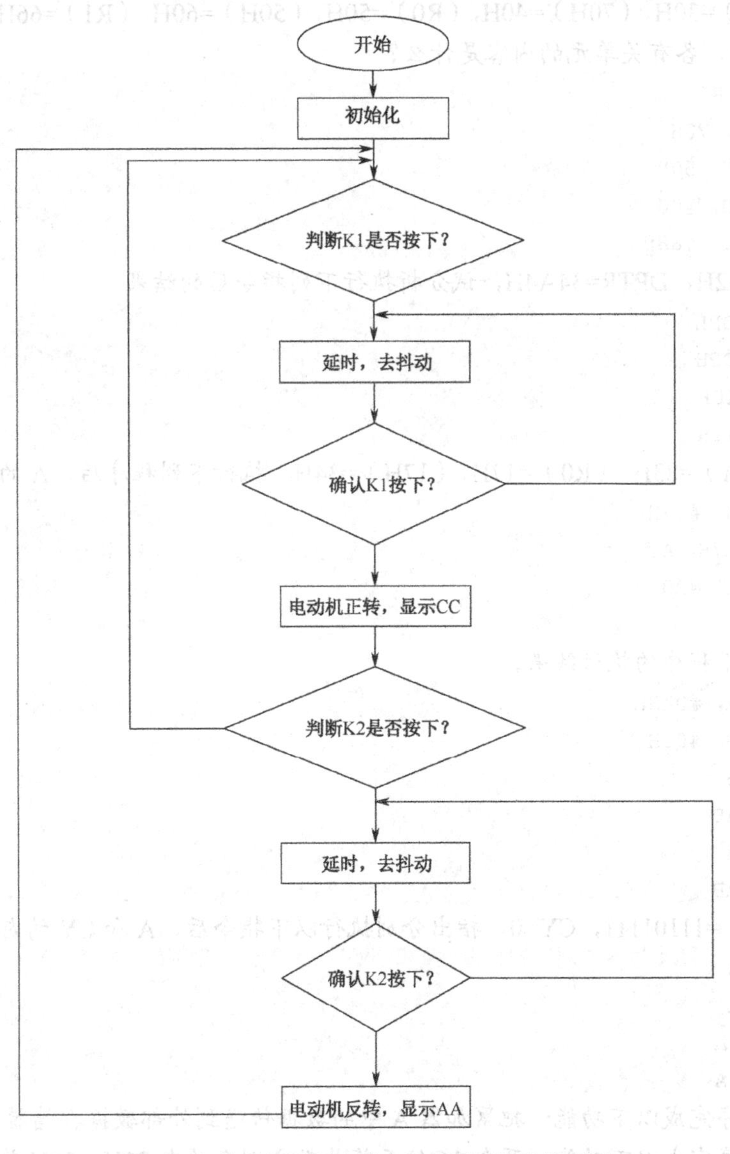

图 2-20 单片机控制步进电动机正反转的流程图

（3）在电脑上编写控制程序，并检查程序是否正确无误。

（4）把控制程序下载到单片机上，通电运行，试验电路功能，检查步进电动机能否实现正反转。

习题

1. 什么是寻址？MCS-51 系列单片机共有几种寻址方式？

2. 指出下列指令的寻址方式。

```
① MOV  A，#0FH
② MOV  A，0FH
③ MOV  A，R1
④ MOV  A，@ R0
⑤ MOVC  A，@ A+DPTR
```

3. 设（R6）=30H，（70H）=40H，（R0）=50H，（50H）=60H，（R1）=66H，（66H）=45H，执行下列指令后，各有关单元的内容是什么？

```
MOV  A，R6
MOV  R7，70H
MOV  70H，50H
MOV  40H，@R0
MOV  @R1，#88H
```

4. 设 SP=52H，DPTR=34A4H，试分析执行下列指令后的结果。

```
PUSH   DPL
PUSH   DPH
POP    40H
POP    41H
```

5. 已知（A）=83H，（R0）=17H，（17H）=34H，执行下列程序后，A 的内容是什么？

```
ANL     A，#17H
ORL     17H，A
XRL     A，@R0
CPL     A
```

6. 分析以下程序的执行结果。

```
MOV     A，#0A3H
MOV     B，#05H
DEC     B
MUL     AB
INC     A
DIV     AB
```

7. 设（A）=11101111，CY=0，指出分别执行以下指令后，A 和 CY 的内容是什么？

```
① RL  A
② RR  A
③ RLC  A
④ RRC  A
```

8. 编写程序完成以下功能：把累加器 A 中的数据传送到外部数据存储器 2000H 单元中。

9. 编写程序完成以下功能：两个 16 位无符号数分别存放在 31H、30H 单元和 41H、40H

单元，把它们相加后结果放在 51H、50H 单元中。

评价反馈

（一）自我评价（40 分）

先进行自我评价，把评分值记录于表 2-13 中。

表 2-13　自我评价表

项目内容	配分	评分标准	扣分	得分
1. 实训准备	10 分	掌握任务的相关知识，做好实训准备工作。 未能掌握相关知识，酌情扣 3～5 分。 未能做好实训准备工作，扣 5 分。		
2. 连接电路	20 分	按照图示连接电路，检查电路。 电路连接有误，可酌情扣 3～5 分。 没有检查电路，扣 5～10 分		
3. 编写程序	30 分	正确编写程序，检查程序。 程序编写有错，每次可酌情扣 3～5 分。 没有检查程序，扣 10～15 分		
4. 通电运行	30 分	能正确下载、运行与调试电路，得满分。 操作失误，酌情扣 5～10 分。 不会进行下载、运行及调试，扣 10～15 分。		
5. 安全、文明操作	10 分	1. 违反操作规程，产生不安全因素，可酌情扣 5～10 分。 2. 着装不规范，可酌情扣 3～5 分。 3. 迟到、早退、工作场地不清洁，每次扣 1～2 分。		
			总评分=（1～5 项总分）×40%	

签名：________　________年___月___日

（二）小组评价（30 分）

再由同一实训小组的同学结合自评的情况进行互评，同样将评分值记录于表 2-14 中。

表 2-14　小组评价表

项目内容	配分	评分
1. 实训记录与自我评价情况	20 分	
2. 对实训室规章制度的学习与掌握情况	20 分	
3. 相互帮助与协作能力	20 分	
4. 安全、质量意识与责任心	20 分	
5. 能否主动参与整理工具、器材与清洁场地	20 分	
	总评分=（1～5 项总分）×30%	

参加评价人员签名：________　________年___月___日

（三）教师评价（30 分）

最后由指导教师结合自评与互评的结果进行综合评价，并将评价意见与评分值记录于表 2-15 中。

表 2-15　教师评价表

<table>
<tr><td colspan="2">教师总体评价意见：</td></tr>
<tr><td>教师评分（30 分）</td><td></td></tr>
<tr><td>总评分=自我评分+小组评分+教师评分</td><td></td></tr>
</table>

教师签名：______________　______________年___月___日

任务 3.2　应用单片机实现温度检测系统的控制

器材准备

本学习任务所需的通用设备、工具和器材如表 2-16 所示。

表 2-16　通用设备、工具和器材明细表

序号	名　称	型　号	规　格	单位	数量
1	MCS-51 单片机实验开发板			块	1
2	电子零件		模数转换芯片 ADC0809、静态随机存储器芯片 6264、三态缓冲器芯片 74LS244、地址锁存器芯片 74LS273、三态输出锁存器芯片 74LS373、3/8 译码器芯片 74LS138、数码显示管一个、按钮两个、1.2MHz 晶振一个、电容等	批	1
3	万用电表	MG-27 型	0-10-50-250A、0-300-600V、0～300Ω	台	1
4	电工实训常用工具		如电工钳、尖嘴钳、电工刀、电烙铁、一字和十字形螺丝刀等	套	1
5	编程电脑			台	1

相关知识

一、单片机内部功能部件及应用

（一）MCS-51 单片机中断系统

1. 中断技术概念

（1）中断

CPU 在执行程序的过程中，计算机系统内外部由于某种原因发生了事件，需要 CPU 迅速处理。CPU 暂时停止当前的工作程序，转去执行相应的处理程序。处理结束后，再回到原来的地方，继续执行原来的程序，这个过程称为中断。其中，中断前原来执行的程序称为主程序，中断后 CPU 执行的处理程序称为中断服务程序，产生中断申请的请求源称为中断源，主程序被中断的位置称为断点，在单片机内部能够实现中断功能的硬件电路和软件程序统称为中断系统。

采用中断技术后，单片机能够对控制对象的请求做出快速响应并及时处理，大大提高了单片机管理的功能和效率。中断技术的优点主要表现在：

① 可以提高单片机的工作效率，CPU 和外设可以同步工作，使 CPU 能够同时处理多个任务。

② 便于实时处理，这样就可以在最短的时间内处理瞬息变化的现场情况。

③ 便于及时发现故障，具有解决故障的能力，提高了系统可靠性。

（2）中断系统的功能

① 实现中断响应。

当某一个中断源申请中断时，若能同时满足 CPU 响应中断的全部条件，CPU 应能实现中断响应，把断点的 PC 值、有关寄存器的内容和标志位的状态压入堆栈保存（保护断点与现场），并转到中断服务程序的入口地址。

② 中断优先级的排队。

一般计算机系统有多个中断源，如果同时有两个或两个以上的中断源向 CPU 发出中断请求，则 CPU 可以通过中断优先级控制电路判断各个中断源的优先级别，首先响应级别高的中断请求，处理完高优先级别的中断请求后再来响应优先级别低的中断请求。

③ 实现中断嵌套。

当 CPU 正在处理一个中断源请求的时候，又发生了另一个优先级比它高的中断源的中断请求，则 CPU 应能暂时中断正在执行的中断服务响应，保存好断点内容，而转去执行高优先级中断请求，待处理完高级中断请求后接着为低级中断源服务。

④ 实现中断返回。

中断系统应能够在执行完中断服务程序并遇到中断返回指令时，把保存的现场内容（断点的 PC 值、有关寄存器的内容和标志位的状态）从堆栈中取出，以便于 CPU 返回到原程序断点处继续执行原程序。

2. 中断系统

8051 单片机的中断系统包括 5 个中断源、中断请求标志位（分别在特殊功能寄存器 TCON 和 SCON 中）、中断允许控制寄存器 IE、中断优先级寄存器 IP 及内部硬件查询电路等部分。

（1）中断源

8051 单片机的 5 个中断源可分为 2 个外部中断源、2 个定时器/计数器溢出中断源及 1 个串行口中断源。

① 外部中断源。

共有两个中断源，即外部中断 0 和外部中断 1。由 P3 口的两个引脚 P3.2($\overline{\text{INT0}}$)和 P3.3($\overline{\text{INT1}}$)引入中断请求信号。它们的中断请求信号有效方式分为电平触发和脉冲触发两种。电平方式是低电平有效；脉冲方式则为脉冲的下跳沿有效。用户可以通过在程序中对有关控制位预先设定进行选择。

② 定时器/计数器溢出中断源。

两个定时器/计数器溢出中断源分别为 T0 和 T1，属于内部中断。用于对单片机内部定时脉冲或 T0/T1 引脚上输入的外部脉冲计数，实现定时和计数功能。

③ 串行口中断源。

串行中断是为串行数据传送的需要而设置的，属于内部中断。串行口中断分为发送中断与接收中断两种，每当串行口发送或接收完一组串行数据时，就产生一个中断请求。

（2）中断控制

在 MCS-51 单片机中，中断请求信号的锁存、中断源屏蔽、中断优先级控制等都是由相关专用寄存器实现的。与中断控制有关的寄存器共 4 个，它们都属于特殊功能寄存器。

① 定时器控制寄存器（TCON）。

TCON 控制定时器的启动与关闭，同时锁存中断标志位。寄存器地址为 88H，位地址为 8FH～88H，可进行位寻址。其中与中断有关的控制位共六位，寄存器的内容及位地址见下表。

位地址	8F	8E	8D	8C	8B	8A	89	88
位符号	TF1		TF0		IE1	IT1	IE0	IT0

• IE1（IE0）：外部中断 1（0）的中断请求标志位。

当 CPU 检测到外部中断源 1（0）提出中断请求时，由硬件使 IE1（IE0）置 1。当中断响应完成后，再由硬件自动清 0。

• IT1（IT0）：外部中断 1（0）的中断请求信号方式控制位。

IT1（IT0）=0 设定外部 $\overline{INT1}/\overline{INT0}$ 为电平方式（低电平有效）。IT1（IT0）=1 设定外部 $\overline{INT1}/\overline{INT0}$ 为脉冲方式（下跳沿有效）。IT1、IT0 由用户通过程序置 1 或清 0。

• TF1（TF0）：定时/计数器 T1（T0）计数溢出标志位。

当 T1（T0）完成定时或计数时，TF1（TF0）由硬件置 1，向 CPU 请求中断。当 CPU 响应中断后，才由硬件将 TF1（TF0）清 0。

② 串行口控制寄存器（SCON）。

SCON 用于串行口工作方式的设定与收发控制，同时保存串行口中断标志位。寄存器地址为 98H，位地址为 9FH～98H，可进行位寻址。其中与中断有关的控制位共两位，寄存器的内容及位地址见下表。

位地址	9F	9E	9D	9C	9B	9A	99	98
位符号							TI	RI

• TI：串行口发送中断请求标志位。

当发送完一帧数据后，由硬件置 1，向 CPU 提出申请。当 CPU 响应中断申请后，用程序清 0。

• RI：串行口接收中断请求标志位。

当接收完一帧数据后，由硬件置 1，向 CPU 提出申请。当 CPU 响应中断申请后，用程序清 0。

③ 中断允许控制寄存器（IE）。

IE 用于控制 CPU 对中断源的开放关闭。寄存器地址为 A8H，位地址为 AFH～A8H，可进行位寻址。其中与中断有关的控制位共六位，寄存器的内容及位地址见下表。

位地址	AF	AE	AD	AC	AB	AA	A9	A8
位符号	EA			ES	ET1	EX1	ET0	EX0

• EA：中断允许总控制位。

EA=0，所有中断请求被 CPU 禁止；EA=1，CPU 对所有中断源开放，但各中断源是否能被 CPU 响应，由相应的中断允许控制位决定。

• ES：串行口中断允许位。

ES =1，允许串行中断请求；ES=0，禁止串行中断请求。

• ET1（ET0）：定时器/计数器 T1（T0）中断允许位。

ET1（ET0）=1，允许定时（或计数）中断请求；ET1（ET0）=0，禁止定时（或计数）中断请求。

• EX1（EX0）：外部中断 1（0）允许位。

EX1（EX0）=1，允许外部中断 1（0）中断请求；EX1（EX0）=0，禁止外部中断 1（0）中断请求。

④ 中断优先级控制寄存器（IP）。

80C51 有 5 个中断源，划分为 2 个中断优先级：高优先级和低优先级。中断优先级控制寄存器的功能是用于设定各中断源的优先级别。

寄存器地址为 B8H，位地址为 BFH～B8H，可进行位寻址。其中与中断有关的控制位共六位，寄存器的内容及位地址见下表。

位地址	BF	BE	BD	BC	BB	BA	B9	B8
位符号	EA			PS	PT1	PX1	PT0	PX0

• PS：串行口优先级控制位。

PS =1，串行口为高优先级中断；PS=0，串行口为低优先级中断。

• PT1（PT0）：定时器/计数器 T1（T0）中断优先级控制位。

PT1（PT0）=1，定时器/计数器 T1（T0）中断为高优先级中断；PT1（PT0）=0，定时/计数器 T1（T0）中断为低优先级中断。

• PX1（PX0）：外部中断 1（0）优先级控制位。

PX1（PX0）=1，外部中断 1（0）为高优先级中断；PX1（PX0）=0，外部中断 1（0）为低优先级中断。

单片机复位后，IP 被清 0，将所有的中断源设定为低级中断。

中断优先级的设定是为 CPU 的中断嵌套服务的。中断优先级的控制原则是：

• 高优先级中断请求可以打断优先级别低的中断服务，但低优先级中断请求不能打断优先级别高的中断服务。

• 同级别的中断请求不能打断正在响应的中断服务。

• 同一中断优先级中，若有多个中断源同时请求中断，CPU 将先响应优先权高的中断，后响应优先权低的中断。在同一优先级中，优先级排列顺序如下：

外部中断 0（$\overline{\text{INT0}}$）→定时器/计数器 0（T0）→ 外部中断 1（$\overline{\text{INT1}}$）→定时器/计数器 1（T1）→串行口。

3. 中断处理过程

（1）中断响应

① 中断响应的条件。

单片机响应中断的条件有两个：中断源有中断请求，且 CPU 允许中断。当条件满足时，在每个机器周期内，单片机对所有中断源都进行检测，找出有效的中断请求，并对其优先级进行排队。

② 中断响应过程。

当单片机响应中断时，首先把相应的优先级控制寄存器置1，然后执行子程序调用指令，把断点地址压入堆栈，再把中断服务程序的入口地址送入程序计数器 PC，同时清除中断请求标志，从而程序便转移到中断服务程序。

（2）中断处理

CPU 响应中断后即转至中断服务程序的入口。从中断服务程序的第一条指令开始到返回指令为止，这个过程称为中断处理或中断服务。中断处理包括保护现场、中断源服务、恢复现场等几项内容。同时，在中断结束、执行 RETI 指令之前，恢复现场。

（3）中断返回

在中断服务子程序中安放的最后一条指令是中断返回指令 RETI。RETI 指令表示中断服务程序的结束，使程序返回被中断的主程序继续执行。CPU 执行该指令，一方面清除中断响应时所置位的中断优先级控制寄存器；另一方面从堆栈栈顶弹出断点地址送入程序计数器 PC，从而返回主程序。

（4）中断请求的撤销

CPU 响应中断请求后，在中断返回前，必须把 TCON 或 SCON 的中断标志位及时撤除，否则会再一次引起中断过程，从而造成混乱。因此，一旦中断响应，中断请求标志位就应该及时撤除。以下按中断类型说明中断请求如何撤除。

① 定时器中断请求硬件自动撤除。

定时器中断被响应后，硬件会自动把对应的中断请求标志位 TF1（TF0）清 0。

② 外部中断请求自动与强制撤除。

对于脉冲触发方式的中断请求，一旦响应后通过硬件会自动把中断请求标志位（IE0 或 Iel）清 0。

但对于电平触发方式，仅靠清除中断标志位并不能解决中断请求的撤除，必须在中断响应后强制地把中断请求输入引脚从低电平改为高电平，使中断请求的有效低电平消失，才能撤除相应的中断请求。

③ 串行中断请求的软件撤除。

串行中断的标志位是 TI 和 RI，但这两个标志位不会自动清 0。因为串行口中断响应后还要通过检测 TI 和 TR 的状态来判定是执行接收操作还是发送操作，然后才能清除相应的标志位。所以串行口中断请求的撤除应采用软件撤除方法，在中断服务程序中进行。

（二）MCS-51 单片机定时器/计数器

在单片机系统中，常常要用到定时/计数功能。因此，MCS-51 单片机内部带有两个 16 位定时器/计数器：T0 和 T1。它们既可以工作于定时方式，也可以工作于计数方式。

1. 定时器/计数器内部结构和基本功能

MCS-51 定时器/计数器的基本结构如图 2-21 所示。

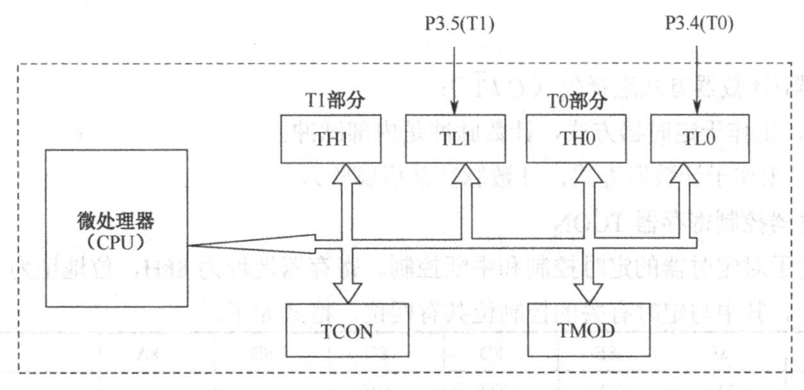

图 2-21 MCS-51 定时器/计数器的基本结构

T1 和 T0 分别由 TH1、TL1 和 TH0、TL0 两个 8 位计数器组成，它们都是 16 位加法计数器，都具有定时和计数两种功能。

定时功能：定时的实质是对内部脉冲进行计数。输入脉冲来自单片机的内部，由晶体振荡器输出脉冲经过 12 分频后得到。由于一个机器周期等于 12 个振荡脉冲周期，因此计数频率为晶体振荡频率的 1/12。如果单片机采用 12MHz 晶体，则计数频率为 1MHz，则定时器每接收一个输入脉冲的时间为 1ms。

计数功能：计数是指对外部事件（外部脉冲）进行计数。外部脉冲由 P3.4（T0）和 P3.5（T1）两个信号引脚输入。当外部输入的脉冲的电平由高跳变到低时，计数器就加 1。计数器溢出时可向 CPU 发出中断请求信号。

2. 定时器/计数器的控制寄存器

定时器/计数器有 4 种工作方式。其工作方式的选择和控制是由特殊功能寄存器（定时器/计算器方式控制寄存器 TMOD 和定时器控制寄存器 TCON）进行设定的。

（1）定时器/计数器方式控制寄存器 TMOD

TMOD 用于定义两个定时器/计数器工作方式及操作方式，字节地址为 89H，寄存器不能位寻址。其中，高 4 位用于定时器 T1，低 4 位用于定时器 T0，格式如下。

	D7	D6	D5	D4	D3	D2	D1	D0
位符号	GATE	$C/\overline{T}$	M1	M0	GATE	$C/\overline{T}$	M1	M0

① 定时器/计数器工作方式选择位（M1M0）：

M1M0=00，工作方式 0；

M1M0=01，工作方式 1；

M1M0=10，工作方式 2；

M1M0=11，工作方式 3。

② 门控标志位（GATE）：用于确定定时器/计数器采用不同启动方式的控制位。

GATE=0 时，不论外部中断请求引脚（$\overline{INT0}$、$\overline{INT1}$）的状态如何，只要将定时器控制寄存器 TCON 的 TR0（TR1）置位，即可启动定时器/计数器工作。

GATE=1 时，只有 $\overline{INT0}$（$\overline{INT1}$）为高电平且 TR0（TR1）被置位，才能启动定时器/计

数器工作。

③ 定时器/计数器方式选择位（$C/\overline{T}$）：

$C/\overline{T}$=0，工作于定时器方式，计数脉冲是内部脉冲；

$C/\overline{T}$=1，工作于计数器方式，计数脉冲从引脚输入。

（2）定时器控制寄存器 TCON

TCON 用于对定时器的定时控制和中断控制。寄存器地址为 88H，位地址为 8FH～88H，可进行位寻址。其中与定时有关的控制位共有四位，格式如下。

位地址	8F	8E	8D	8C	8B	8A	89	88
位符号	TF1	TR1	TF0	TR0				

① 定时器/计数器 T0/T1 运行控制位（TR0/TR1）。

TR0/TR1=0，定时器 T0/T1 停止计数；

TR0/TR1=1，定时器 T0/T1 开始计数。

② 定时器/计数器 T0/T1 溢出中断标志位（TF0/TF1）。

当定时器/计数器 T0/T1 开始计数至计数溢出时，由硬件自动将该位置 1，并向 CPU 发出中断请求。当 CPU 中断处理后，由硬件自动清 0。

在系统复位时，TMOD 和 TCON 寄存器的每一位都清 0。

3．定时器/计数器的工作方式

（1）工作方式 0

方式 0 逻辑结构如图 2-22 所示。

当 M1M0=00 时，定时器/计数器设定于工作方式 0。在此工作方式下，定时器/计数器构成一个 13 位的计数器，由 TH0 中高 8 位和 TL0 中低 5 位组成，其中 TL 中高 3 位不用。

不管是哪一种工作方式，当 TL0 的低 5 位溢出时，向 TH0 进位，当 TH0 计数溢出时，则对 TCON 的溢出标志位 TF0 置位，同时把计数器清 0。

当$C/\overline{T}$=0 时，多路开关连接振荡脉冲 12 分频输出，计数器对机器周期计数，实现定时功能。当$C/\overline{T}$= 1 时，多路开关与计数引脚 T0 相连，外部计数脉冲由 T0 脚输入，当外部信号发生负跳变时，计数器加 1，实现计数功能。

当 GATE=0 时，同时 TR0 为 1，定时器/计数器开始计数；当 TR0=1 时，定时器/计数器停止工作。

当 GATE=1 和 TR0=1 时，计数脉冲的接通与断开由引脚信号$\overline{INT0}$控制。当$\overline{INT0}$由 0 变 1 时，定时器/计数器开始计数；当$\overline{INT0}$由 1 变 0 时，定时器/计数器停止工作。

（2）工作方式 1

当 M1M0=01 时，定时器/计数器设定于工作方式 1。在此工作方式下，定时器/计数器构成一个 16 位的计数器，由 TH0 全部 8 位和 TL0 全部 8 位组成。定时器/计数器在方式 1 的工作情况与方式 0 相同。

逻辑结构如图 2-23 所示。

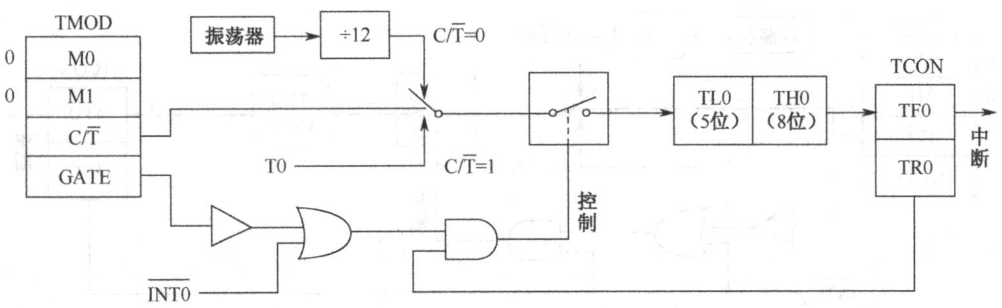

图 2-22 定时器/计数器方式 0 的逻辑结构

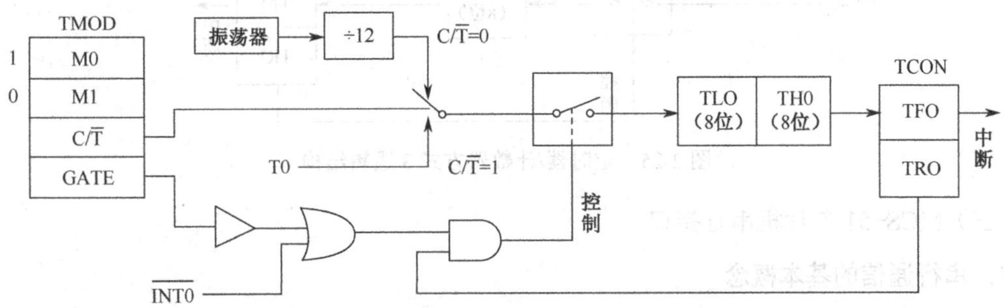

图 2-23 定时器/计数器方式 1 逻辑结构

（3）工作方式 2

当 M1M0=10 时，定时器/计数器设定于工作方式 2。此时，定时/计数器构成一个 8 位的计数器，它具有自动加载计数初值的功能。在此工作方式下，把 16 位计数器分成两部分，TL 作为计数器，TH 作为预置初值寄存器。其逻辑结构如图 2-24 所示。

初始化程序时，把 8 位计数初值同时装入 TH0 和 TL0。当 TL0 计数溢出后，即置位溢出标志位 TF0，向 CPU 申请中断，同时把存放在 TH0 中的 8 位计数初值自动再装入 TL0，然后重新开始计数。

（4）工作方式 3

当 M1M0=11 时，只有定时器/计数器 T0 设定于工作方式 3。若 T1 设定为方式 3，则停止工作，相当于 TR0=0。

T0 工作于方式 3 时，TL0 和 TH0 变为两个独立的 8 位加法计数器，其逻辑结构如图 2-25 所示。TL0 使用了 T0 的各个控制位，可作为 8 位的定时器或计数器使用；而 TH0 的控制是借用 T1 的控制位（TR1 和 TF1）来实现，只能作为定时器使用。

在通常情况下不使用方式 3，方式 3 只是在串行通信波特率发生时选用。

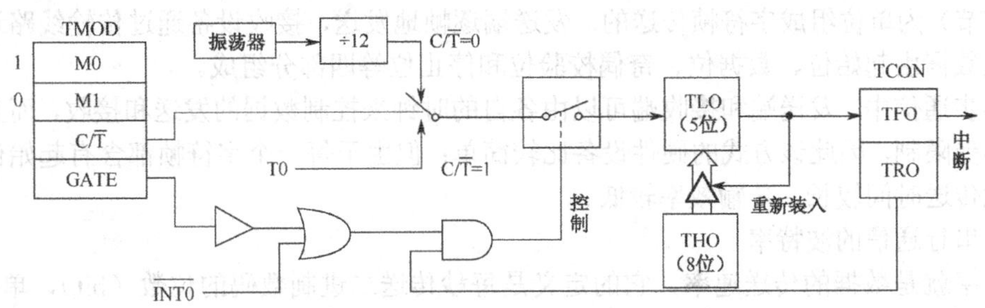

图 2-24 定时器/计数器方式 2 逻辑结构

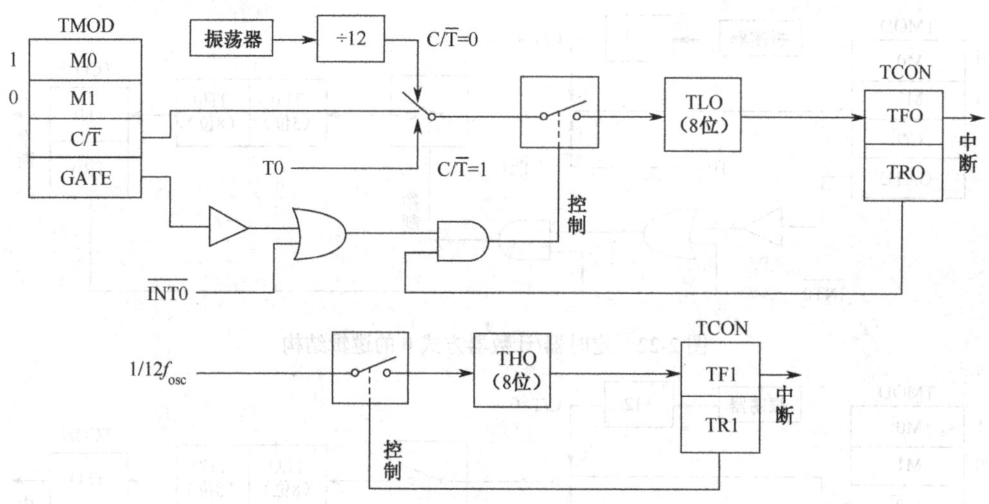

图 2-25　定时器/计数器方式 3 逻辑结构

（三）MCS-51 单片机串行接口

1．串行通信的基本概念

在计算机系统中，主机与主机之间需要交换数据，主机与外部设备之间也需要交换数据，这些数据的交换称为通信。计算机通信有两种基本方式：并行通信方式和串行通信方式。

并行通信是同时传送各位数据，但有多少位数据就需要多少根数据线，具有传送速度快，效率高的特点。但由于传送成本高，只适用于近距离的数据传送，如计算机系统中各芯片之间、同一插件板的各部件之间的通信都是并行传送。

串行通信是逐位依次传送二进制数据的，最少只需一根传输线即可完成，传送成本低，但传送速度慢，多用于远距离的通信场合，如计算机之间、计算机与外设之间的通信都是采用串行通信。

（1）串行通信的传送方式

串行通信有两种基本通信方式：同步通信方式和异步通信方式。

① 同步通信的特点是数据连续传送。在同步通信中，由若干个需要传送的字符顺序地连接起来形成数据块，数据块的前面加上 1～2 个特殊的同步字符作为传送开始，使收发双方取得同步，便于同时发送和接收数据块。数据块后面加上校验字符，用于检查通信中的错误。

在同步通信中，每次通信可以传送几个数据字符，而且字符之间无间隔，因而传送速率高于异步通信。

② 异步通信的特点是数据在线路上的传送是不连续的。在异步通信中，数据通常是以字符（或字节）为单位组成字符帧传送的。发送端逐帧地发送，接收设备通过传输线路逐帧地接收。每帧数据由起始位、数据位、奇偶校验位和停止位等四部分组成。

在异步通信中，发送端和接收端可以由各自的时钟来控制数据的发送和接收，而且字符帧的长度不受限制，因此该方式的硬件设备比较简单；但由于每一个字符帧都含有起始位和停止位，故此传送时间较长，传输效率较低。

（2）串行通信的波特率

波特率就是数据的传送速率，它的定义是每秒传送二进制数码的位数（bit），单位为 b/s（位/秒），即

$$1\text{ 波特}=1\text{ 位/秒（1b/s）}$$

它表示出对数据的传送速率的约定。

例如，某一系统的数据传送速率为 100 帧/秒，而每一帧字符由 10 个位组成，则波特率为

$$100\text{ 帧/秒}\times 10\text{ 位/帧}=1000\text{ 波特（b/s）}$$

每 1 位的传送时间为波特率的倒数

$$T_d=1/1000=1\text{（ms）}$$

在异步通信中，波特率一般为 50～9600 b/s。

（3）串行通信的传送方向

在串行通信中，两个工作站之间通过传输线路传送数据。根据数据的传送方向可分成单工、半双工、全双工三种通信方式。

① 单工方式。在单工方式中，数据传送是单向的，数据只能单方向从发送端向接收端传送。只需要一条传输线。

② 半双工方式。在半双工方式中，数据传送是双向的，双方的数据传送通过传输线路双向交替进行。但同一时刻只能由其中的一方发送数据，另一方接收数据，不能同时双向传输。

③ 全双工方式。在全双工方式中，数据传送也是双向的，在通信中，双方可以同时发送和接收数据，使用两条相互独立的数据线。

2. MCS-51 单片机的串行接口

（1）MCS-51 单片机串行口结构

MCS-51 单片机片内的串行口是一个功能很强的全双工的串行口，既可以同时发送和接收数据，也可作为同步移位寄存器使用。它通过引脚 P3.0 和 P3.1 与外设进行通信。P3.0 是串行数据接收端 RXD，P3.1 是串行数据发送端 TXD。

该串行口主要由两个物理上独立的发送和接收串行数据缓冲器 SBUF、发送控制器 TX、输出控制门和输入移位寄存器组成。

发送数据缓冲器 SBUF 只能写入发送的数据，不能读出；接收数据缓冲器 SBUF 只能读出接收的数据，不能写入。两个缓冲器均用符号 SBUF 表示，公用一个地址 99H。CPU 通过不同的指令分别对 SBUF 进行写入或读出的操作。

（2）串行口控制寄存器

MCS-51 单片机对串行口的控制是由特殊功能寄存器 SCON 和 PCON 实现的。

① 串口控制寄存器（SCON）。

串口控制寄存器（SCON）用于定义串行口的操作方式和控制串行口的工作状态，SCON 可以位寻址，字节地址是 98H，位地址是 9FH～98H。其格式及各位的含义如下。

位地址	9F	9E	9D	9C	9B	9A	99	98
SCON	SM0	SM1	SM2	REN	TB8	RB8	TI	RI

· SM0、SM1：串行口 4 种工作方式的选择位。

串行口有 4 种工作方式，可以用指令设定 SM0 和 SM1 的值以确定工作方式，如表 2-17 所示。

表2-17　串行口4种工作方式

SM0　SM1	工作方式	功　能	波特率
00	方式0	8位移位寄存器	$f_{OSC}/12$
01	方式1	10位异步收发	可变
10	方式2	11位异步收发	$f_{OSC}/12$
11	方式3	11位异步收发	可变

- SM2：多机通信控制位。

多机通信只用于方式2或方式3中。当串行口以方式2或方式3接收时，如果SM2=1，而且接收到的第9位数据（RB8）为“0”时，则接收中断标志RI不会被激活，并将接收到的前8位数据丢弃；当接收到的第9位数据（RB8）为“1”时，才将接收到的前8位数据送入SBUF，并将RI置“1”，产生中断请求。

如果SM2=0，则不论第9位数据是“1”还是“0”，都将前8位数据送入SBUF中，并将RI置“1”，产生中断请求。

在方式1时，如果SM2=1，则只有收到停止位时才会激活RI。在方式0时，SM2必须为0。

- REN：允许串行接收控制位。

由软件置位或清0。REN=1时，允许串行口接收数据；REN=0时，禁止串行口接收数据。

- TB8：发送的数据位8。

在方式2和方式3时，TB8是要发送的第9位数据，可由软件置位或复位。

- RB8：接收的数据位8。

在方式2和方式3时，RB8存放接收到的第9位数据。在方式1时，如果SM2=0，RB8是接收到的停止位。在方式0时，不使用RB8。

- TI：发送中断标志位。

在方式0时，当串行口发送第8位数据结束时，由硬件置位。其他工作方式下，当串行口开始发送停止位时由硬件置1。无论任何方式，该位必须由软件清0。

- RI：接收中断标志位。

在方式0时，当串行口接收完第8位数据时，由硬件置位。其他工作方式下，串行口接收到停止位时，该位由硬件置1。无论任何方式，该位必须由软件清0。

② 特殊功能寄存器（PCON）。

PCON的字节地址为87H，没有位寻址功能，其格式如下。

D7	D6	D5	D4	D3	D2	D1	D0
SMOD	/	/	/	/	/	/	/

其中D7位（SMOD）：波特率选择位。在方式1、2、3时，当SMOD = 1时，波特率加倍；当系统复位时，SMOD = 0。

3．串行口工作方式

MCS-51单片机串行口有四种工作方式：方式0、方式1、方式2、方式3，由SCON中SM0、SM1的值决定。

（1）方式0

方式0是8位同步移位寄存器输入/输出方式。在这种方式下，RXD（P3.0）端作为串行数据的输入口和输出口，而TXD（P3.1）端以$f_{OSC}/12$的速率提供移位时钟脉冲。移位数据的发送和接收以 8 位为一帧，不设起始位和停止位，先发送或接收最低位，低位在前高位在后。其格式如下。

D0	D1	D2	D3	D4	D5	D6	D7

方式 0 不能用于串行同步通信，它可以通过外接移位寄存器，把串行口扩展为并行 I/O 口。

（2）方式 1

方式 1 是 10 位异步通信方式，用于串行数据的发送和接收。TXD 脚用于发送数据，RXD 脚用于接收数据。一帧数据一般为 10 位，共包括 1 个起始位、8 个数据位（低位在前高位在后）和 1 个停止位。其帧格式如下。

起始位	D0	D1	D2	D3	D4	D5	D6	D7	停止位

在方式 1 时，波特率是可变的，由定时器 1 或 2 的溢出速率决定。

（3）方式 2

方式 2 是 11 位异步通信方式。TXD 脚用于数据发送，RXD 脚用于数据接收。一帧数据为 11 位，包括 1 位起始位、8 位数据位（先低位后高位）、1 位可程控位（第 9 位数据）和 1 位停止位。

方式 2 的波特率有两种：$f_{OSC}/32$ 和 $f_{OSC}/64$ 。

（4）方式 3

方式 3 的工作原理与方式 2 类似。但方式 3 的波特率是可变的，它利用定时器 1 或 2 作为波特率发生器。

二、单片机系统的扩展

MCS-51 单片机的芯片上集成了计算机的基本功能部件。一般在简单的应用场合，可直接采用单片机构成的最小系统。但对于较复杂的场合，由于单片机内部 ROM、RAM 和 I/O 接口功能有限，内部资源不够使用，这就需要扩充较大的存储容量和较多的 I/O 接口，以满足特殊应用系统的需要。

（一）系统扩展概述

1. 单片机的最小系统

所谓单片机的最小系统，就是指能保持单片机正常运行的最简单配置所构成的系统。对于基本型 MCS-51 单片机，因其有内部 ROM/EPROM，所以只要将单片机接上时钟电路和复位电路，或者对于 8031 等单片机，除了接上时钟电路和复位电路，再外加一片 EPROM，即构成了最小系统。这样形成的单片机应用系统称为单片机的最小应用系统。

2. 单片机扩展结构

单片机扩展采用总线结构，扩展是通过总线进行的。扩展部件包括程序存储器 ROM、数据存储器 RAM 和 I/O 接口电路等，通过系统总线把各个扩展的部件连接起来。

（1）系统总线结构

系统总线就是把系统主机与各扩展部件连接起来的一组公共信号线。按其功能可以分为三类：地址总线（AB）、数据总线（DB）和控制总线（CB）。

① 地址总线（AB）。

地址总线是传输地址信息的公用线，用于访问外部存储器的存储单元和I/O端口。地址总线是一种单向总线，只能从单片机向外发出地址信号。单片机的P0口提供低8位的地址总线（A0～A7），P2口提供高8位的地址总线（A8～A15）。

② 数据总线（DB）。

数据总线是传输数据信息的公用线，主要用于单片机与外部存储器之间或单片机与I/O接口之间的数据传送，数据总线一般为8位。数据总线是一种双向总线。由P0口提供数据总线（D0~D7）。

③控制总线（CB）。

控制总线主要用于传送系统控制信号。对于具体的一条控制信号线来说，其传送的方向都是单向的。但对于由不同方向的控制信号线组成的控制总线，可以表示为双向总线。

控制总线有：

ALE：地址锁存信号，下降沿时锁存P0口输出的低8位地址。

$\overline{PSEN}$：扩展外部程序存储器的读选通信号。

$\overline{EA}$：片内/片外程序存储器的选择控制信号。

$\overline{RD}$：扩展片外数据存储器或扩展I/O口的读选通信号。

$\overline{WR}$：扩展片外数据存储器或扩展I/O口的写选通信号。

单片机扩展总线构造如图2-26所示

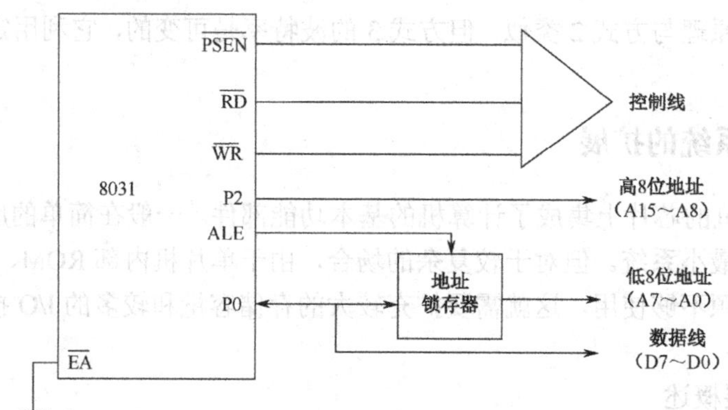

图2-26　单片机扩展总线构造

（2）常用地址锁存器

系统扩展时，由于单片机的P0口是作为分时复用，既是8位的低地址总线，也作为8位的数据总线，因此必须使用锁存器把地址/数据信号分离。

常用的地址锁存器芯片有74LS273、74LS377、74LS373、8282等，其地址锁存信号为ALE。74LS373芯片的引脚如图2-27所示，现以74LS373为例对地址锁存器进行介绍。

该芯片共有两个控制信号：

$\overline{OE}$：使能信号输出，用于控制三态门的状态，低电平有效。

当$\overline{OE}$=0时，三态门导通，锁存器的状态经三态门输出；

当$\overline{OE}$=1时，三态门输出处于高阻抗状态。

G：地址输入控制信号，高电平有效。

当G=1时，锁存器的输出（Q7～Q0）反映输入（D7～D0）的状态；

当G从高电平下跳为低电平（下降沿）时，输入端的地址被锁存器锁存。

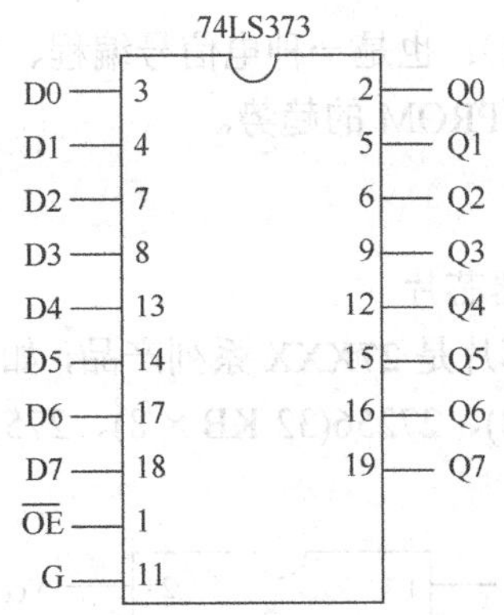

图 2-27　74LS373 芯片的引脚

当 74LS373 作系统扩展的锁存器使用时，$\overline{OE}$ 固定接低电平，G 接单片机的 ALE 信号。

（3）MCS-51 单片机的扩展能力

① 片外程序存储器最大可扩展至 64KB。地址范围是 0000H～FFFFH。用户可通过选择 $\overline{EA}$ 的状态，由硬件结构实现使用片内或片外程序存储器。

② 片外数据存储器最大可扩展至 64KB。地址范围也是 0000H～FFFFH。

③ MCS-51 单片机的片外数据存储器和扩展的 I/O 端口是统一编址，因此把 64KB 的外部数据存储器的一部分空间作为外部扩展 I/O 口的地址空间，每一个扩展的 I/O 端口相当于一个外部数据存储器单元，对扩展的 I/O 端口的访问如同外部数据存储器的读写操作一样。

（二）程序存储器的扩展

程序存储器用于存放固定程序，也用于存放程序中使用的常数。由于单片机的应用系统通常是专用的微机系统，一旦系统研制完毕其软件也就定型了，所以单片机的程序存储器一般由半导体只读存储器组成。这类存储器的特点是把信息写入后，能长期保存，不会因电源断电而丢失。

当系统程序量大，单片机内部程序存储器容量不够用时，特别是无 ROM 型的单片机（如 8031、8032），就需要在外部扩展程序存储器。

1. 常用的程序存储器

根据存储器信息写入和擦除方式的不同，ROM 可分为掩模 ROM、可编程 ROM（PROM）、紫外线擦除可编程 ROM（EPROM）、电擦除可编程 ROM（E^2PROM）、快速擦写存储器（Flash ROM）等。

掩模 ROM：生产厂家在出厂前完成编程。因编程是以掩模工艺实现，因此只适合于大量生产。

可编程 ROM（PROM）：编程是在研制现场由用户写入的。但这种芯片只能写入一次，其内容一旦写入就不能再进行修改。

紫外线擦除可编程 ROM（EPROM）：由用户自己用电信号写入程序信息，用紫外线照射可把原有信息全部擦除。允许用户多次改写。由于 EPROM 的性能可靠、价格低廉，它是单片机系统应用最普遍的程序存储器。

电擦除可编程 ROM（E^2PROM）：用电信号编程、用电信号擦除的 ROM 芯片。断电后能够保存信息。其擦除次数一般为 1 万次。但写入速度较慢，价格较贵。

快速擦写存储器（Flash ROM）：也是一种电信号编程、电信号擦除的 ROM 芯片。目前的擦除次数高达 10 万次。有取代 E^2PROM 的趋势。

2. EPROM 扩展电路

（1）典型的可改写只读存储器芯片

在扩展 EPROM 中，常用的芯片是 27XXX 系列产品，如 2716（2KB ×8）、2732（4KB ×8）、2764(8 KB × 8)、27128(16 KB × 8)、27256(32 KB × 8)、27512(64 KB × 8)等。图 2-28 是 2716 的引脚排列图。

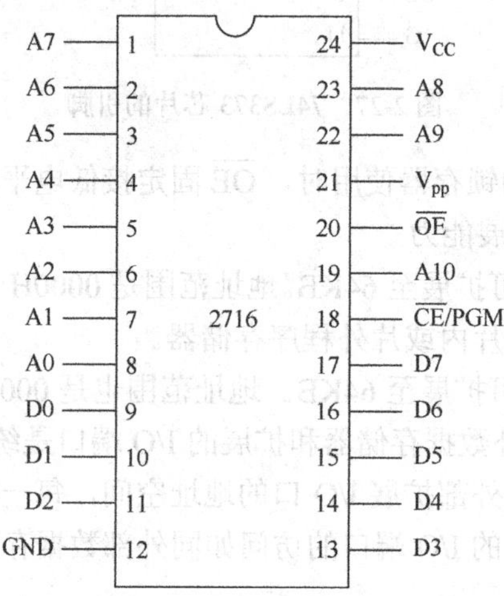

图 2-28　2716 芯片引脚排列图

图 2-28 中涉及的引脚符号的定义如下：

A0～A10：地址输入线，数目由存储容量来定。

D0～D7：三态双向数据总线，读出时为数据输出线，编程时为数据输入线，当维持或编程禁止时 D0～D7 呈高阻抗。

$\overline{CE}$：片选信号输入线，低电平有效。

$\overline{OE}$：读选通信号输入线，低电平有效。

PGM：编程脉冲输入线，低电平有效。

V_{pp}：编程电压（+ 12.5 V）输入端。

V_{CC}：芯片的工作电压（+5 V）。

GND：地线。

（2）程序存储器的扩展方法

① 数据线的连接。

把单片机 P0 口与扩展的程序存储器的数据信号线直接相连地址线的连接。

② 地址线的连接。

把 P0 口经过地址锁存器与程序存储器的低 8 位地址线连接，P2 口中的低位与扩展程序存储器剩余的高位地址线一一相连。

③ 控制线的连接。

- $\overline{PSEN}$：与程序存储器的读选通信号输入线 $\overline{OE}$ 连接。

• ALE：接地址锁存器的锁存信号 G。

地址锁存器是高电平触发或下降沿触发（74LS373）时，该引脚与地址锁存器的控制端直接相连。当地址锁存器是上升沿触发（74LS273、74LS377）时，该引脚经非门与地址锁存器的控制端直接相连。

• $\overline{EA}$：当单片机只是使用外部程序存储器时，$\overline{EA}$ 直接接地。

（3）典型程序存储器的扩展电路

例：利用一片 EPROM 芯片 2716 和 8031 单片机扩展 2KB 程序存储器，如图 2-29 所示。图中使用 74LS373 作为地址锁存器。

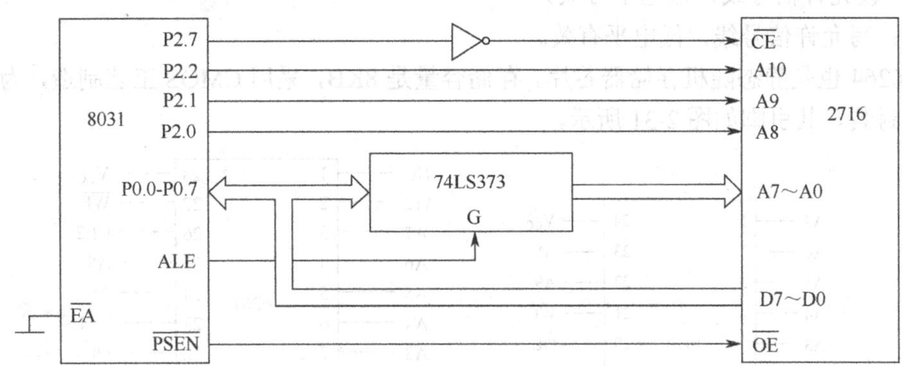

图 2-29 扩展 2KB 的程序存储器 EPROM

程序存储器的扩展主要是完成地址线、数据线、控制线的连接。下面是连线说明。

（1）地址线的连接

由于存储器芯片容量为 2KB（2^{11}B），因此需要 11 位地址线。应将存储器芯片的 A7～A0 引脚分别经地址锁存器（74LS373）与单片机的 P0.7～P0.0 连接，将存储器芯片 A10～A8 引脚与单片机的 P2.2～P2.0 连接。同时把 P2.7 作芯片选择信号，与 2716 芯片的 $\overline{CE}$ 端连接即可。

（2）数据线的连接

D7～D0 直接与单片机的 P0.7～P0.0 对应连接即可。

（3）控制线的连接

把单片机的 ALE 引脚与地址锁存器的锁存控制端 G 相连，同时把 $\overline{PSEN}$ 信号引脚同 2716 的 $\overline{OE}$ 端相连。由于只需要扩展一片外部程序存储器芯片，且 8031 内部无程序存储器，因此单片机 $\overline{EA}$ 引脚接地。扩展后 2716 芯片的地址空间是 0000H～07FFH。

（三）数据存储器的扩展

数据存储器即是随机存取存储器，简称为 RAM，用于存放可随时修改的程序和原始数据、运算结果。RAM 可以进行读写两种操作。但单片机断电后 RAM 所有信息立即消失。

常用的数据存储器有静态 RAM 和动态 RAM 两种。动态 RAM 容量较大，它使用的是动态存储单元，需不断进行刷新才能保存信息。动态存储器要增加刷新电路，在单片机系统中很少使用；静态 RAM 只要电源不断电，所保存信息就不会消失。扩展电路简单，单片机中使用较多。这里主要讨论静态 RAM 与 MCS-51 单片机的接口关系。

MCS-51 单片机内部有 128 个字节的 RAM 存储器，但在通常进行实时数据采集和信息处理时，片内提供的 128 个 RAM 存储器是不够的，在这种情况下，可利用 MCS-51 的扩展功能，扩展外部数据存储器。

1．典型随机存储器芯片

（1）Intel 6116是静态随机存储器芯片，存储容量是2KB，采用CMOS工艺制造，因此具有功耗低的特点。其引脚如图2-30所示。

其中：

A0～A10：11位地址线。

I/O0～I/O7：8位数据线。

$\overline{CE}$：片选信号线，低电平有效。

$\overline{OE}$：读允许信号线，低电平有效。

$\overline{WE}$：写允许信号线，低电平有效。

（2）6264也是静态随机存储器芯片。存储容量是8KB，采用CMOS工艺制造，为28线双列直插式封装。其引脚如图2-31所示。

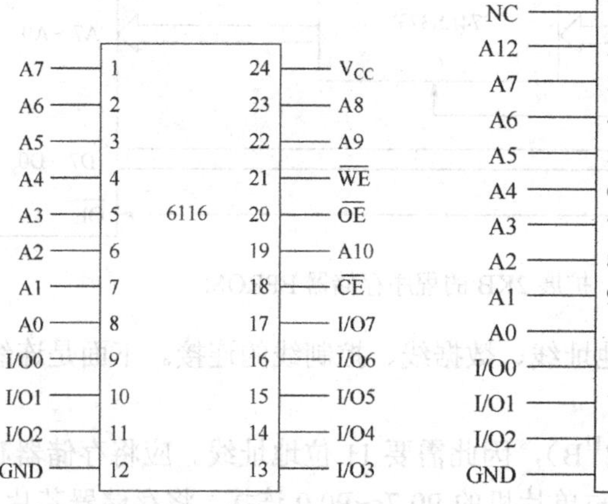

图2-30　静态RAM6116引脚图　　图2-31　静态RAM6264引脚图

其中：

A0～A12：13位地址线。

I/O0～I/O7：8位数据线。

$\overline{CE}$：片选信号线，低电平有效。

$\overline{OE}$：读允许信号线，低电平有效。

$\overline{WE}$：写允许信号线，低电平有效。

2．数据存储器扩展电路

（1）数据存储器扩展方法

数据存储器扩展的连接方法，在地址线和数据线的连接上与程序存储器的扩展是相同。不同点是利用单片机$\overline{RD}$和$\overline{WR}$作为数据存储器的读选通和写选通信号，分别与存储器芯片的$\overline{OE}$和$\overline{WE}$引脚直接相连。

（2）典型数据存储器的扩展电路

例：利用8051单片机与一片RAM芯片6116连接，扩展2KB的外部数据存储器，如图2-32所示。

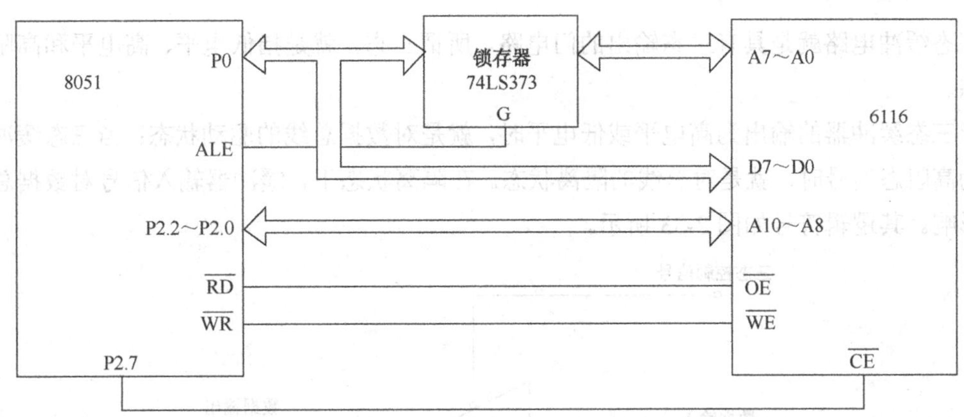

图 2-32　扩展 2KB 的数据存储器 RAM

在扩展连接时，8051 单片机的 $\overline{WR}$ 端连接 6116 的 $\overline{WE}$ 引脚，$\overline{RD}$ 端接 $\overline{OE}$ 引脚，对数据存储器进行读写控制，P2.7 端接 6116 芯片的 $\overline{CE}$ 端作为片选信号。扩展后 6116 芯片的地址范围是 8000H～87FFH。

（四）并行 I/O 接口的扩展

1．I/O 接口电路的功能

单片机的 I/O 接口要传送数据，应具有以下功能。

（1）地址译码

通过译码器对地址译码，确定连接外部设备的端口，使 CPU 能够对寻址的外设进行读写操作。

（2）数据锁存

由于外设的运行速度远远低于 CPU 的工作速度，因此在输出接口电路中需设置数据锁存器，及时保存 CPU 输出的数据直到外设接收。

（3）数据缓冲

计算机的数据总线上连接有许多外设，但同一时刻 CPU 只能与一个外设交换数据。因此，各个输入设备的接口电路要使用缓冲电路，使被选中的外设单独与 CPU 交换信息。

（4）数据转换

I/O 接口电路应能进行数据的转换，使计算机输入输出的信息与外设提供的信息实现交流。例如，串行→并行数据转换、并行→串行数据转换、模→数转换、数→模转换、电平转换。

2．数据总线隔离技术

计算机的总线上连接着多个输入和输出数据的外部设备，为了保证数据能够准确传送，要求在同一时刻，只能在一个数据源设备和一个数据目的设备之间进行数据传送，所有其他不参与的设备在电气性能上必须与总线隔离。

因此，输出设备的接口电路需设置锁存器，当允许接收输出数据时门锁打开，当不允许接收输出数据时门锁关闭。对于输入设备的接口电路，要使用三态缓冲电路。

三态缓冲电路就是具有三态输出的门电路。所谓三态，就是指低电平、高电平和高阻抗三种状态。

当三态缓冲器的输出为高电平或低电平时，就是对数据总线的驱动状态；当三态缓冲器的输出为高阻态信号时，就是对总线的隔离状态。在隔离状态下，缓冲器输入信号对数据总线不产生影响。其逻辑符号如图 2-33 所示。

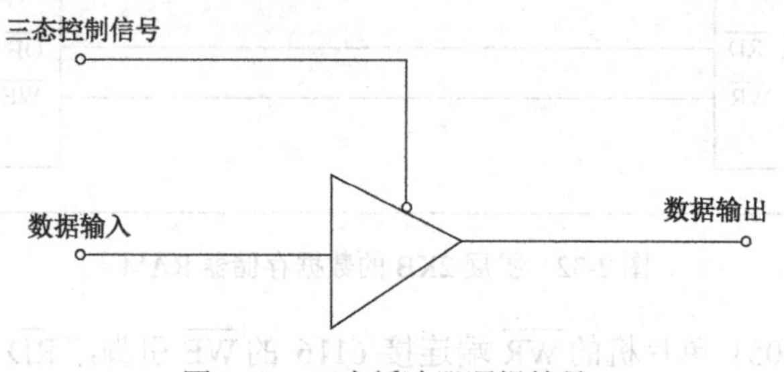

图 2-33　三态缓冲器逻辑符号

在图 2-33 中，当三态控制信号为低电平时，缓冲器输出状态反映输入的数据状态。而当三态控制信号为高电平时，缓冲器的输出为高阻抗状态。三态缓冲器的控制逻辑如表 2-17 所示。

表 2-17　三态缓冲器的控制逻辑

三态控制信号	状态	数据输入	数据输出
0	驱动	0	0
		1	1
1	高阻抗	0	高阻抗
		1	高阻抗

3. 简单的并行 I/O 接口扩展

MCS-51 系列单片机共有四个 8 位并行 I/O 口，可提供给用户使用的只有 P1 口和部分 P3 口线以及作为数据总线用的 P0 口。因此，在单片机应用系统设计中，要进行并行 I/O 口的扩展是不可避免的。

扩展并行 I/O 的方法主要有以下三种：一种是由外接数据缓冲器或数据锁存器构成的简单并行 I/O 接口扩展。这种扩展方法不影响总线上其他扩展芯片的连接，在 MCS-51 单片机应用系统中被广泛采用。第二种是通过可编程的 I/O 接口芯片扩展 I/O 接口。第三种是串行口外接移位寄存器扩展并行 I/O 口。这种扩展方法不占用并行总线，且可以扩展多个并行 I/O，但数据传输速度较慢。下面主要介绍简单并行 I/O 接口扩展法。

（1）简单输入接口扩展

输入扩展是解决数据输入缓冲的问题。因此，要求具有三态缓冲的功能。简单输入接口扩展实际上就是扩展三态缓冲器。其作用是当输入被选通时，能使数据源与数据总线直接沟通；而当输入处于非选通状态时，则把数据源与数据总线隔离，即缓冲器输入为高阻状态。

简单输入接口扩展电路常采用三态缓冲器芯片 74LS244。如图 2-34 所示是 74LS244 芯片的引脚。74LS244 为单向总线缓冲器，只能一个方向传输数据。芯片内部有两个 4 位的三态缓冲器，以 $\overline{CE}$ 为选通信号。扩展连线图如图 2-35 所示。

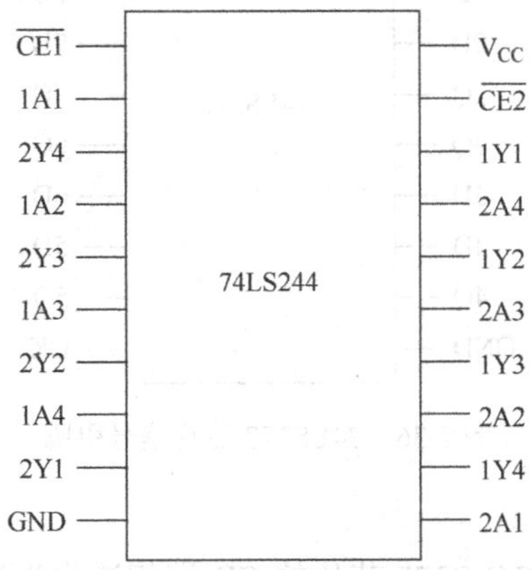

图 2-34 74LS244 芯片引脚

从图 2-35 中可以看出，输入数据通过 74LS244 送上数据总线。而 74LS244 的选通，则由 $\overline{RD}$ 和输入地址选通信号的与门信号进行控制。

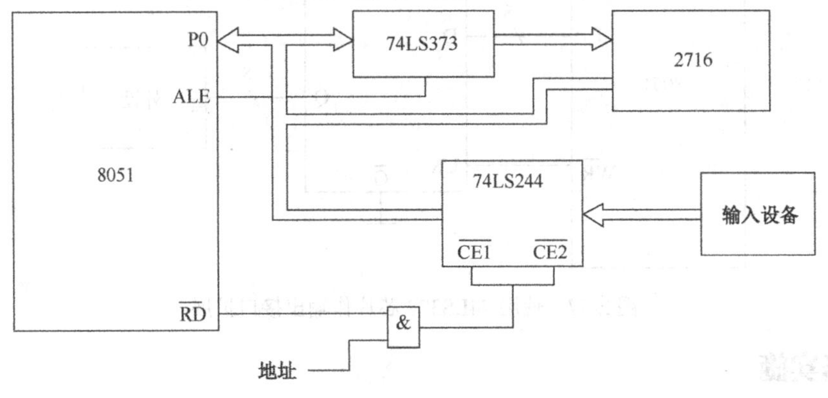

图 2-35 输入接口扩展连线图

（2）简单输出接口扩展

简单输出接口扩展的功能是进行数据锁存。简单输出接口扩展通常使用锁存器芯片 74LS373、74LS377 等。其中 74LS377 芯片是一个具有使能控制端的 8D 锁存器，如图 2-36 所示是 74LS377 芯片的信号引脚。

其中：

8D～1D：8 位数据输入线。

8Q～1Q：8 位数据输出线。

CK：时钟信号，上升沿时数据锁存。

$\overline{G}$：使能控制信号，低电平有效。

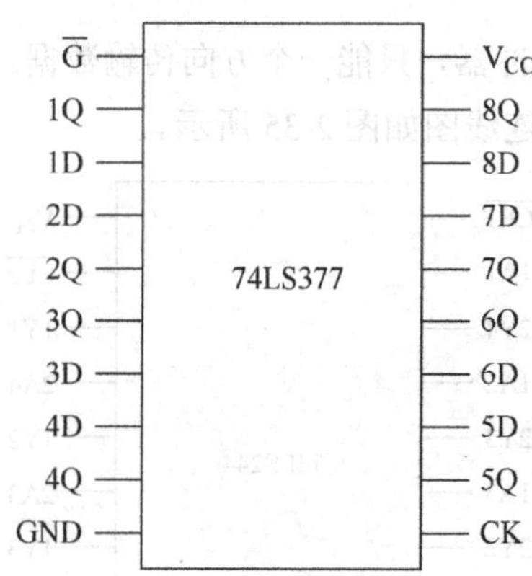

图 2-36　74LS377 芯片信号引脚

扩展连线如图 2-37 所示。

单片机的 $\overline{WR}$ 端与锁存器 74LS377 芯片的 CK 端相连作为选通信号，当 $\overline{WR}$ 信号是上升沿有效时，数据总线出现输出数据，正好控制输出数据进入锁存器。74LS377 芯片的 $\overline{G}$ 端接地，使锁存器的工作只受 $\overline{WR}$ 信号的控制。

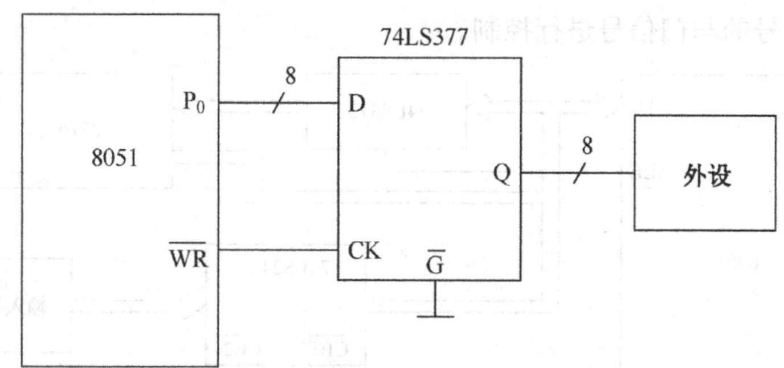

图 2-37　使用 74LS377 芯片作输出接口扩展

任务实施

1．连接单片机控制温度检测系统的硬件电路，并检查电路连接是否有误。

温度检测系统硬件电路如图 2-38 所示。单片机采用 98C51 单片机。传感器调理电路输出的模拟电压经过模数（A/D）转换芯片 ADC0809 转换后进入单片机，单片机将数据存入外部静态随机存储器芯片 6264 中。本系统采用三态缓冲器芯片 74LS244 芯片扩展连接 8 个开关，用于设置下机位的地址，同时用地址锁存器芯片 74LS273 扩展传感器的选择电路。P1 端口连接通风系统和报警系统。

本系统由上机位与下机位组成。上机位是 PC，负责对下机位发出指令，下机位接到指令后，把收集到的数据传送给上机位，上机位接到数据后，进行数据判断和处理，并发出下一步指令。当没有接到上机位的指令时，下机位不停地进行检测，检测得到的数据存储在外部 RAM 中，每次测量后，数据自动进行刷新。下机位可以接收上机位的数据传送指令、打开通风设备指令及报警指令。

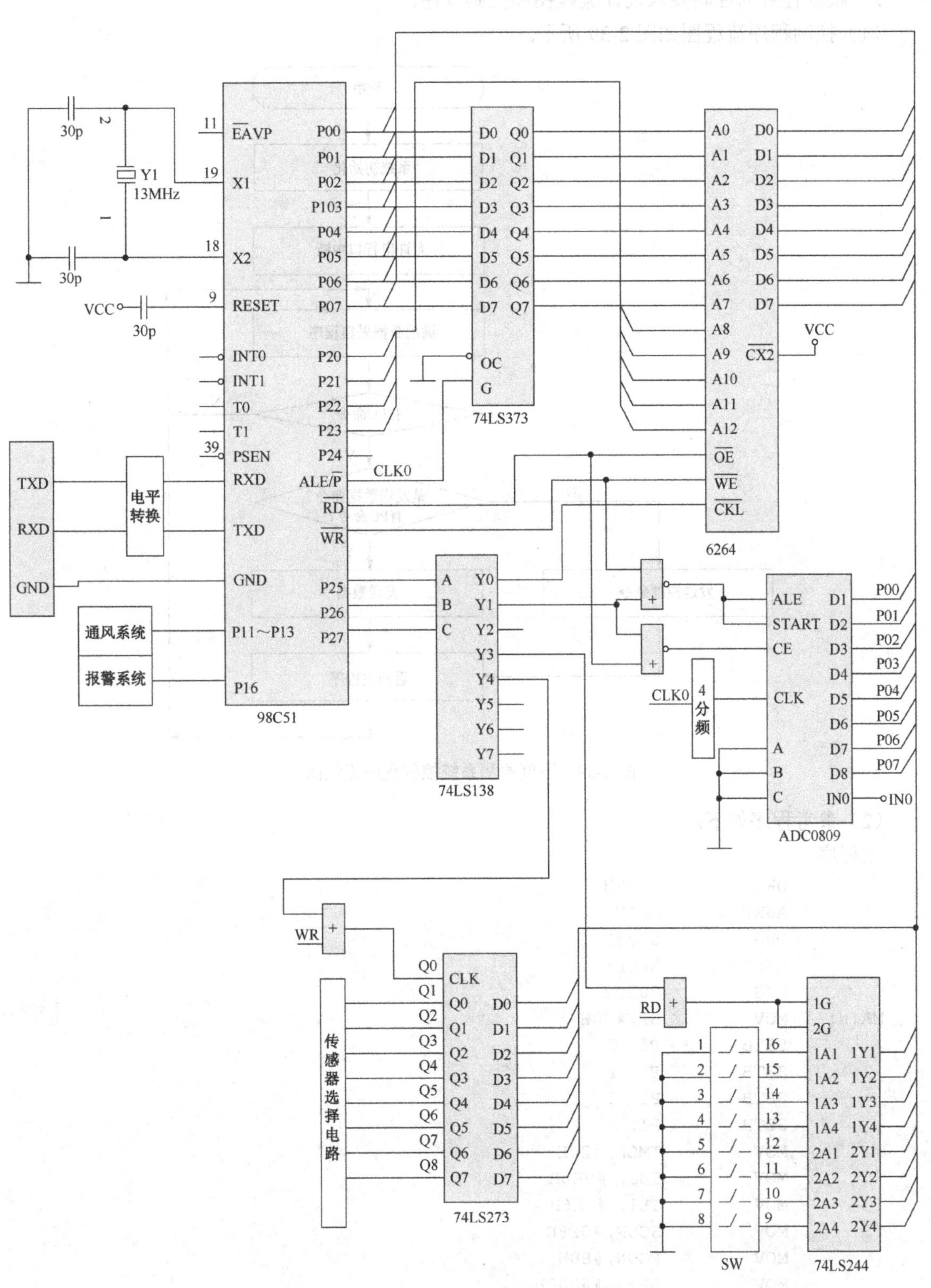

图 2-38 温度检测系统硬件电路

2．根据任务的控制要求设计流程图和控制程序。

（1）控制程序流程图如图 2-39 所示。

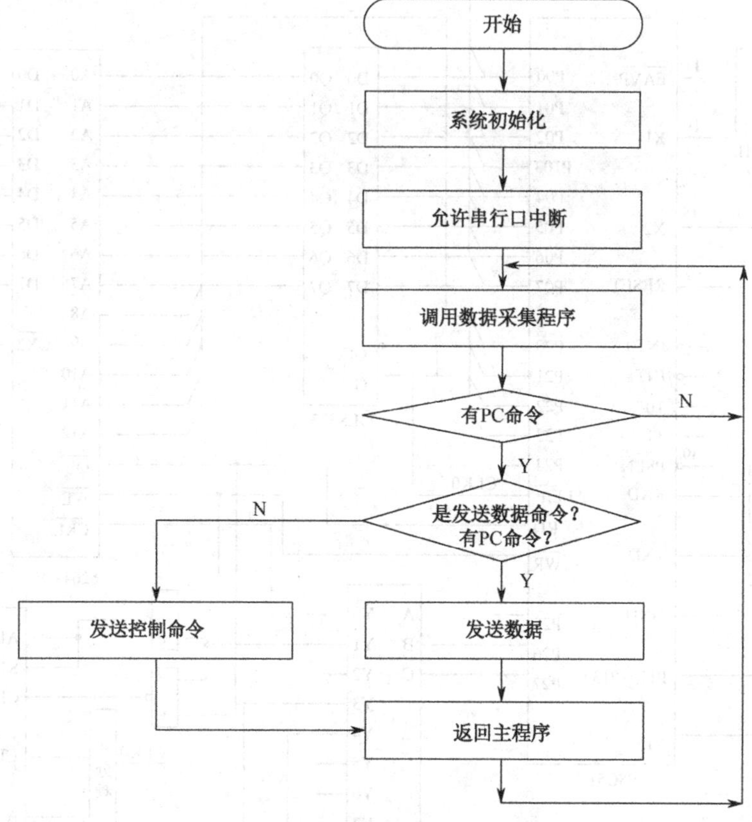

图 2-39　温度检测系统控制程序流程图

（2）参考程序如下。

主程序

```
        ORG     0000H
        AJMP    MAIN
        ORG     0023H
        LJMP    ZHDFW
        ORG     0050H
MAIN:   MOV     SP,#70H
        SETB    P1. 0
        SETB    P1. 1
        SETB    P1. 2
        SETB    P1. 3
        MOV     TMOD,#20H
        MOV     TH1, #0E6H
        MOV     TL1, #0E6H
        MOV     SCON,#0F8H
        MOV     PCON,#80H
        MOV     DPTR,#6000H
        MOVX    A,@DPTR
        MOV     66H,A
```

```
        CLR     20H
        CLR     21H
        MOV     R1,#00H
        MOV     R0, #30H
        MOV     30H,#00H
        MOV     31H,#00H
        MOV     32H,#00H
        SETB    TR1
        SETB    EA
        SETB    ES
XHJ:    LCALL   AD
        JB      21H,LOOP
        LJMP    XHJ
LOOP:   JB      20H,MAIN
LP3:    CLR     EA
        MOV     A,31H
        JB      ACC.0, FWD
CM2:    MOV     A,31H
        JNB     ACC.2, ZHZ3
        CLR     P1.0
        LJMP    CM3
ZHZ3:   SETB    P1. 0
CM3:    MOV     A,31H
        JNB     ACC.3, ZHZ4
        CLR     P1. 1
        LJMP    CM4
ZHZ4:   SETB    P1. 1
CM4:    MOV     A,31H
        JNB     ACC.4, ZHZ5
        CLR     P1.2
        LJMP    CM5
ZHZ5:   SETB    P1.2
CM5:    MOV     A,31H
        JNB     ACC.5, ZHZ6
        CLR     P1.3
        LJMP    MAIN
```

温度传送程序

```
FWD:    MOV     R5, #00H
        MOV     DPTR,#0000H
        MOV     R6, #00H
XHF1:   MOVX    A,@DPTR
        CLR     TI
        MOV     35H,A
        MOV     SBUF,A
WAIT1:  JBC     TI,CONT1
        SJMP    WAIT1
        CLR     TI
CONT1:  JBC     RI,PD1
        SJMP    CONT1
PD1:    MOV     A,SBUF
        CLR     RI
```

```
        CJNE     A,35H,FOOR1
        INC      R5
        INC      DPTR
        MOV      R6, #00H
        CJNE     R5, #90H,XHF1
        MOV      A,#0FFH
        MOV      SBUF,A
WAA1:   JBC      TI,HZ1
        SJMP     WAA1
HZ1:    LJMP     CM2
```

出错处理程序

```
FOOR1:  MOV      A,#01H
        INC      R6
        MOV      SBUF,A
WAB1:   JBC      TI,ZZ1
        SJMP     WAB1
        CLR      TI
ZZ1:    CJNE     R6, #03H,XHF1
        LJMP     MAIN
FOOR2:  MOV      A,#01H
        INC      R6
        MOV      SBUF,A
WAB2:   JBC      TI,ZZ2
        SJMP     WAB2
        CLR      TI
ZZ2:    CJNE     R6, #03H,XHF2
        LJMP     MAIN
```

接受命令程序

```
ZHDFW:  CLR      EA
        CLE      RI
        CLR      TI
        PUSH     PSW
        PUSH     DPH
        PUSH     DPL
        PUSH     ACC
        SETB     21H
L1:     MOV      A,SBUF
        CLR      RI
        MOV      30H,A
        MOV      50H,A
COMP:   MOV      A,30H
        CJNE     A,66H,RRT
        MOV      SBUF,A
L4:     JBC      TI,L3
        SJMP     L4
        CLR      TI
L3:     CLR      9DH
        JBC      RI,MMA
        SJMP     L3
MMA:    MOV      A,SBUF
        CLR      RI
```

```
        CJNE    A,#0FFH,PML1
        MOV     33H,A
        LJMP    RRT
PML1:   MOV     31H,A
        MOV     51H,A
        MOV     SBUF,31H
L6:     JBC     TI,L7
        SJMP    L6
        XLR     TI
L7:     MOV     R1, #04H
LL9:    JBC     RI,LOP1
        SJMP    LL9
LOP1:   MOV     A,SBUF
        CLR     RI
        CJNE    A,#80H,LL8
        MOV     32H,A
        MOV     52H,A
        LJMP    HFF
LL8:    MOV     31H,A
        MOV     SBUF,A
AQ1:    JBC     TI,AS1
        SJMP    AQ1
        CLR     TI
AS1:    DJNZ    R1,LL9
RRT:    SETB    20H
HFF:    CLR     TI
        POP     ACC
        POP     DPL
        POP     DPH
        POP     PSW
        RETI
```

温度转换程序

```
AD:     MOV     R3, #00H
        CLR     P1.1
        SETB    P1.0
        CLR     P1.7
XHC:    MOV     A,R3
        MOV     DPTR,#8000H
        MOVX    @DPTR,A
        MOV     DPTR,#2000H
        MOV     R2, #20H
DE1:    MOV     A,#00H
        MOVX    @DPTR,A
HE:     JB      P3.3, HE
        MOVX    A,@DPTR
        DJNZ    R2, DE1
        MOV     40H,A
        LCALL   SYB
        INC     R3
        CJNE    R3, #10H,XHC
        RET
```

外部数据存储程序

```
SYB:    MOV     DPH,#00H
```

```
        MOV         A,R3
        MOV         DPL,A
        MOV         A,40H
        MOVX        @DPTR,A
        MOVX        @DPTR,A
        RET
```

3．在电脑上编写控制程序，并检查程序是否正确无误。

4．把控制程序下载到单片机上，通电运行系统，试验控制系统的功能。

习题

1. 什么是中断？单片机中断系统是什么？它包括哪几部分结构？

2. 单片机中断系统包括哪几个专用寄存器？它们的功能是什么？

3. MCS-51 单片机定时器/计数器的工作方式由什么特殊功能寄存器进行设定？它们的功能是什么？

4. MCS-51 单片机定时器/计数器有哪几种工作方式？各有什么特点？

5. MCS-51 单片机串行口的功能是什么？它的结构由哪几部分组成？

6. 什么是单片机的最小系统？单片机是通过什么进行扩展的？

7. 程序存储器分成几类，有什么特点？数据存储器如何分类，有什么特点？

8. 什么是数据总线隔离技术？数据总线隔离需要什么设备？

评价反馈

（一）自我评价（40 分）

先进行自我评价，把评分值记录于表 2-18 中。

表 2-18　自我评价表

项目内容	配分	评分标准	扣分	得分
1．实训准备	10 分	掌握任务的相关知识，做好实训准备工作。 未能掌握相关知识，酌情扣 3～5 分。 未能做好实训准备工作，扣 5 分。		
2．连接电路	20 分	按照图示连接电路，检查电路。 电路连接有误，可酌情扣 3～5 分。 没有检查电路，扣 5～10 分		
3．编写程序	30 分	正确编写程序，检查程序。 程序编写有错，每次可酌情扣 3～5 分。 没有检查程序，扣 10～15 分		
4．通电运行	30 分	能正确下载、运行与调试电路，得满分。 操作失误，酌情扣 5～10 分。 不会进行下载、运行及调试，扣 10～15 分。		
5．安全、文明操作	10 分	1．违反操作规程，产生不安全因素，可酌情扣 5～10 分。 2．着装不规范，可酌情扣 3～5 分。 3．迟到、早退、工作场地不清洁，每次扣 1～2 分。		
		总评分=（1～5 项总分）×40%		

签名：__________ __________年___月___日

（二）小组评价（30 分）

再由同一实训小组的同学结合自评的情况进行互评，同样把评分值记录于表 2-19 中。

表 2-19 小组评价表

项 目 内 容	配 分	评 分
1．实训记录与自我评价情况	20 分	
2．对实训室规章制度的学习与掌握情况	20 分	
3．相互帮助与协作能力	20 分	
4．安全、质量意识与责任心	20 分	
5．能否主动参与整理工具、器材与清洁场地	20 分	
总评分=（1～5 项总分）×30%		

参加评价人员签名：____________ ____________年___月___日

（三）教师评价（30 分）

最后由指导教师结合自评与互评的结果进行综合评价，并把评价意见与评分值记录于表 2-20 中。

表 2-20 教师评价表

教师总体评价意见：	
教师评分（30 分）	
总评分=自我评分+小组评分+教师评分	

教师签名：____________ ____________年___月___日

项目三

电动机控制技术

任务1　步进电动机的认识与应用

任务目标

通过完成步进电动机正反转定角度循环运行控制的任务，学会步进电动机的原理、结构和控制方法。

学习目标

应知：

（1）了解步进电动机的特点、用途和分类。

（2）掌握步进电动机的结构和工作原理。

（3）了解步进驱动器的结构和原理。

（4）掌握步进驱动器设置方法。

应会：

（1）会使用电脑编写 PLC 控制程序。

（2）会设置步进驱动器的有关参数。

（3）会连接控制电路并通电调试。

建议学时

建议完成本学习任务为 8 学时。

器材准备

本学习任务所需的通用设备、工具和器材如表 3-1。

表 3-1 通用设备、工具和器材明细表

序号	名　称	型　号	规　格	单位	数量
1	步进电动机		电流 3.6A	台	1
2	步进驱动器	HM275D		台	1
3	三菱 PLC	FX2N		台	1
4	万用电表	MG-27 型	0-10-50-250A、0-300-600V、0～300Ω	台	1
5	实训板		含接触器、中间继电器、按钮等	块	1
6	连接导线				若干
7	电工常用工具		电工钳、尖嘴钳、电工刀、铁榔头、试电笔、电烙铁等	套	1

相关知识

一、步进电动机

步进电动机是一种用电脉冲进行控制，将电脉冲信号转换成相应的角位移的电动机。每输入一个电脉冲，步进电动机就前进一步或转过一个确定的角度。因此步进电动机也称为脉冲电动机。步进电动机受脉冲信号控制，因而适用于数字控制系统的伺服元件。步进电动机如今广泛地应用在数控机床、绘图机、计算机外围设备、自动记录仪表、钟表、数-模转换装置中。

1. 步进电动机的分类

（1）按步进电动机输出转矩的大小，可分为快速步进电动机和功率步进电动机。快速步进电动机连续工作频率高，而输出转矩小；功率步进电动机的输出转矩比较大，数控机床一般采用功率步进电动机。

（2）按工作原理，步进电动机可分为反应式、永磁式和感应式三种。其中反应式步进电动机具有惯性小、反应快和速度高的特点，所以使用较多，本节主要介绍反应式步进电动机的结构和工作原理。

（3）按运动形式可分为旋转、直线、平面步进电动机。

（4）按励磁组数可分为两相、三相、四相、五相、六相甚至八相步进电动机。

（5）按电流的极性可分为单极性和双极性步进电动机。

2. 步进电动机的特点

（1）步进电动机的输出转角与输入脉冲个数成严格的比例关系，无累积误差，控制输入步进电动机的脉冲个数就能控制位移量。

（2）步进电动机的转速与输入脉冲频率成正比，通过控制脉冲频率可以在很宽的范围内调节步进电动机的转速。

（3）当停止输入脉冲时，只要维持绕组内的电流不变，电动机轴就可以保持在某一固定位置上，不需要机械制动装置。

（4）改变绕组的通电顺序即可改变电动机的转向。

（5）步进电动机存在齿间相邻误差，但是不会产生累积误差。

3. 反应式步进电动机的结构

反应式步进电动机有单段式和多段式两种形式。

（1）单段式

单段式又称为径向分相式，它是目前应用最多的形式。其定子磁极数通常为相数的2倍，即 $2p=2m$，每个磁极上有一个控制绕组，并接成 m 相，定子磁极面上开有均布小齿，转子沿圆周也有均布小齿，其齿形和齿距与定子相同。

如图3-1所示是三相反应式步进电动机，它的定子上有6个极，上面有控制绕组并联成A、B、C三相。转子上均匀分布40个齿，定子每个极面上也各有5个齿，定、转子的齿宽和齿距都相同。

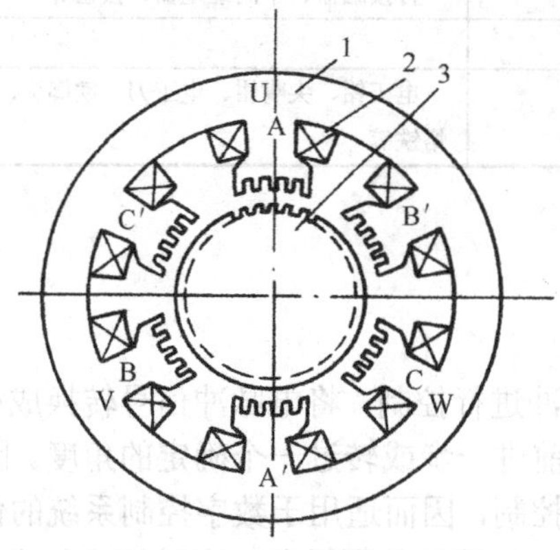

图3-1　三相反应式步进电动机

1—定子铁芯；2—定子绕组；3—转子

（2）多段式

多段式又称为轴向分相式。按其磁路特点，又分为轴向磁路多段式和径向磁路多段式两种。

①轴向磁路多段式步进电动机结构如图3-2所示。每段定子铁芯放置一相环形控制绕组。定、转子铁芯均沿电动机轴向按相数 m 分段，定、转子圆周上冲有齿形相近和齿数相同的均布小齿槽。定子铁芯或转子铁芯每两相邻段错开 $1/m$ 齿距。

②径向磁路多段式步进电动机结构如图3-3所示。定、转子铁芯沿电动机轴向按相数 m 分段，每段定子铁芯上仅绕一相控制绕组，定子或转子铁芯与相连段铁芯错开 $1/m$ 齿距，一段铁芯上每个极的定、转子齿相对位置相同。也可以在一段铁芯上有两三相控制绕组，实质上它是多台单段式电机的组合。

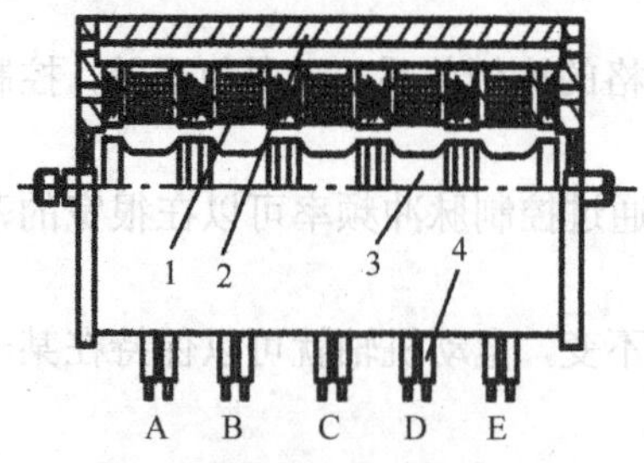

图3-2　轴向磁路多段式步进电动机结构

1—线圈；2—定子；3—转子；4—引出线

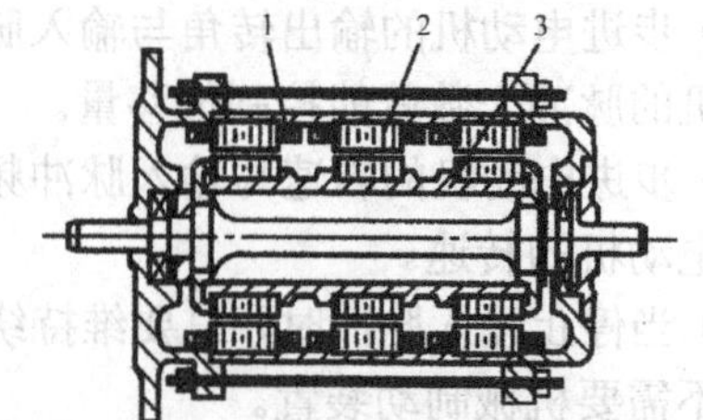

图3-3　径向磁路多段式步进电动机结构

1—线圈；2—定子；3—转子

4．反应式步进电动机的工作原理

步进电动机主要由转子和定子组成，其中定子上有绕组，根据绕组的数量分为两相至八相等。各绕组按一定的顺序通入直流电，则电动机按预定的方向旋转。转子和定子上均布有齿，绕组中的电流每变化一个周期，转子和定子的相对位置变化一齿。

（1）三相单三拍方式通电

图 3-4 是一台三相六极反应式步进电动机，定子有六个磁极，套着三相绕组，每相有两个极，转子上有四个齿，转子上没有绕组。定、转子铁芯由硅钢片叠成。设为空载运行。当 A 相绕组通电时，定子磁极 A、A′轴线与齿 1、3 不对应时，由于磁力线力图通过磁阻最小的路径，故转子齿 1、3 分别与定子 A 相的两个磁极 A、A′对齐。对齐时，仅有径向力而无切向力，致使转子停转。当 A 相断电，B 相通电以后，转子逆时针转过 30°，转子齿 2、4 与 B 相磁极 B、B′对齐。当 B 相断电，C 相通电后，转子又转过 30°，转子齿 3、1 与 C 相磁极对齐……从图中看出，按 A→B→C→A 顺序通电，转子逆时针转，若按 A→C→B→A 顺序通电，转子将顺时针转。

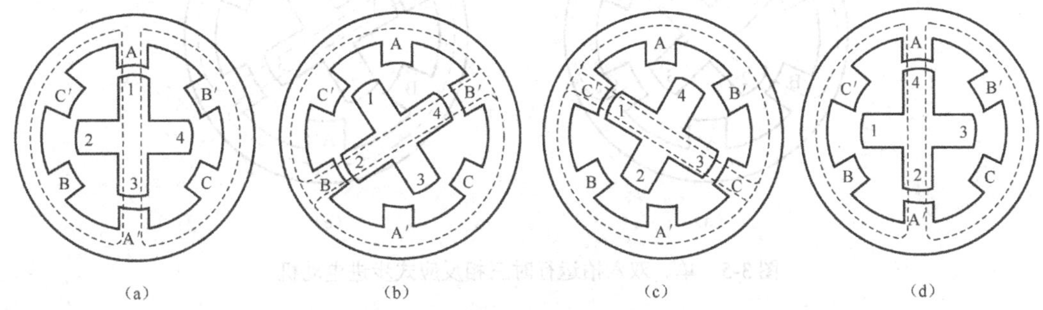

图 3-4 三相反应式步进电动机工作原理（三相单三拍）

定子绕组每改变一次通电方式，称为一拍，此时，电动机转子所转过的空间角度称为步距角 θ_b。上述通电方式称为“三相单三拍”的通电方式。“单”是指每次只对一相控制绕组通电；“三拍”指经过三次切换控制绕组的通电状态为一个循环。此例的步距角为 30°。

（2）三相双三拍方式通电

三相双三拍方式通电是指控制绕组按 AB→BC→CA→AB 的通电顺序，每次对两相绕组同时通电，如图 3-5（b）和 3-5（c）所示。当 A、B 两相同时通电时，这时的磁场轴线在两通电相磁极中间的中性线上，因而，此时步距角仍为 30°。

（3）三相单、双六拍方式通电

三相单、双六拍方式通电是指控制绕组按 A→AB→B→BC→C→CA→A 的顺序控制，则电动机为六拍一循环，且间隔为单个、两个控制绕组通电，因而称为单、双六拍，这种控制的步距角与单或双三拍的通电方式有所不同，如图 3-5 所示。当 A 相通电时，与单三拍的运行的情况相同，如图 3-5（a）所示，当 AB 相通电时，转子齿 2、4 在 B、B′极吸引下，逆时针转动，直至转子齿 1、3 和定子极 A、A′之间的作用力与转子齿 2、4 在 B、B′之间作用力相平衡为止，如图 3-5（b）所示，当断开 A 相控制绕组而由 B 相控制绕组通电时，转子将继续逆时针转到齿 2、4 和定子极 B、B′对齐，如图 3-5（c）所示。若继续通电，则电动机继续转动，如图 3-5（d）和 3-5（e）所示。如顺序变为 A→AC→C→CB→B→BA→A 时，则电动机反过来顺时针转动。

三相单、双六拍方式通电，从 A 相控制绕组单独通电到 B 相单独通电，中间还要经过 AB 两相同时通电的状态，亦即要经二拍转子才转过 30°。可见，此时步距角为 15°。

图3-5 单、双六拍运行时三相反应式步进电动机

（4）各种运行方式的比较

① 单三拍运行的突出问题是每次只有一相绕组通电，在转换过程中，一相绕组断电，另一相绕组通电，容易发生失步；另外，单靠一相绕组通电吸引转子，稳定性不好，容易在平衡位置附近振荡，故用得较少。

② 双三拍运行的特点是每次都有两相绕组通电，而且在转换过程中始终有一相绕组保持通电状态，因此工作很稳定，且步距角与单三拍相同。

③ 六拍运行方式因转换时始终有一相绕组通电，且步距角较小，故工作稳定性好，但电源较复杂，实际应用较多。

5．步进电动机步距角与转速

由反应式步进电动机工作原理可知，每完成一次通电循环，转子转过一个齿，所以步距角等于转齿距角（相邻两齿中心线所夹的角度）除以拍数，可按下式计算，即

$$\theta_b = \frac{360^\circ}{mZ_r C} \tag{3-1}$$

式中 m——控制绕组的相数；

Z_r——转子齿数；

C——通电状态系数，当采用单拍或双拍方式时，C=1；采用单、双拍方式通电时，C=2。

当脉冲频率为f（Hz）时，步进电动机的转速n（r/min）可按下式计算，即

$$n = \frac{60 f \theta_b}{360^\circ} = \frac{60 f}{mZ_r} \tag{3-2}$$

式中 f——脉冲频率，即每秒内的拍数。

二、步进驱动器

步进电动机工作时，需要用驱动电路向定子绕组提供不断切换的脉冲信号。步进驱动器的功能就是在控制设备（PLC 或单片机）的控制下，为步进电动机提供工作所需、且幅度足够大的脉冲信号。

目前使用的步进驱动器种类很多，下面主要以 HM275D 型步进驱动器为例进行说明。

1．步进驱动器的外形

HM275D 是一款高性能多细分的步进电机驱动器，具有体积小、驱动能力大、低噪声等特点，可驱动相电流为 3.0A～7.5A 的两相或者四相的混合式步进电动机。

图 3-6 所示为 HM275D 型步进驱动器。

图 3-6　HM275D 型步进驱动器

2．步进驱动器的结构与原理

（1）结构组成

图 3-7 所示中，虚线框内部是步进驱动器，其内部主要由环形分配器和功率放大器组成。

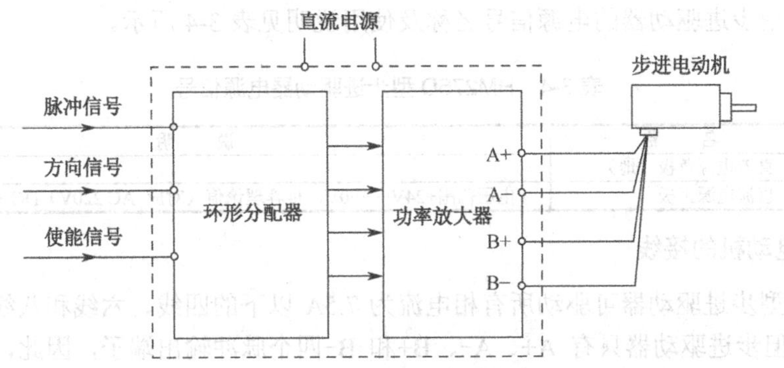

图 3-7　步进驱动器组成

（2）工作原理

PLC、单片机等控制器把输入信号（脉冲信号、方向信号和使能信号）送到步进驱动器，驱动器的环形分配器将输入的脉冲信号分成多路脉冲，再送到功率放大器进行功率放大，然后输出大幅度脉冲去驱动步进电动机。

3．步进驱动器的控制信号

（1）输入控制信号

HM275D型步进驱动器有三种输入控制信号，分别是脉冲信号、方向信号和使能信号，其名称及使用说明如表3-2所示。

表3-2　HM275D型步进驱动器输入控制信号

信　号	名　称	说　明
R/S-（R/S）	使能信号	此信号用于使能和禁止，R/S+接+5V，R/S-接低电平时，驱动器切断电动机各相的电流使电动机处于自由状态，此时步进脉冲不被响应。如不需要这项功能，悬空此信号输入即可
R/S+（+5V）		
DIR-（DIR）	方向信号	单脉冲控制时用于改变电动机的转向；双脉冲控制方式时为反转脉冲信号。单、双脉冲控制方式由SW5控制，为了保证电动机可靠响应，方向信号应先于脉冲信号至少5μs建立
DIR+（+5V）		
PUL-（RUL）	脉冲信号	单脉冲控制时为步进脉冲信号，此脉冲上升沿有效；双脉冲控制时为正转脉冲信号，脉冲上升沿有效。脉冲信号的低电平时间应大于3μs以保证电动机可靠响应
PUL+（+5V）		

（2）输出电机信号

HM275D型步进驱动器的电动机信号名称及使用说明如表3-3所示。

表3-3　HM275D型步进驱动器输出电动机信号

信　号	名　称	说　明
A+	A相脉冲输出	A+，A-互调，电动机运转方向改变一次
A-		
B+	B相脉冲输出	B+，B-互调，电动机运转方向改变一次
B-		

（3）电源信号

HM275D型步进驱动器的电源信号名称及使用说明见表3-4所示。

表3-4　HM275D型步进驱动器电源信号

信　号	名　称	说　明
DC-	直流电源负极（地）	
DC+	直流电源正极	电压范围+24V～+90V，推荐理论值（对应AC 220V）DC＋70V左右

4．步进电动机的接线

HM275D型步进驱动器可驱动所有相电流为7.5A以下的四线、六线和八线的两相、四相步进电动机。但步进驱动器只有A+、A-、B+和B-四个脉冲输出端子，因此，若连接四线以上的步进电动机时，需要先对步进电动机进行必要的接线。步进电动机的接线如图3-8所示，图中的NC表示该接线端悬空不用。

四线电动机

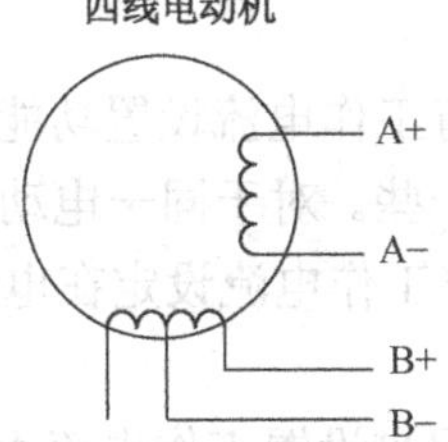

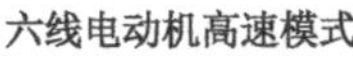

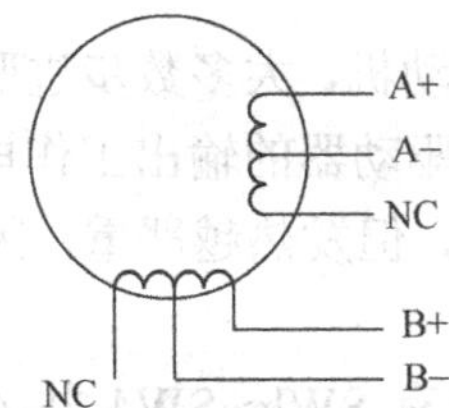

六线电动机高力矩模式

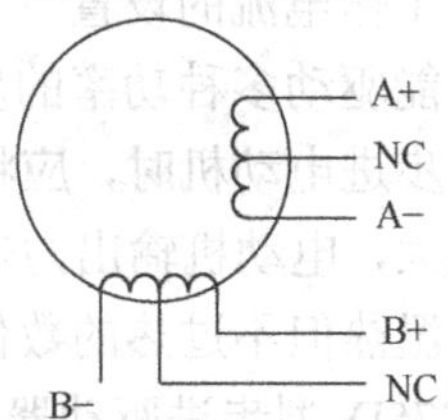

八线电动机并联接法高速模式

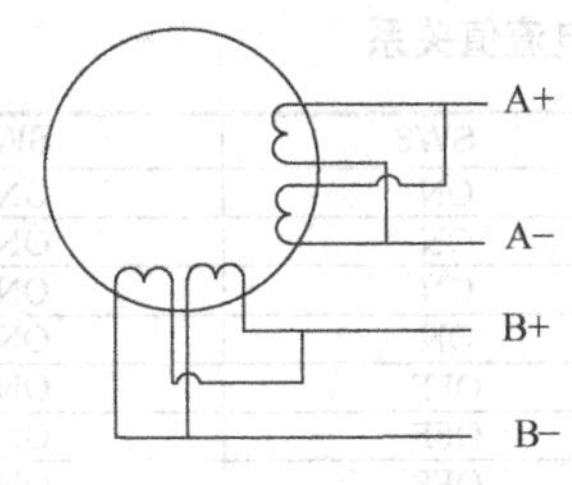

八线电动机串联接法高力矩模式

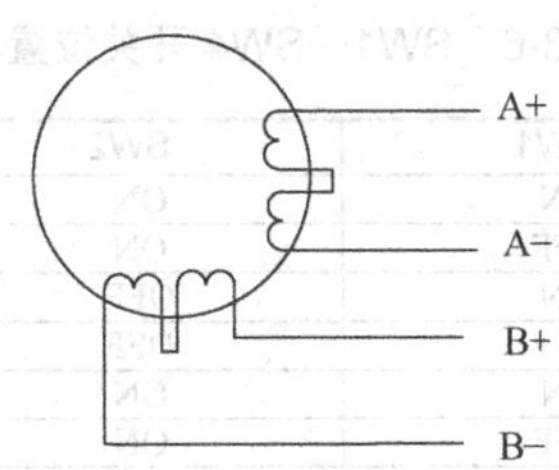

图 3-8 步进电动机的接线

为了达到最佳的电动机驱动效果，需要给步进驱动器选取合理的供电电压并设定合适的输出电流值。

（1）供电电压的选择

一般来说，供电电压越高，电动机高速时力矩越大，越能避免高速时掉步。但电压太高也会导致过电压保护，甚至可能损害驱动器，而且在高压下工作时，低速运动震动较大。

（2）输出电流的设定

对于同一电动机，电流设定值越大，电动机输出的力矩越大。同时电动机和驱动器的发热也比较严重。因此，一般情况下应把电流设定成电动机长时间工作出现温热但不过热的数值。

输出电流的具体设置如下：

（1）四线电动机和六线电动机高速度模式：输出电流设成等于或略小于电动机额定电流值。

（2）六线电动机高力矩模式：输出电流设成电动机额定电流的 70%。

（3）八线电动机串连接法：由于串联时电阻增大，输出电流应设成电动机额定电流的 70%。

（4）八线电动机并连接法：输出电流可设成电动机额定电流的 1.4 倍。

注意：电流设定后应让电动机运转 15～30min，如果电动机温升太高，应降低电流设定值。

5.控制功能的设置

为了更好地实现对步进电动机的控制，HM275D 型步进驱动器采用九个拨码开关分别设定步进电动机的细分精度、工作电流和控制模式。其中，SW1～SW4 用于设置驱动器的输出工作电流，SW5 用于设置驱动器的脉冲控制模式，SW6～SW9 用于设置细分精度。SW1～SW9 开关与设置关系见表 3-5。

表 3-5 驱动器开关及设置关系

开关	SW1	SW2	SW3	SW4	SW5	SW6	SW7	SW8	SW9
设置类型	输出工作电流				脉冲控制模式	细分精度			

（1）工作电流的设置

为了能驱动多种功率的步进电动机，大多数步进驱动器具有工作电流设置功能，当连接功率较大的步进电动机时，应将步进驱动器的输出工作电流设大一些。对于同一电动机，工作电流设置越大，电动机输出力矩越大，但发热越严重，因此通常将工作电流设定在电动机长时间工作出现温热但不过热的数值。

HM275D 型步进驱动器面板上有 SW1～SW4 共 4 个开关用来设置工作电流大小，SW1～SW4 开关位置与工作电流值关系见表 3-6。

表 3-6　SW1～SW4 开关位置与工作电流值关系

工作电流（A）	SW1	SW2	SW3	SW4
3.0	ON	ON	ON	ON
3.3	OFF	ON	ON	ON
3.6	ON	OFF	ON	ON
4.0	OFF	OFF	ON	ON
4.2	ON	ON	OFF	ON
4.6	OFF	ON	OFF	ON
4.9	ON	OFF	OFF	ON
5.1	ON	ON	ON	OFF
5.3	OFF	OFF	OFF	ON
5.5	OFF	ON	ON	OFF
5.8	ON	OFF	ON	OFF
6.2	OFF	OFF	ON	OFF
6.4	ON	ON	OFF	OFF
6.8	OFF	ON	OFF	OFF
7.1	ON	OFF	OFF	OFF
7.5	OFF	OFF	OFF	OFF

（2）静态电流的设置

停止时，为了锁住步进电动机，步进驱动器会输出一路电流给电动机的某相定子绕组，该相定子凸极产生的磁场吸引住转子，使转子无法旋转。步进驱动器在停止时提供给步进电动机的单相锁定电流称为静态电流。

静态电流设置由驱动器内部跳线开关 S3 控制，具体接线如图 3-9 所示。

S3 开路（不跳线）时，静态电流为设定工作电流值的 50%；S3 接通短路时，静态电流与设定工作电流相同。一般情况下，如果步进电动机负载为提升类负载（如升降机），静态电流应设为全流；对于平移动类负载，静态电流可设为半流。

图 3-9　S3 跳线设置静态电流

（3）细分精度的设置

为了提高步进电动机的控制精度，现在的步进驱动器都具备了细分精度设置功能。所谓细分是指通过设置驱动器来减小步距角。其中，SW6～SW9 共 4 个开关用来设置细分精度。SW6～SW9 开关的位置与细分精度关系见表 3-7。

表 3-7 SW6～SW9 开关位置与细分精度关系

细分数	步数/圈（1.8°/整步）	SW6	SW7	SW8	SW9
2	400	ON	ON	ON	OFF
4	800	ON	ON	OFF	OFF
8	1600	ON	OFF	ON	OFF
16	3200	ON	OFF	OFF	OFF
32	6400	OFF	ON	ON	OFF
64	12800	OFF	ON	OFF	OFF
128	25600	OFF	OFF	ON	OFF
256	51200	OFF	OFF	OFF	OFF
5	1000	ON	ON	ON	ON
10	2000	ON	ON	OFF	ON
25	5000	ON	OFF	ON	ON
50	10000	ON	OFF	OFF	ON
125	25000	OFF	ON	ON	ON
250	50000	OFF	ON	OFF	ON

在设置细分精度时要注意以下事项。

①一般情况下，细分精度不能设置得过大，因为在步进驱动器输入脉冲不变的情况下，细分精度设置越大，电动机转速越慢，而且电动机的输出力矩会变小。

②步进电动机的驱动脉冲频率不能太高，否则电动机输出力矩会迅速减小，而细分精度设置过大会使步进驱动器输出的驱动脉冲频率过高。

（4）脉冲控制模式的设置

HM275D 型步进驱动器的脉冲控制模式有单脉冲控制和双脉冲控制两种。由 SW5 开关设置脉冲控制模式，当 SW5 为 OFF 时为单脉冲控制模式，即脉冲+方向模式；当 SW5 为 ON 时为双脉冲控制模式，即脉冲+脉冲模式。

任务实施

1．学习掌握本任务的控制要求。

本任务采用 PLC 控制步进驱动器，再驱动步进电动机做定角度循环运行。控制要求如下。

（1）按下启动按钮，控制步进电动机顺时针旋转 2 周（720°），停 5s，再逆时针旋转 1 周（360°），停 2s，如此反复运行。按下停止按钮，步进电动机停转，同时电动机转轴被锁住。

（2）按下脱机按钮，松开电动机转轴。

2．根据任务控制要求，编写 PLC 控制程序。

根据控制要求，本程序采用步进指令编写。本任务的 PLC 控制流程图如图 3-10 所示。再根据流程图编写 PLC 控制程序，并把程序输入到 PLC 中。

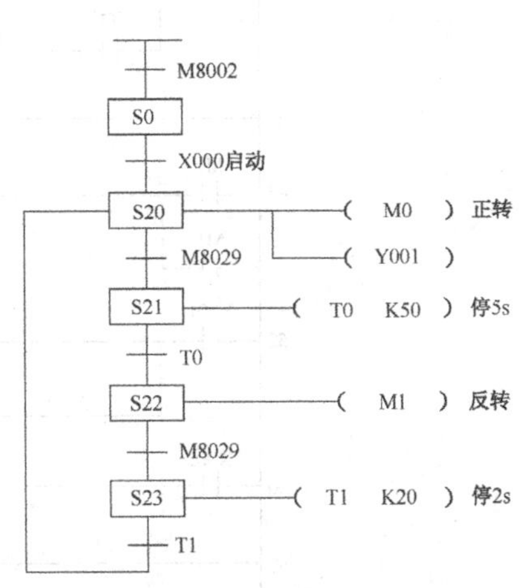

图 3-10 步进电动机正反向定角度循环运行控制的流程图

梯形图如图 3-11 所示。

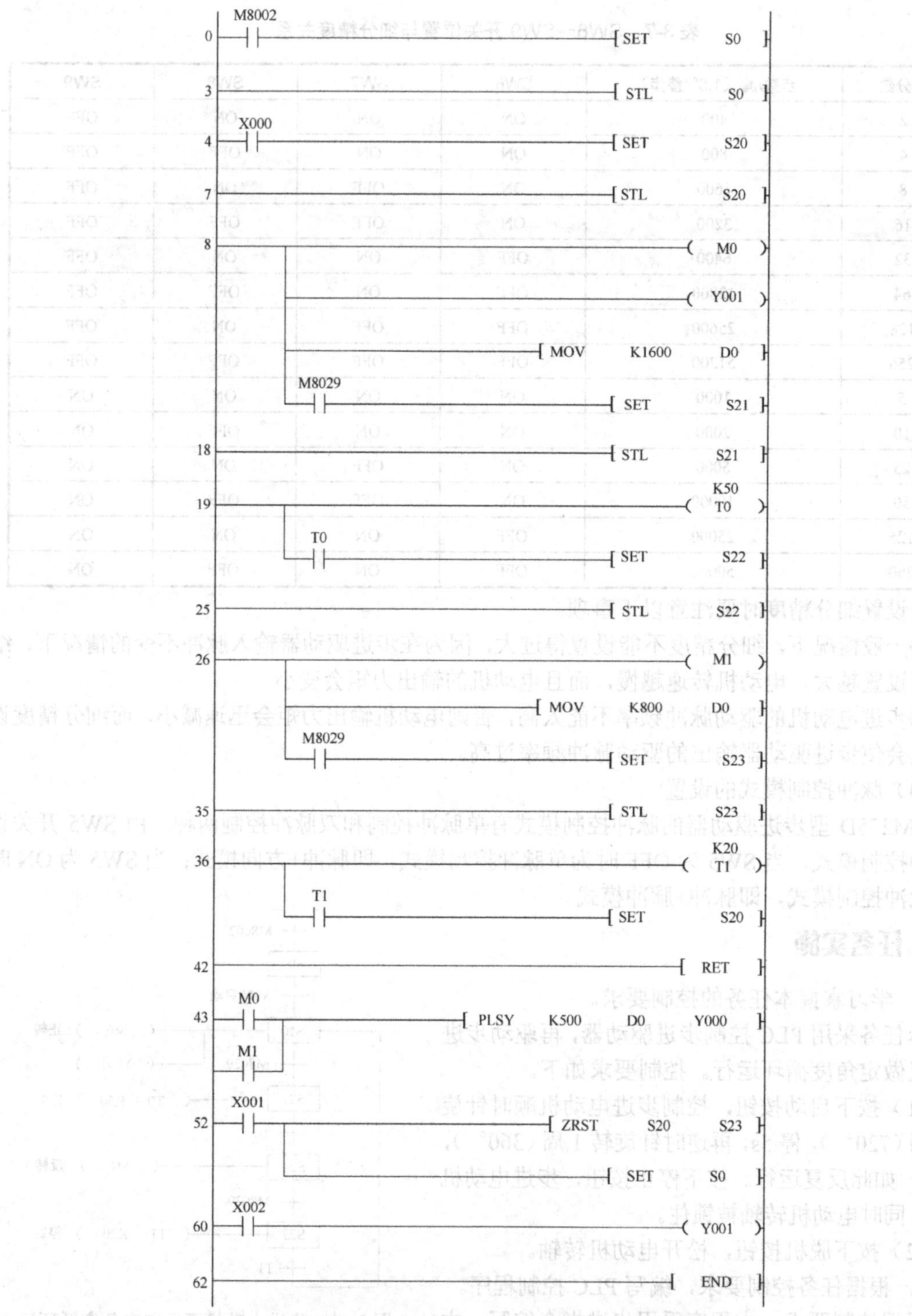

图 3-11 步进电动机正反向定角度循环运行控制的梯形图

3．按图连接控制线路图，并检查线路连接是否无误。

步进电动机正反向定角度循环运行控制的线路如图 3-12 所示。

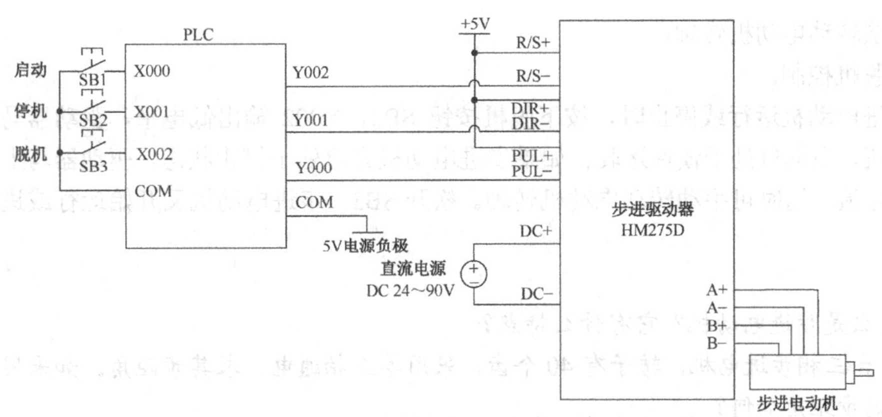

图 3-12 步进电动机正反向定角度循环运行控制的线路

按钮 SB1、SB2、SB3 分别控制电路的启动、停止及脱机控制运行，连接 PLC 输入端 X000、X001、X002。PLC 的输出端 Y000、Y001、Y002 分别连接步进驱动器的 PUL−、DIR−及 R/S−端，R/S+、DIR+及 PUL+端接+5V 电源，驱动器的 A+、A−、B+及 B−端连接步进电动机。

4．设置步进驱动器的有关参数。

驱动器配接的步进电动机的步距角为 1.8°、工作电流为 3.6A，驱动器的脉冲控制模式为单脉冲输入模式，将驱动器面板上的 SW1～SW9 开关按图 3-13 所示进行设置，其中将细分设为 4。

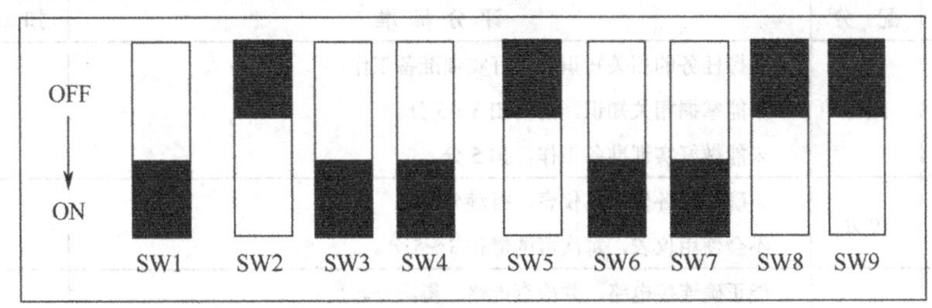

图 3-13 细分精度、工作电流和控制模式的设置

5．通电运行调试控制系统。

控制电路的工作过程如下。

（1）启动控制。

按下启动按钮 SBl，PLC 的 X000 输入为 ON，经过 PLC 运行后，Y002 输出高电平，Y001 输出低电平，Y000 输出脉冲信号，送到步进驱动器，驱动器输出脉冲信号驱动步进电动机顺时针旋转 2 周；接着，PLC 的 Y000 停止输出脉冲、Y001 输出高电平、Y002 输出仍为高电平，驱动器输出一相电流到电动机，电动机停转；5s 后，Y000 输出脉冲、Y001 输出高电平、Y002 输出高电平，驱动器驱动电动机逆时针旋转 l 周；接着 Y000 停止输出脉冲、Y001 输出高电平、Y002 输出仍为高电平，驱动器只输出一相电流锁住电动机转轴，电动机停转；2s 后，又开始顺时针旋转 2 周控制，以后重复上述过程。

（2）停止控制。

在步进电动机运行过程中，如果按下停止按钮 SB2，Y000 停止输出脉冲、Y001 输出高电平、Y003 输出高电平，驱动器只输出一相电流到电动机，锁住电动机转轴，电动机停转，此时手动无法转动电动机转轴。

（3）脱机控制。

在步进电动机运行或停止时，按下脱机按钮 SB3，Y002 输出低电平，驱动器马上停止输出两相电流，电动机处于惯性运转；如果步进电动机先前处于停止状态，驱动器马上停止输出一相锁定电流，这时可手动转动电动机转轴。松开 SB3，步进电动机又开始运行或进入自锁停止状态。

习题

1. 什么是步进电动机？它有什么特点？

2. 一台三相步进电机，转子有 40 个齿，采用单三拍通电，求其步距角。如采用单、双六拍通电，则步距角如何？

3. 步进驱动器由哪几部分构成？工作原理是什么？

4. 步进驱动器有哪几种控制信号？它们的作用是什么？

评价反馈

（一）自我评价（40 分）

先进行自我评价，把评分值记录于表 3-8 中。

表 3-8 自我评价表

项目内容	配 分	评分标准	扣 分	得 分
1. 实训准备	10 分	掌握任务的相关知识，做好实训准备工作。 未能掌握相关知识，酌情扣 3～5 分。 未能做好实训准备工作，扣 5 分。		
2. 仪器、仪表使用	10 分	正确使用各仪器、仪表，得满分。 不会使用仪表，每次可酌情扣 3～5 分。		
3. 连接电路	20 分	能正确连接电路，并检查电路，得满分。 电路连接有误，可酌情扣 3～5 分。 没有检查电路，扣 5～10 分		
4. 设置参数	30 分	能正确设置有关参数，得满分。 参数设置有误，每次可酌情扣 3～5 分。 不会设置参数，扣 10～15 分		
5. 通电运行	20 分	能正确运行与调试电路，得满分。 操作失误，酌情扣 5～10 分。 不会运行及调试电路，扣分 8～10。		
6. 安全、文明操作	10 分	1. 违反操作规程，产生不安全因素，可酌情扣 5～10 分。 2. 着装不规范，可酌情扣 3～5 分。 3. 迟到、早退、工作场地不清洁，每次扣 1～2 分。		
总评分=（1～6 项总分）×40%				

签名：________________ ____年___月___日

（二）小组评价（30 分）

再由同一实训小组的同学结合自评的情况进行互评，同样把评分值记录于表 3-9 中。

表 3-9 小组评价表

项目内容	配分	评分
1. 实训记录与自我评价情况	20 分	
2. 对实训室规章制度的学习与掌握情况	20 分	
3. 相互帮助与协作能力	20 分	
4. 安全、质量意识与责任心	20 分	
5. 能否主动参与整理工具、器材与清洁场地	20 分	
	总评分=（1～5 项总分）×30%	

参加评价人员签名：________ ________年__月__日

（三）教师评价（30 分）

最后由指导教师结合自评与互评的结果进行综合评价，并把评价意见与评分值记录于表 3-10 中。

表 3-10 教师评价表

教师总体评价意见：	
教师评分（30 分）	
总评分=自我评分+小组评分+教师评分	

教师签名：________ ________年__月__日

任务 2 伺服电动机的认识与应用

任务目标

通过完成伺服电动机速度控制的任务，学会伺服电动机的基本原理和控制方法。

学习目标

应知：

（1）掌握伺服电动机的特点、用途和分类。

（2）了解伺服驱动器的结构与原理。

应会：

（1）会连接伺服电动机的控制系统。

（2）会设置伺服驱动器的参数。

（3）会调试运行伺服电动机及驱动器。

建议学时

建议完成本学习任务为 10 学时。

器材准备

本学习任务所需的通用设备、工具和器材如表 3-11 所示。

表 3-11　通用设备、工具和器材明细表

序　号	名　称	型　号	规　格	单　位	数　量
1	三菱伺服电动机	HC-MFS13B		台	1
2	三菱伺服驱动器	MR-J2S-10A		台	1
3	三菱 PLC	FX2N		台	1
4	万用电表	MG-27 型	0-10-50-250A、0-300-600V、0～300Ω	台	1
5	实训板		含接触器、中间继电器、按钮等	块	1
6	连接导线				若干
7	电工常用工具		电工钳、尖嘴钳、电工刀、铁榔头、试电笔、电烙铁等	套	1

相关知识

一、伺服电动机

伺服电动机的作用是将输入的电压信号（即控制电压）转换成轴上的角位移或角速度输出，在自动控制系统中常作为执行元件，所以伺服电动机又称为执行电动机，其特点是：有控制电压时转子立即旋转，无控制电压时转子立即停转。转轴转向和转速是由控制电压的方向和大小决定的。伺服电动机分为交流和直流两大类。

1．交流伺服电动机

（1）基本结构

交流伺服电动机主要由定子和转子构成，如图 3-14 所示。定子铁芯通常用硅钢片叠压而成。定子铁芯表面的槽内嵌有两相绕组，其中一相绕组是励磁绕组，另一相绕组是控制绕组。励磁绕组和控制绕组：两相绕组在空间位置上互差 90° 电角度。工作时励磁绕组始终接在交流励磁电源 U_f 上，控制绕组连接控制信号电压 U_k，如图 3-15 所示。

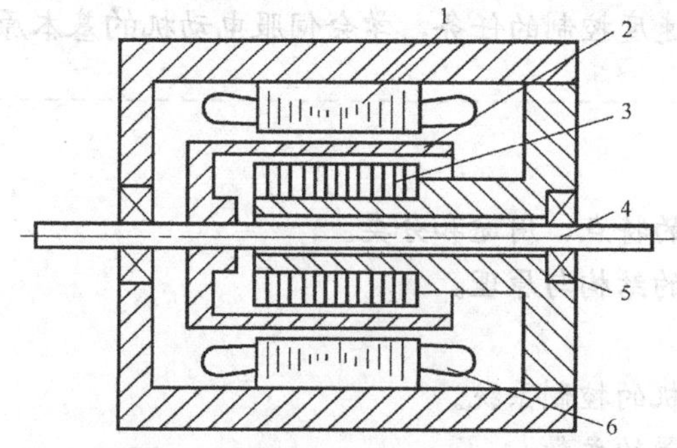

图 3-14　杯形转子伺服电动机结构组成

1—外定子铁芯；2—杯形转子；3—内定子铁芯；4—转轴；5—轴承；6—定子绕组

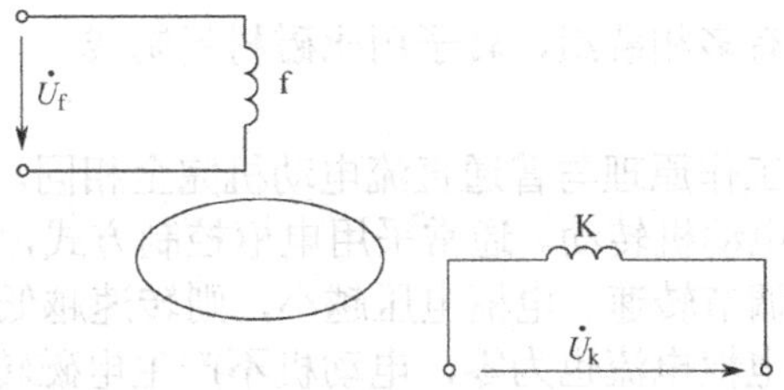

图 3-15 交流伺服电动机原理图

转子的形式有两种:笼式转子、空心杯转子。笼式转子的绕组由高电阻率的材料制成，绕组的电阻较大，笼式转子结构简单，但其转动惯量较大。空心杯转子结构如图 3-14 所示，它由非磁性材料制成杯形，可看成是导条数很多的笼式转子，其杯壁很薄，因而其电阻值较大。转子在内外定子之间的气隙中旋转，因空气隙较大而需要较大的励磁电流。空心杯形转子的转动惯量较小，响应迅速，而且运转平稳，因此被广泛采用。

（2）工作原理

交流伺服电动机在没有控制电压时，气隙中只有励磁绕组产生的脉动磁场，转子静止不动。当有控制电压且控制绕组电流和励磁绕组电流不同相时，定子内便产生一个旋转磁场，转子沿旋转磁场的方向旋转，在负载恒定的情况下，电动机的转速随控制电压的大小而变化。当控制电压的相位相反时，伺服电动机将反转。

但是对伺服电动机的要求不仅是在控制电压作用下就能启动，且电压消失后电动机应能立即停转。如果伺服电动机控制电压消失后像一般单相异步电动机那样继续转动，则出现失控现象，我们把这种因失控而自行旋转的现象称为自转。

为消除交流伺服电动机的自转现象，必须加大转子电阻 r_2。这是因为当控制电压消失后，伺服电动机处于单相运行状态，若转子电阻很大，使临界转差率 $s_m>1$，这时合成转矩的方向与电动机旋转方向相反，是一个制动转矩，这就保证了当控制电压消失后转子仍转动时，电动机将被迅速制动而停下。

转子电阻加大后，不仅可以消除自转，还具有扩大调速范围、改善调节特性、提高反应速度等优点。

（3）控制方法

可采用下列三种方法来控制伺服电动机的转速高低及旋转方向。

① 幅值控制。保持控制电压与励磁电压间的相位差不变，仅改变控制电压的幅值。

② 相位控制。保持控制电压的幅值不变，仅改变控制电压与励磁电压间的相位差。

③ 幅-相控制。同时改变控制电压的幅值和相位。

交流伺服电动机的输出功率一般是 0.1～100W。当电源频率为 50Hz 时，电压有 36V、110V、220、380V；当电源频率为 400Hz 时，电压有 20V、26V、36V、115V 等多种。

交流伺服电动机运行平稳、噪声小。但控制特性是非线性，并且由于转子电阻大、损耗大、效率低，因此与同容量直流伺服电动机相比，体积大、重量重，所以只适用于 0.5～100W 的小功率控制系统。

2．直流伺服电动机

（1）基本结构

直流伺服电动机实质是容量较小的普通直流电动机，有他励式和永磁式两种，其结构与普通直流电动机的结构基本相同，只是为了减小转动惯量而做得细长一些。

杯形电枢直流伺服电动机的转子由非磁性材料制成空心杯形圆筒，转子较轻而使转动惯量小，响应快速。转子在由软磁材料制成的内、外定子之间旋转，气隙较大。无刷直流伺服电动机用电子换向装置代替了传统的电刷和换向器，使之工作更可靠。它的定子铁芯结构与普通直流电动机基本相同，其上嵌有多相绕组，转子用永磁材料制成。

（2）工作原理

直流伺服电动机的基本工作原理与普通直流电动机完全相同，依靠电枢电流与气隙磁通的作用产生电磁转矩，使伺服电动机转动。通常采用电枢控制方式，即在保持励磁电压不变的条件下，通过改变电枢电压来调节转速。电枢电压越小，则转速越低；电枢电压为零时，电动机停转。由于电枢电压为零时电枢电流也为零，电动机不产生电磁转矩，不会出现“自转”。

二、伺服驱动器

伺服驱动器又称伺服放大器，是交流伺服系统的核心设备。其功能是把工频交流电源转换成幅度和频率均可变的交流电源提供给伺服电动机。当伺服驱动器工作在速度控制模式时，通过控制输出电源的频率对电动机进行调速；当工作在转矩控制模式时，通过控制输出电源的幅度对电动机进行转矩控制；当工作在位置控制模式时，根据输入脉冲决定输出电源的通断时间。

1．结构与原理

如图 3-16 是三菱 MR-J2S-A 系列通用伺服驱动器的结构简图。

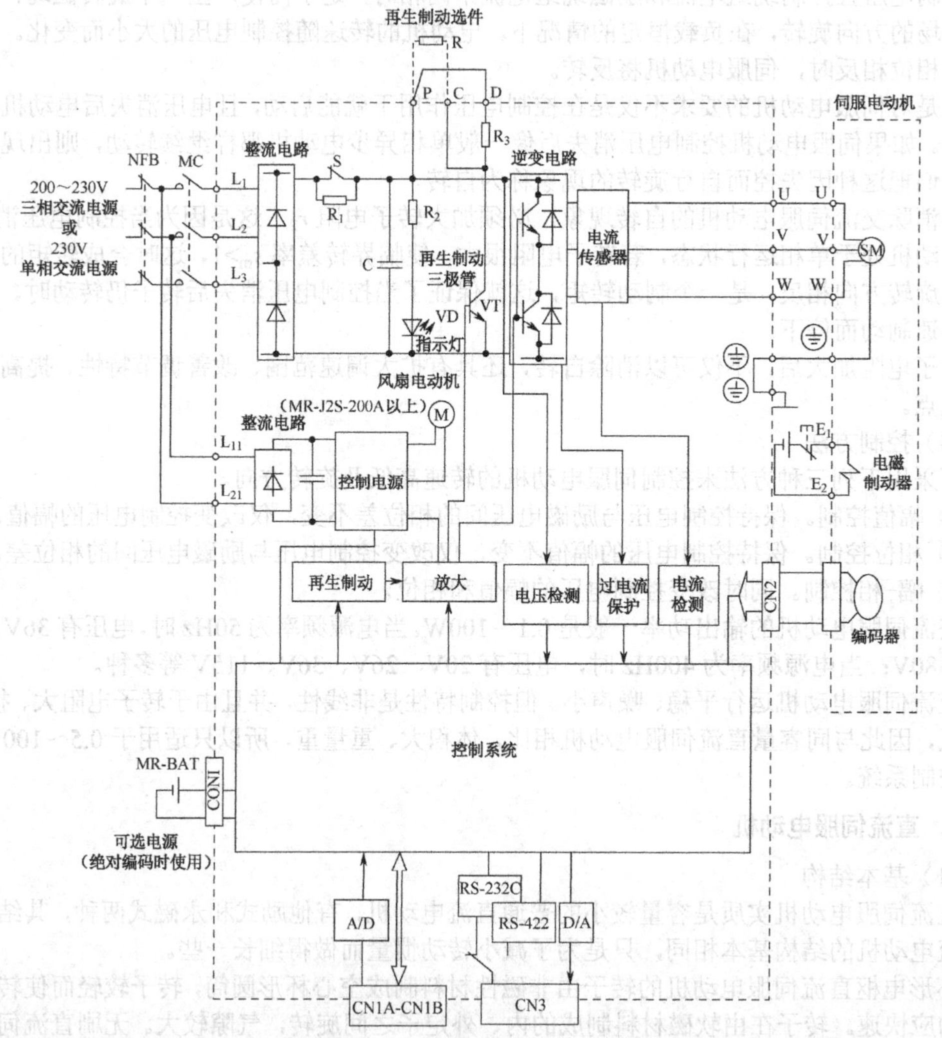

图 3-16　通用伺服驱动器内部结构

三相交流电源经过三相断路器输入到驱动器内部整流电路，并对电容 C 充电，得到上正下负的直流电压，该电压送到逆变电路，逆变电路将直流电压转换成 U、V、W 三相交流电压，输出送给伺服电动机，驱动电动机运转。

R_1、S 是保护电路。在开机时 S 断开，R_1 对输入电流进行限制，用于保护整理电路不被开机电流烧坏。当电路工作正常时 S 闭合，R_1 不再限流。R_2、VD 是电源指示电路，当电容 C 存在电压时，VD 就发光。VT、R_3 是再生制动电路，用于加快制动速度，同时避免制动时电动机产生的电压损坏有关电路。电流传感器用于检测伺服驱动器输出电流大小，并通过电流检测电路反馈给控制系统。

单独的电源电路供电给控制系统。控制系统提供脉冲信号给主电路的逆变电路和再生制动电路。电压检测电路和电流检测电路用于检测主电路中的电压和逆变电路的电流，并反馈给控制系统，控制系统根据设定的程序做出相应的控制。

2. 面板及型号

（1）外形

如图 3-17 所示是三菱 MR-J2S-A 系列伺服驱动器外形。

图 3-17　三菱 MR-J2S-A 系列伺服驱动器外形

（2）面板

三菱 MR-J2S-A 系列伺服驱动器面板如图 3-18 和图 3-19 所示。

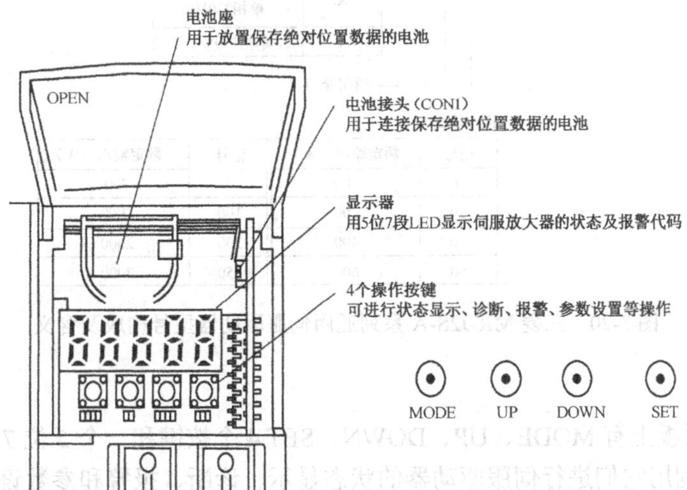

图 3-18　三菱 MR-J2S-A 系列伺服驱动器面板（1）

（3）型号

三菱 MR-J2S-A 系列通用伺服驱动器型号构成及含义如图 3-20 所示。

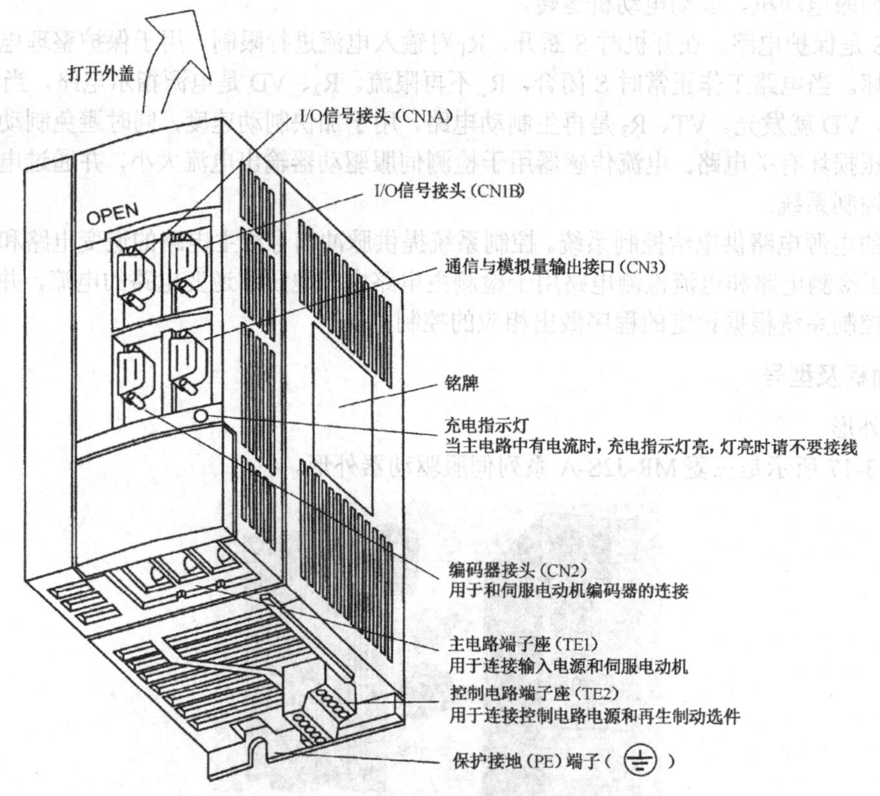

图 3-19　三菱 MR-J2S-A 系列伺服驱动器面板（2）

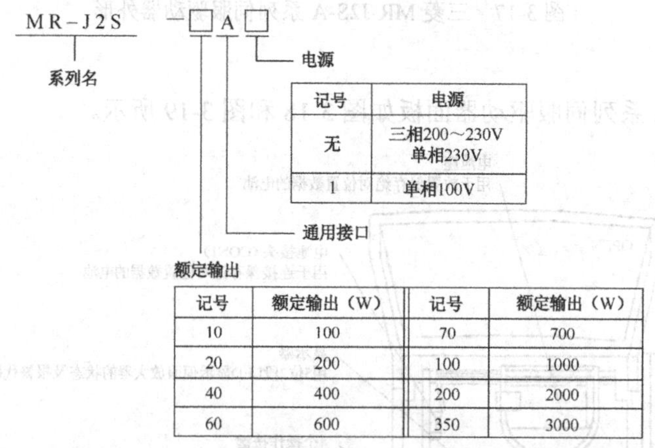

记号	电源
无	三相200～230V 单相230V
1	单相100V

记号	额定输出（W）	记号	额定输出（W）
10	100	70	700
20	200	100	1000
40	400	200	2000
60	600	350	3000

图 3-20　三菱 MR-J2S-A 系列通用伺服驱动器型号构成及含义

3．参数模式

伺服驱动器面板上有 MODE、UP、DOWN、SET 4 个按键和一个 5 位 7 段 LED 显示器，如图 3-21 所示。利用它们进行伺服驱动器的状态显示、诊断、报警和参数设置等操作。

驱动器通电后，LED 显示器处于状态显示模式，显示为 C。反复按 MODE 键，显示模式在“状态显示→诊断→报警→基本参数→扩展参数 1→扩展参数 2→状态显示”中切换。当显示处于某种模式时，按 DOWN 或 UP 键就可以在该模式中选择不同的项目进行设置操作，如图 3-22 所示。

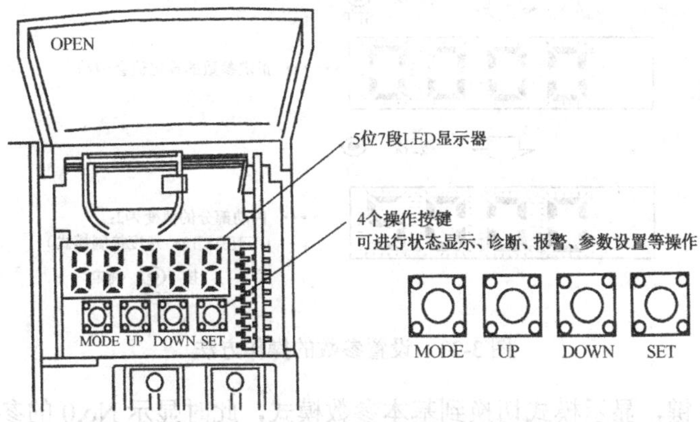

图 3-21　伺服驱动器的操作显示面板

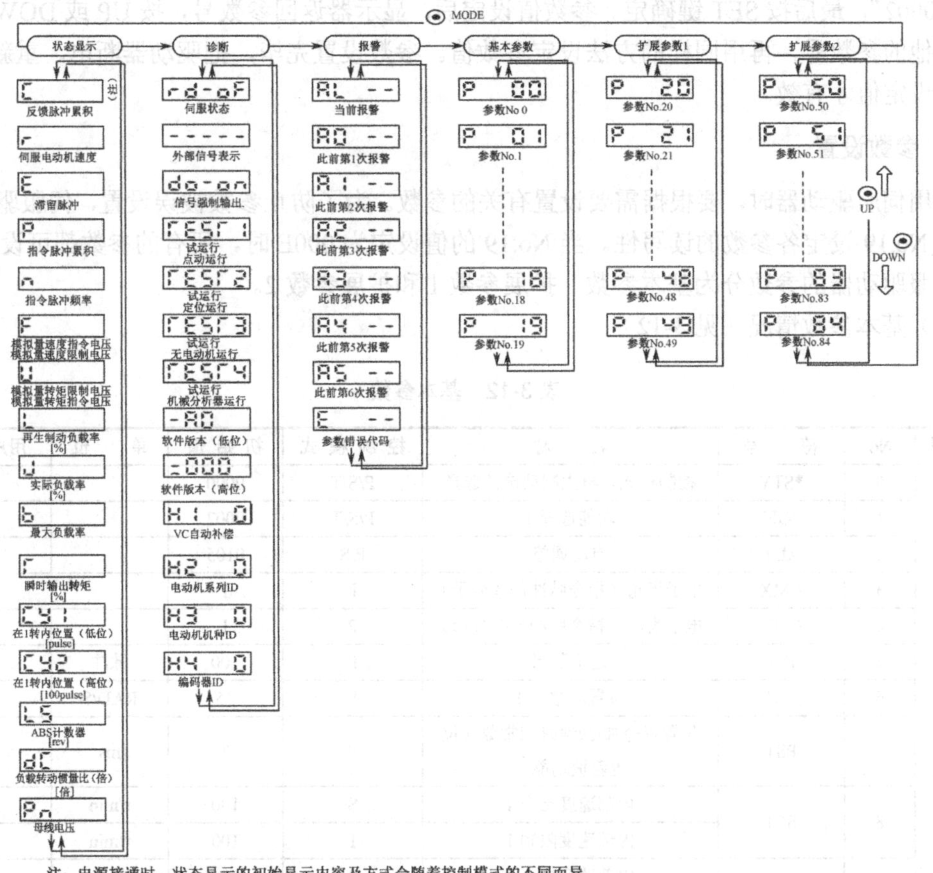

注：电源接通时，状态显示的初始显示内容及方式会随着控制模式的不同而异。
位置控制模式：反馈脉冲累积（C）;速度控制模式：电动机速度（r）转矩控制模式：转矩指令电压（e）。
此外，用参数No.18可改变电源接通时，状态显示初始显示的内容。

图 3-22　各种模式的显示与操作

下面以把参数 No.0 的值设为 0002 为例说明参数设置的操作方法，具体过程如图 3-23 所示。

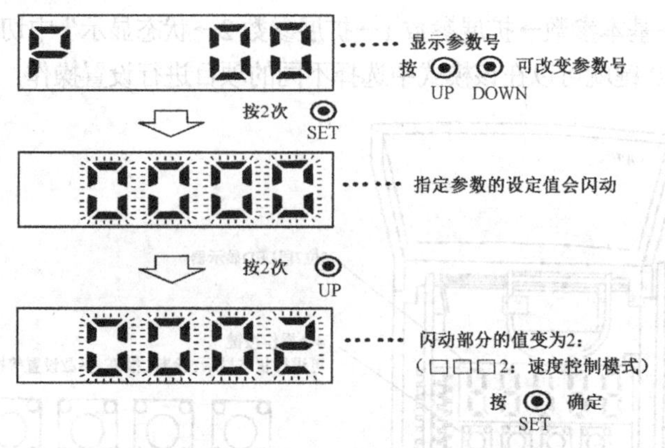

图 3-23 设置参数的操作方法

反复按 MODE 键，显示模式切换到基本参数模式，此时显示 No.0 的参数号“P 00”。然后按 2 次 SET 键，指定参数 No.0 的设定值“0000”闪动，再按 2 次 UP 键，闪动部分的数值变成“0002”，最后按 SET 键确定。参数值设定后，显示器返回参数号，按 UP 或 DOWN 键切换到其他的参数号，再用同样的方法设定参数值。参数设置完毕，把驱动器断电，重新启动，参数的设定值才有效。

4．参数设置

使用伺服驱动器时，要根据需要设置有关的参数。为了防止参数被误设置，伺服驱动器使用参数 No.19 设定各参数的读写性。当 No.19 的值设定为 000E 时，所有的参数都可设置。

伺服驱动器的参数分为基本参数、扩展参数 1 和扩展参数 2。

（1）基本参数情况（见 3-12）

表 3-12 基本参数

类 型	No	符 号	名 称	控制模式	初始值	单 位	用户设定值
基本参数	0	*STY	控制模式、再生制动选件选择	P/S/T	0000		
	1	*OPI	功能选择 1	P/S/T	0002		
	2	AUT	自动调整	P/S	0105		
	3	CMX	电子齿轮（指令脉冲倍率分子）	P	1		
	4	CMV	电子齿轮（指令脉冲倍率分母）	P	1		
	5	INP	定位范围	P	100	脉冲	
	6	PG1	位置环增益 1	P	35	RAD/S	
	7	PST	位置指令加/减速时间常数（位置斜坡功能）	P	3	ms	
	8	SC1	内部速度指令 1	S	100	r/min	
			内部速度限制 1	T	100	r/min	
	9	SC2	内部速度指令 2	S	500	r/min	
			内部速度限制 2	T	500	r/min	
	10	SC3	内部速度指令 3	S	1000	r/min	
			内部速度限制 3	T	1000	r/min	
	11	STA	加速时间常数	S/T	0	ms	
	12	STB	减速时间常数	S/T	0	ms	

续表

类　型	No	符　号	名　称	控制模式	初始值	单　位	用户设定值
基本参数	13	STC	S 字加/减速时间常数	S/T	0	ms	
	14	TQC	转矩指令时间常数	T	0	ms	
	15	*SNO	站号设定	T	0		
	16	*BPS	通信设置及报警履历	P/S/T	0000		
	17	MOD	模拟量输出选择	P/S/T	0000		
	18	*DMD	状态显示选择	P/S/T	0000		
	19	*BLK	参数范围选择	P/S/T	0000		

注：表中的*表示该参数设置后，需要断开驱动器的电源，重新启动后才能有效。P、S、T 分别表示位置、速度和转矩控制模式。

（2）扩展参数 1（见表 3-13）

表 3-13　扩展参数 1

类型	No	符　号	名　称	控制模式	初始值	单　位	用户设定值
扩展参数1	20	*OP2	功能选择 2	P/S/T	0000		
	21	*OP3	功能选择 3（指令脉冲选择）	P	0000		
	22	*OP4	功能选择 4	P/S/T	0000		
	23	FFC	前馈增益	P	0（%）		
	24	ZSP	零速	P/S/T	50	r/min	
	25	VCM	模拟量速度指令最大速度	S	（注 1）0	r/min	
			模拟量速度限制最大速度	T	（注 1）0	r/min	
	26	TLC	模拟量转矩指令最大输出	T	100（%）		
	27	*ENR	编码器输出脉冲	P/S/T	4000	脉冲	
	28	TLI	内部转矩限制 1	P/S/T	100	%	
	29	VOC	模拟量速度指令偏置	S	（注 2）	mV	
			模拟量速度限制偏置	T	（注 2）	mV	
	30	TLO	模拟量速度指令偏置	T	0	mV	
			模拟量速度限制偏置	S	0	mV	
	31	MO1	模拟量输出通道 1 偏置	P/S/T	0	mV	
	32	MO2	模拟量输出通道 2 偏置	P/S/T	0	mV	
	33	MBR	电磁制动器程序输出	P/S/T	100	mV	
	34	GD2	负载和伺服电动机的转动惯量比	P/S	70	0.1 倍	
	35	PG2	位置环增益 2	P	35	Rad/s	
	36	VG1	速度环增益 1	P/S	177	Rad/s	
	37	VG2	速度环增益 2	P/S	817	Rad/s	
	38	VIC	速度积分补偿	P/S	48	ms	
	39	VDC	速度微分补偿	P/S	980		
	40		备用		0		
	41	*DIA	输入信号自动 ON 选择	P/S/T	0000		
	42	*DT1	输入信号选择 1	P/S/T	0003		
	43	*DT2	输入信号选择 2	P/S/T	0111		
	44	*DT3	输入信号选择 3	P/S/T	0222		
	45	*DT4	输入信号选择 4	P/S/T	0665		
	46	*DT5	输入信号选择 5	P/S/T	0770		
	47	*DT6	输入信号选择 6	P/S/T	0883		
	48	*DT7	输入信号选择 7	P/S/T	0994		
	48	*DT1	输入信号选择 1	P/S/T	0000		

注：1．设定值“0”对应伺服电动机的额定速度。

2．伺服驱动器不同时初始值也不同。

（3）扩展参数 2（见表 3-14）

表 3-14　扩展参数 2

类型	No	符　号	名　称	控制模式	初始值	单　位	用户设定值
扩展参数2	50		备用		0000		
	51	*OP6	功能选择 6	P/S/T	0000		
	52		备用		0000		
	53	*OP8	功能选择 8	P/S/T	0000		
	54	*OP9	功能选择 9	P/S/T	0000		
	55	*OPA	功能选择 A	P	0000		
	56	SIC	串行通信超时选择	P/S/T	0		
	57		备用		10		
	58	NH1	机械共振抑制滤波器 1	P/S/T	0000		
	59	NH2	机械共振抑制滤波器 2	P/S/T	0000		
	60	LPF	低通滤波器，自适应共振抑制控制	P/S/T	0000		
	61	GD2B	负载和伺服电动机的转动惯量比 2	P/S	70	0.1 倍	
	62	PG2B	位置环增益 2 改变比率	P	100	%	
	63	VG2B	速度环增益 2 改变比率	P/S	100	%	
	64	VICB	速度积分补偿 2 改变比率	P/S	100	%	
	65	*CDP	增益切换选择	P/S	0000		
	66	CDS	增益切换阈值	P/S	10	（注）	
	67	CDT	增益切换时间常数	P/S	1	ms	
	68		备用		0		
	69	CMX2	指令脉冲分倍率分子 2	P	1		
	70	CMX3	指令脉冲分倍率分子 3	P	1		
	71	CMX4	指令脉冲分倍率分子 4	P	1		
	72	SC4	内部速度指令 4	S	200	r/min	
			内部速度限制 4	T			
	73	SC5	内部速度指令 5	S	300	r/min	
			内部速度限制 5	T			
	74	SC6	内部速度指令 6	S	500	r/min	
			内部速度限制 6	T			
	75	SC7	内部速度指令 7	S	800	r/min	
			内部速度限制 7	T			
	76	TL2	内部转矩限制 2	P/S/T	100	%	
	77		备用		100		
	78				1000		
	79				10		
	80				10		
	81		备用		100		
	82				100		
	83				100		
	84				0		

注：由参数 No.65 的设定值决定。

任务实施

1．画出伺服电动机控制系统的原理图，并按图连接电路，并检查电路连接是否无误。

系统控制主电路如图 3-24 所示。系统的控制回路如图 3-25 所示。

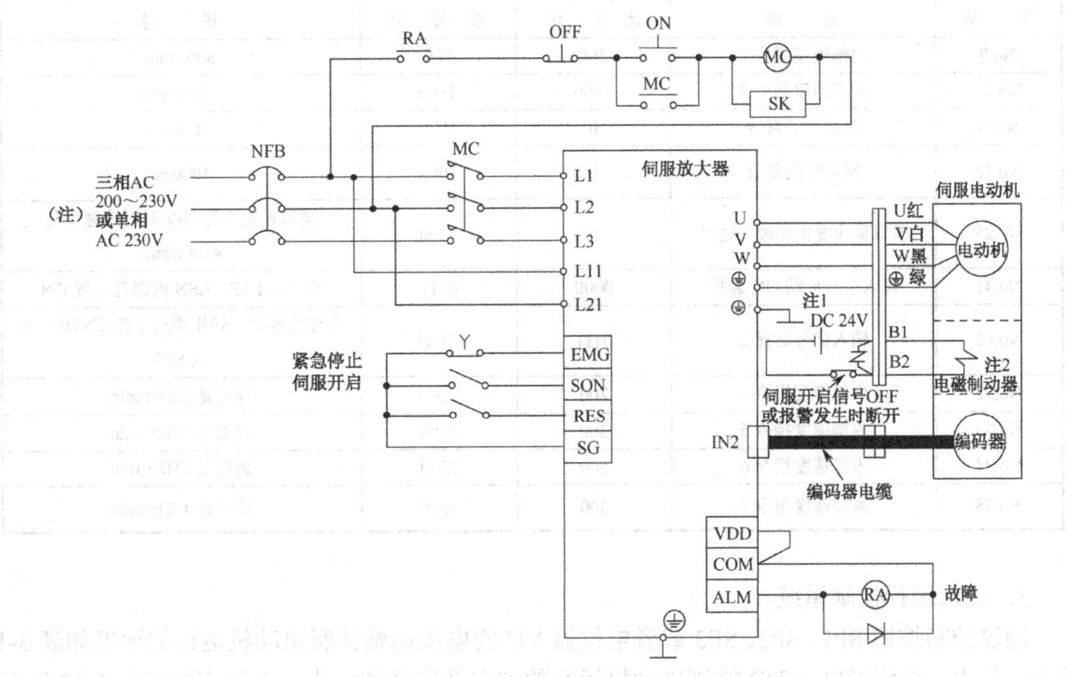

图 3-24　系统控制主电路

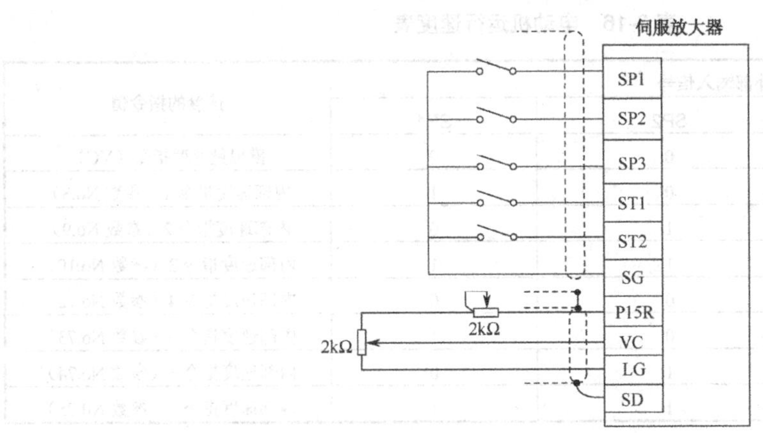

图 3-25　速度控制模式下控制回路

2．设置速度控制模式的有关参数。

首先将设置参数 No.19 设定为“000E”,然后再根据表 3-15 中的数值设定各参数值，设置完毕后，把控制系统断电，重新启动，则参数有效。

表 3-15　速度控制模式要设置的参数

参　数	名　称	出 厂 值	设 定 值	说　明
No.0	控制模式选择	0000	0002	设置成速度控制模式
No.2	自动调整	0105	0105	设置为自动调整
No.8	内部速度指令 1	100	1000	1000r/min

续表

参　数	名　称	出 厂 值	设 定 值	说　明
No.9	内部速度指令 2	500	800	800r/min
No.10	内部速度指令 3	1000	1500	1500r/min
No.11	加速时间常数	0	1000	1000ms
No.12	减速时间常数	0	1000	1000ms
No.25	模拟量速度指令最大速度	0	4000	模拟量输入为 10V 时对应速度是 4000r/min
No.41	输入信号自动 ON 选择	0000	0111	SON、LSP、LSN 内部自动置 ON
No.43	输入信号选择 2	0111	0AA1	在速度模式、转矩模式下把 CN1B-5 改成 SP3
No.72	内部速度指令 4	200	2000	速度是 2000r/min
No.73	内部速度指令 5	300	3000	速度是 3000r/min
No.74	内部速度指令 6	500	2500	速度是 2500r/min
No.75	内部速度指令 7	800	1800	速度是 1800r/min

3．调试运行控制系统。

通过控制按钮 SP1、SP2、SP3 或者电位器 VC 的电压调整伺服电动机运行的速度如表 3-16 所示。其中，按钮 ST1、ST2 控制电动机运行的方向及启动和停止。运行方向如表 3-17 所示。

表 3-16　电动机运行速度表

外部输入信号 (注)			速度的指令值
SP3	SP2	SP1	
0	0	0	模拟量速度指令（VC）
0	0	1	内部速度指令 1（参数 No.8）
0	1	0	内部速度指令 2（参数 No.9）
0	1	1	内部速度指令 3（参数 No.10）
1	0	0	内部速度指令 4（参数 No.72）
1	0	1	内部速度指令 5（参数 No.73）
1	1	0	内部速度指令 6（参数 No.74）
1	1	1	内部速度指令 7（参数 N0.75）

注　0：OFF（和 SG 断开）；

1：ON（和 SG 接通）。

表 3-17　电机运行方向

外部输入信号 (注)		旋 转 方 向			
ST2	ST1	模拟量速度指令（VC）			内部速度指令
		正（+）	0V	负（-）	
0	0	停止（伺服锁定）	停止（伺服锁定）	停止（伺服锁定）	停止（伺服锁定）
0	1	逆时针	停止（伺服锁定）	顺时针	逆时针
1	0	顺时针		逆时针	顺时针
1	1	停止（伺服锁定）	停止（伺服锁定）	停止（伺服锁定）	停止（伺服锁定）

注　0：OFF（和 SG 断开）；

1：ON（和 SG 接通）。

习题

1. 什么是伺服电动机，作用是什么，有什么特点？
2. 什么是伺服电动机的自转？如何进行控制？
3. 交流伺服电动机和直流伺服电动机的工作原理是什么？

评价反馈

（一）自我评价（40分）

先进行自我评价，把评分值记录于表3-18中。

表3-18 自我评价表

项目内容	配分	评分标准	扣分	得分
1. 实训准备	10分	掌握任务的相关知识，做好实训准备工作。 未能掌握相关知识，酌情扣3～5分。 未能做好实训准备工作，扣5分。		
2. 仪器、仪表使用	10分	正确使用各仪器、仪表，得满分。 不会使用仪表，每次可酌情扣3～5分。		
3. 连接电路	20分	能正确连接电路，并检查电路，得满分。 电路连接有误，可酌情扣3～5分。 没有检查电路，扣5～10分。		
4. 设置参数	30分	能正确设置有关参数，得满分。 参数设置有误，每次可酌情扣3～5分。 不会设置参数，扣10～15分。		
5.通电运行	20分	能正确运行与调试电路，得满分。 操作失误，酌情扣5~10分。 不会运行及调试电路，扣分8～10。		
6. 安全、文明操作	10分	1. 违反操作规程，产生不安全因素，可酌情扣5～10分； 2. 着装不规范，可酌情扣3～5分； 3. 迟到、早退、工作场地不清洁，每次扣1～2分。		
总评分=（1～6项总分）×40%				

签名：________ ________ 年__月__日

（二）小组评价（30分）

再由同一实训小组的同学结合自评的情况进行互评，同样把评分值记录于表3-19中。

表3-19 小组评价表

项目内容	配分	评分
1. 实训记录与自我评价情况	20分	
2. 对实训室规章制度的学习与掌握情况	20分	
3. 相互帮助与协作能力	20分	
4. 安全、质量意识与责任心	20分	
5. 能否主动参与整理工具、器材与清洁场地	20分	
总评分=（1～5项总分）×30%		

参加评价人员签名：________ ________ 年__月__日

（三）教师评价（30 分）

最后由指导教师结合自评与互评的结果进行综合评价，并把评价意见与评分值记录于表 3-20 中。

表 3-20　教师评价表

教师总体评价意见：	
教师评分（30 分）	
总评分=自我评分+小组评分+教师评分	

教师签名：____________　　　年___月___日

任务 3　通用变频器的认识与应用

任务目标

通过完成变频器控制电动机运行任务，学会变频器的原理、结构和基本操作。

学习目标

应知：

1. 了解变频器的结构和原理。
2. 理解变频调速的基本工作原理。

应会：

（1）会安装连接变频器的主电路和控制回路。

（2）能设置变频器的参数。

（3）会使用变频器常用的工作模式。

（4）会用变频器控制电动机进行正反转运行。

（5）会用变频器控制电动机做多段速运行。

建议学时

建议完成本任务为 10 学时。

器材准备

本学习任务所需的通用设备、工具和器材如表 3-21 所示。

表 3-21 通用设备、工具和器材明细表

序号	名称	型号	规格	单位	数量
1	三菱变频器	E700		台	1
2	三相异步电动机		0.5～1kW	台	1
3	三菱 PLC	FX2N		台	1
4	万用电表	MG-27 型	0-10-50-250A、0-300-600V、0～300Ω	台	1
5	实训板		含接触器、中间继电器、按钮等	块	1
6	连接导线				若干
7	电工常用工具		电工钳、尖嘴钳、电工刀、铁榔头、试电笔、电烙铁等	套	1

 **相关知识**

一、变频器的基本工作原理

变频器的两个主要单元是整流器和逆变器。基本工作原理是变频器将电网电压由输入端（R、S、T）输入变频器，经整流器整流成直流电压，然后通过逆变器，将直流电压变换为交流电压，交流电压的频率和电压大小受到控制，由输出端（U、V、W）输出到交流电动机。

二、变频器的分类

变频器是对交流电动机实现变频调速的装置。它把由电网提供的恒压恒频的交流电变换成其他电压、频率的交流电，将已变电压、频率的交流电接入到电动机定子绕组中，实现对交流电动机的变频无级调速。它有以下三种分类方式。

1. 按用途分类

（1）通用变频器

通常指没有特殊功能、控制要求不高的变频器。由于分类的界线不很分明，因此绝大多数变频器都可归到这一类中。

（2）风机、水泵用的变频器

其主要特点有：

①过载能力较低。这是因为风机和水泵在运行过程中很少发生过载的原因。

②具有闭环控制和 PID 调节功能。水泵在具体运行时常常需要进行闭环控制，如在供水系统中，要求进行恒压供水控制；在中央空调系统中，要求恒温控制、恒温差控制等，故此类变频器大多设置了 PID 调节功能。

③具有“一控多”的切换功能。为了减少设备投资，常常采用由一台变频器控制若干台水泵的控制方式，为此，许多变频器专门设置了切换功能。

（3）高性能变频器

通常指具有矢量控制功能、且能进行四象限运行的变频器，主要用于对机械特性和动态响应要求较高的场合。

（4）具有电源再生功能的变频器

当变频器中直流母线上的电压过高时，能将直流电源逆变成三相交流电反馈给电源。主要用于电动机长时间处于再生状态的场合，如起重机械的吊钩电动机等。

（5）其他专用变频器

这类变频器如电梯专用变频器、纺织专用变频器、张力控制专用变频器、中频变频器等。

2. 按变换环节分类

（1）交—交变频器

交—交变频器是一种可直接将某固定频率交流电源变换成可调频率的交流电源，变频器无须中间直流环节。与交—直—交间接变频相比，可提高系统变换效率。

交—交变频器广泛应用于大功率低转速的交流电动机调速传动、交流励磁变速恒频发电机励磁电源等。

（2）交—直—交变频器

交—直—交变频采用间接变频的方式。间接变频是指将交流经整流器后变为直流，然后再经逆变器调制为频率可调的交流电。

交—直—交变频器由整流器、中间滤波器和逆变器三部分组成。整流器是三相桥式整流电路，其作用是把定压、定频的交流电变换为可调直流电，然后作为逆变器的直流供电电源；中间滤波器由电抗器或电容组成，其作用是对整流后的电压或电流进行滤波；逆变器也是三相桥式整流电路，但它的作用与整流器相反，是将直流电变换（调制）为可调频率的交流电，它是变频器的主要部分。

交—直—交变频器又分为两种，其区别在整流器上，即可控整流器和不可控整流。

① 用可控整流器调压，用逆变器调频的交—直—交变频器如图3-26（a）所示，调压和调频分别在两个环节上进行。

② 用不可控整流调压，用脉宽调制逆变器的交—直—交变频器如图3-26（b）所示。该交—直—交变频器的脉宽调制逆变器采用全控式电力电子器件，使输出谐波减少。当采用P-MOSFET或IGBT作为开关器件时，开关频率可达20kHz以上，输出波形已非常接近正弦波，因而又称为正弦脉冲调制逆变器（SPWM），为目前通用变频器常采用。

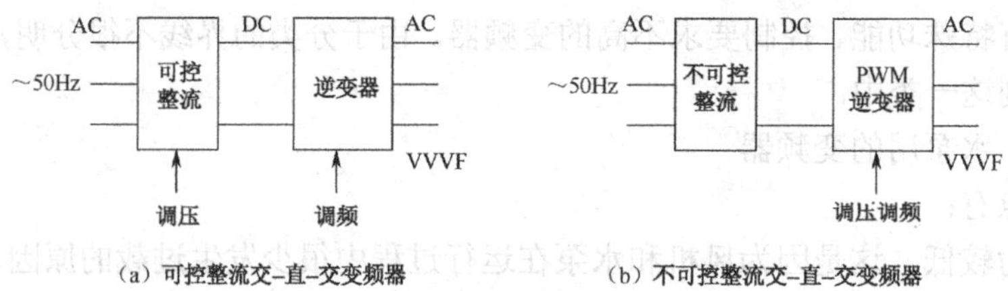

（a）可控整流交–直–交变频器　（b）不可控整流交–直–交变频器

图3-26　交—直—交变频器

3. 按输入电源相数分类

（1）三进三出变频器

变频器的输入侧和输出侧都是三相交流电，绝大多数变频器都属于此类。

（2）单进三出变频器

变频器的输入侧为单相交流电，输出侧是三相交流电，家用电器里的变频器都属于此类，通常容量较小。

三、变频器的额定值

1. 输入侧的额定值

输入侧的额定值主要是电压和相数。在我国的中小容量变频器中，输入电压的额定值为：

380～400V/50Hz、200～230 V/50Hz 或 60Hz。

2．输出侧的额定值

（1）输出额定电压 U_N：输出额定电压是指输出电压中的最大值。在大多数情况下，它就是输出频率等于电动机额定频率时的输出电压值。通常，输出电压的额定值总是和输入电压相等。

（2）输出额定电压 I_N：输出额定电流是指允许长时间输出的最大电流，是用户在选择变频器时的主要依据。

（3）输出额定容量 S_N（kVA）：S_N 与 U_N、I_N 关系为 $S_N=\sqrt{3}U_N I_N$。

（4）配用电动机功率 P_N（kW）：变频器说明书中规定的配用电动机容量，仅适用于长期连续负载。

四、三菱 FR-E700 变频器的外观和型号

FR-E740-0.75K-CHT 型变频器属于三菱 FR-E700 系列变频器中的一员，该变频器额定电压等级为三相 400V，适用电动机容量 0.75kW 及以下的电动机。FR-E700 系列变频器的外观和型号的定义如图 3-27 所示。

FR-E700 系列变频器是 FR-E500 系列变频器的升级产品，是一种小型、高性能变频器。两个系列的变频器常用功能基本上是一样的，我们在学习过程中所涉及的是使用通用变频器所必需的基本知识和技能，着重于变频器的接线、常用参数的设置等方面。

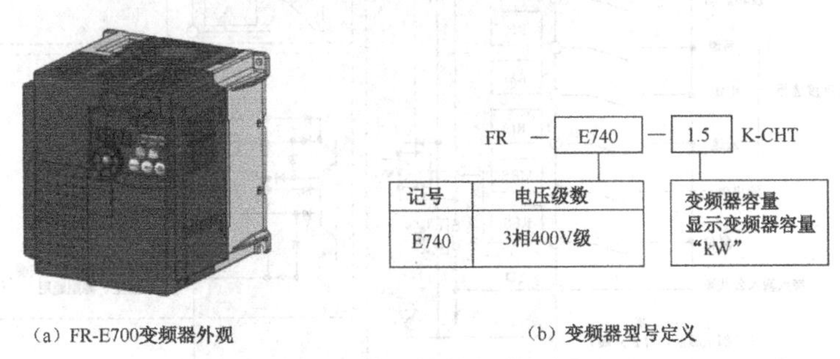

（a）FR-E700变频器外观　　（b）变频器型号定义

图 3-27　FR-E700 系列变频器

五、连接变频器控制电动机的主电路

三菱 FR-E740 系列变频器主电路的接线如图 3-28 所示。

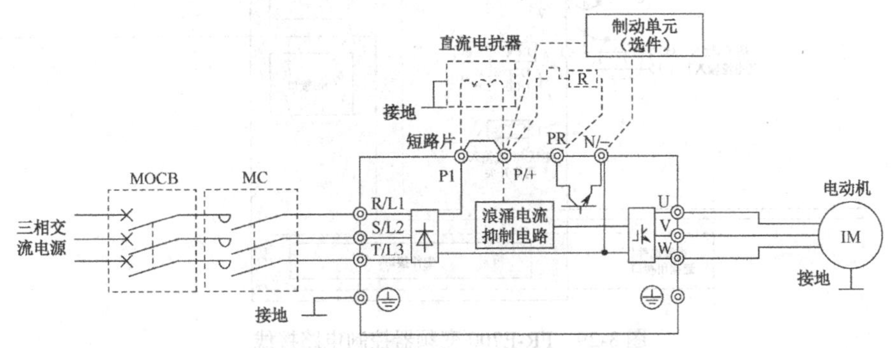

图 3-28　FR-E740 系列变频器主电路的接线

图 3-28 有关说明如下：

（1）端子 P1、P/+之间用以连接直流电抗器，不需要连接时，两端子间短路。

（2）P/+与 PR 之间用以连接制动电阻器，P/+与 N/−之间用以连接制动单元选件。

（3）交流接触器 MC 用作变频器安全保护的目的，注意不要通过此交流接触器来启动或停止变频器，否则可能降低变频器寿命。

（4）进行主电路接线时，应确保输入、输出端不能接错，即电源线必须连接至 R/L1、S/L2、T/L3，绝对不能接 U、V、W，否则会损坏变频器。

六、连接变频器控制电动机的控制电路

FR-E740 变频器控制电路接线如图 3-29 所示。

图 3-29 中，控制电路端子分为控制输入、频率设定（模拟量输入）、继电器输出（异常输出）、集电极开路输出（状态检测）和模拟电压输出等 5 部分区域，各端子的功能可通过调整相关参数的值进行变更，在出厂初始值的情况下，各控制电路端子的功能说明如表 3-22～表 3-24 所示。

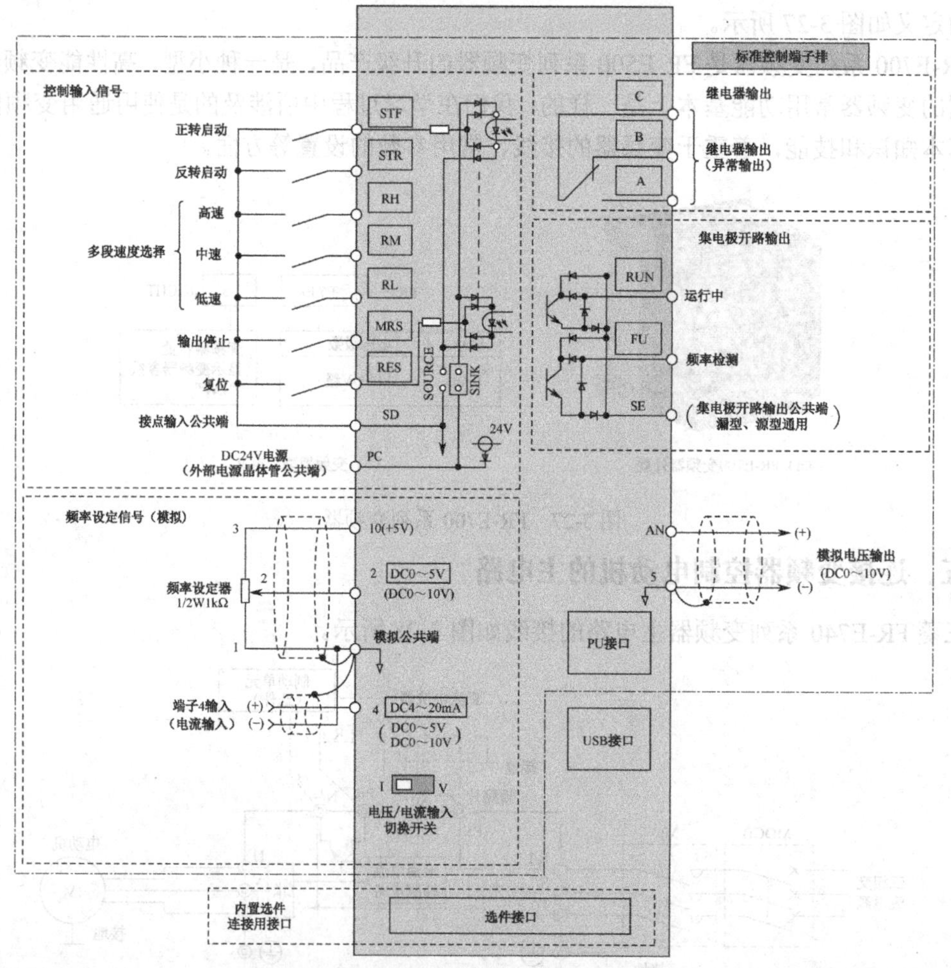

图 3-29　FR-E700 变频器控制电路接线

表 3-22 控制电路输入端子的功能说明

<table>
<tr><th>种 类</th><th>端子编号</th><th>端 子 名 称</th><th colspan="2">端子功能说明</th></tr>
<tr><td rowspan="11">接点输入</td><td>STF</td><td>正转启动</td><td>STF 信号 ON 时为正转、OFF 时为停</td><td rowspan="2">STF、STR 信号同时 ON 时变成停止指令</td></tr>
<tr><td>STR</td><td>反转启动</td><td>STR 信号 ON 时为反转、OFF 时为停止指令</td></tr>
<tr><td>RH
RM
RL</td><td>多段速度选择</td><td colspan="2">用 RH、RM 和 RL 信号的组合可以选择多段速度</td></tr>
<tr><td>MRS</td><td>输出停止</td><td colspan="2">MRS 信号 ON （20ms 或以上）时，变频器输出停止。
用电磁制动器停止电动机时用于断开变频器的输出</td></tr>
<tr><td>RES</td><td>复位</td><td colspan="2">用于解除保护电路动作时的报警输出。请使 RES 信号处于 ON 状态 0.1s 或以上，然后断开。
初始设定为始终可进行复位。但进行了 Pr.75 的设定后，仅在变频器报警发生时可进行复位。复位时间约为 1s</td></tr>
<tr><td>SD</td><td>接点输入公共端（漏型）（初始设定）</td><td colspan="2">接点输入端子（漏型逻辑）的公共端子</td></tr>
<tr><td rowspan="2">SD</td><td>外部晶体管公共端（源型）</td><td colspan="2">源型逻辑时当连接晶体管输出（即集电极开路输出）、例如可编程控制器（PLC）时，将晶体管输出用的外部电源公共端接到该端子时，可以防止因漏电引起的误动作</td></tr>
<tr><td>DC 24V 电源公共端</td><td colspan="2">DC 24V 0.1A 电源（端子 PC）的公共输出端子。
与端子 5 及端子 SE 绝缘</td></tr>
<tr><td rowspan="3">PC</td><td>外部晶体管公共端（漏型）（初始设定）</td><td colspan="2">漏型逻辑时当连接晶体管输出（即集电极开路输出），例如可编程控制器（PLC）时，将晶体管输出用的外部电源公共端接到该端子时，可以防止因漏电引起的误动作</td></tr>
<tr><td>接点输入公共端（源型）</td><td colspan="2">接点输入端子（源型逻辑）的公共端子</td></tr>
<tr><td>DC 24V 电源</td><td colspan="2">可作为 DC 24V、0.1A 的电源使用</td></tr>
<tr><td rowspan="4">频率设定</td><td>10</td><td>频率设定用电源</td><td colspan="2">作为外接频率设定(速度设定)用电位器时的电源使用(按照 Pr.73 模拟量输入选择)</td></tr>
<tr><td>2</td><td>频率设定（电压）</td><td colspan="2">如果输入 DC 0～5V（或 0～10V），在 5V（10V）时为最大输出频率，输入输出成正比。通过 Pr.73 进行 DC 0～5V（初始设定）和 DC 0～10V 输入的切换操作</td></tr>
<tr><td>4</td><td>频率设定（电流）</td><td colspan="2">若输入 DC 4～20mA （或 0～5V，0～10V），在 20mA 时为最大输出频率，输入输出成正比。只有 AU 信号为 ON 时端子 4 的输入信号才会有效（端子 2 的输入将无效）。通过 Pr.267 进行 4～20mA（初始设定）和 DC 0～5V、DC 0～10V 输入的切换操作。
电压输入（0～5V/0～10V）时，请将电压 / 电流输入切换开关切换至“V”</td></tr>
<tr><td>5</td><td>频率设定公共端</td><td colspan="2">频率设定信号（端子 2 或 4）及端子 AM 的公共端子。请勿接大地</td></tr>
</table>

表 3-23 控制电路接点输出端子的功能说明

<table>
<tr><th>种类</th><th>端子记号</th><th>端 子 名 称</th><th colspan="2">端子功能说明</th></tr>
<tr><td>继电器</td><td>A、B、C</td><td>继电器输出（异常输出）</td><td colspan="2">指示变频器因保护功能动作时输出停止的 1c 接点输出。异常时：B-C 间不导通（A-C 间导通），正常时：B-C 间导通（A-C 间不导通）</td></tr>
<tr><td rowspan="3">集电极开路</td><td>RUN</td><td>变频器正在运行</td><td colspan="2">变频器输出频率大于或等于启动频率（初始值 0.5Hz）时为低电平，已停止或正在直流制动时为高电平</td></tr>
<tr><td>FU</td><td>频率检测</td><td colspan="2">输出频率大于或等于任意设定的检测频率时为低电平，未达到时为高电平</td></tr>
<tr><td>SE</td><td>集电极开路输出公共端</td><td colspan="2">端子 RUN、FU 的公共端子</td></tr>
<tr><td>模拟</td><td>AM</td><td>模拟电压输出</td><td>可以从多种监视项目中选一种作为输出。变频器复位中不被输出。输出信号与监视项目的大小成比例</td><td>输出项目：
输出频率（初始设定）</td></tr>
</table>

表 3-24　控制电路网络接口的功能说明

种　　类	端子记号	端子名称	端子功能说明
RS-485	—	PU 接口	通过 PU 接口，可进行 RS-485 通信。 • 标准规格：EIA-485（RS-485） • 传输方式：多站点通信 • 通信速率：4800～38400b/s • 总长距离：500m
USB	—	USB 接口	与个人电脑通过 USB 连接后，可以实现 FR Configurator 的操作。 • 接口：USB1.1 标准 • 传输速度：12Mb/s • 连接器：USB 迷你-B 连接器（插座：迷你-B 型）

七、变频器的基本参数

变频器参数的出厂设定值被设置为完成简单的变速运行。如需按照负载和操作要求设定参数，则应进入参数设定模式，先选定参数号，然后设置其参数值。设定参数分两种情况，一种是停机 STOP 方式下重新设定参数，这时可设定所有参数；另一种是在运行时设定，这时只允许设定部分参数，但是可以核对所有参数号及参数。FR-E700 变频器有几百个参数，实际使用时只需根据使用现场的要求设定部分基本功能参数，其余按出厂设定即可。

（1）转矩提升（Pr.0）

此参数主要用于设定电动机启动时的转矩大小，设定参数是通过补偿电压降以改善电动机在低速范围的转矩降。假定基底频率电压为 100%，用百分数（%）设 0Hz 时的电压。设定过大将导致电机过热；设定过小，启动力矩不够，基本原则是最大值的大约 10%。参数意义如图 3-30 所示。

（2）上限频率（Pr.1）和下限频率（Pr.2）

这两个参数用于设定电动机运转上限和下限频率的参数，可以将输出频率的上限和下限进行钳位。电动机的运行频率就在此范围内设定，如图 3-31 所示。

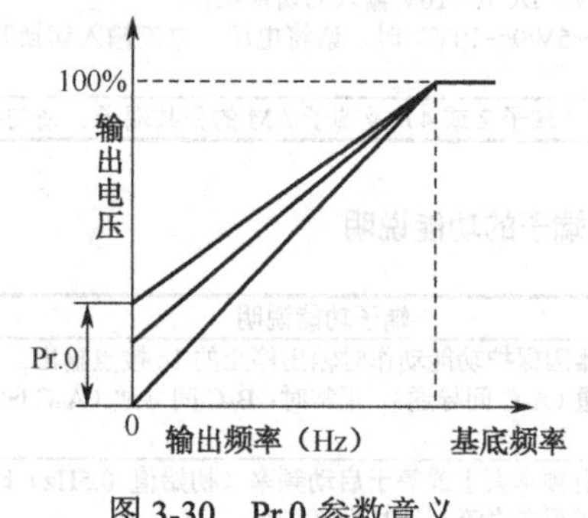

图 3-30　Pr.0 参数意义

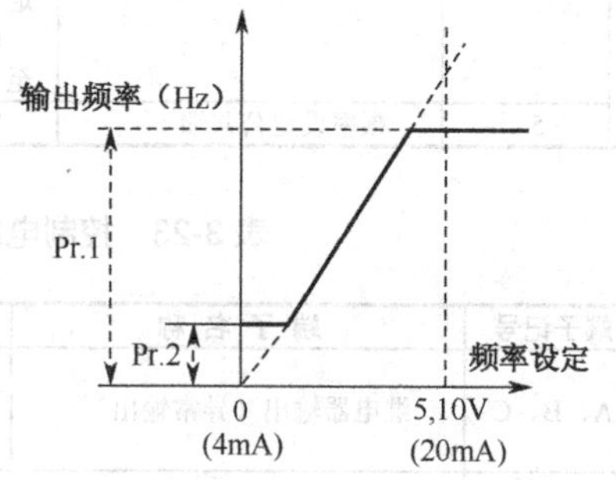

图 3-31　Pr.1，Pr.2 参数意义

（3）基底频率（Pr.3）

此参数主要用于调整变频输出到电动机的额定值，当用标准电动机时通常设定为电动机的额定频率。当需要电动机运行在工频电源与变频器切换时，请设定基波频率与电源频率相同。

（4）3 段速度（高速 Pr.4、中速 Pr.5、低速 Pr.6）及多段速度（Pr.24～Pr.27）

用参数将多种运行速度预先设定，用外部输入端子来控制变频器在实际运行中进行转换。七段速度对应参数号与端子见表 3-25 及图 3-32 所示。

表 3-25 七段速参数号与端子对照表

7段速度	1段	2段	3段	4段	5段	6段	7段
输入端子	RH	RM	RL	RM、RL	RH、RL	RH、RM	RH、RM、RL
参数号	Pr.4	Pr.5	Pr.6	Pr.24	Pr.25	Pr.26	Pr.27

（5）加速时间（Pr.7）和减速时间（Pr.8）及加/减速频率（Pr.20）

加速时间（Pr.7）和减速时间（Pr.8）用于设定电动机加速及减速时间，设定越大则加、减速所需时间越慢，越小则越快。Pr.20 是加、减速基准频率。设置后，加速时是从 0 加速到基准频率的时间，减速时是从基准频率减速到 0 的时间。参数意义如图 3-33 所示。

（6）电子过电流保护（Pr.9）

用于设定电子过电流保护的电流值，以防止电动机过热。一般设定为电动机额定电流值。

（7）启动频率（Pr13）

启动频率（Pr13）参数设定在电动机启动时的频率。启动频率能设定在 0～60Hz 之间。参数意义如图 3-34 所示。

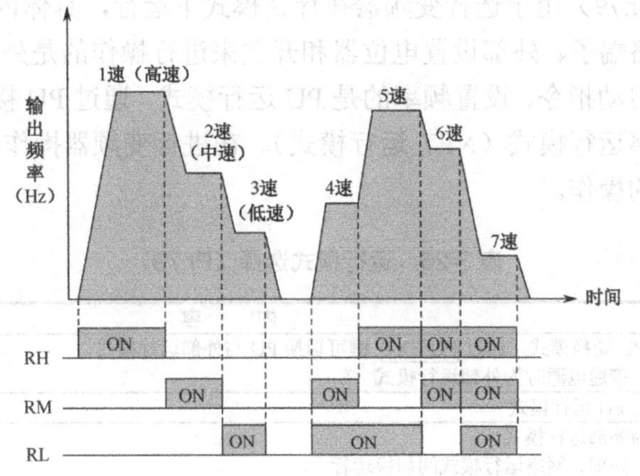

图 3-32 七段速度对应端子示意图

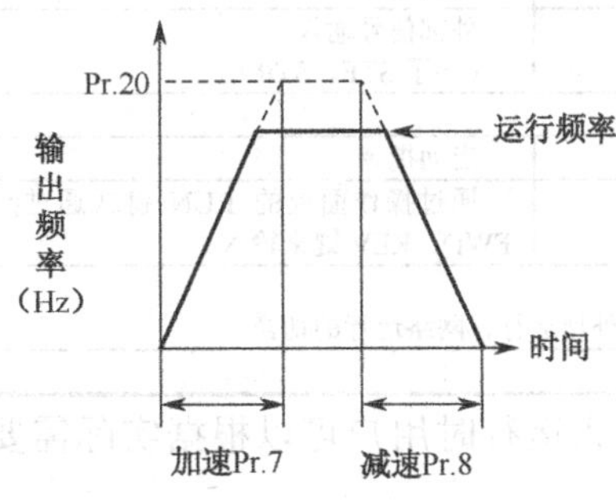

图 3-33 Pr.7,Pr8,Pr20 参数意义

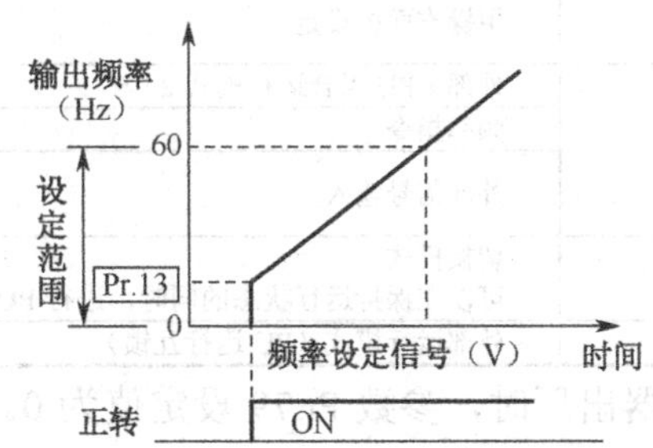

图 3-34 Pr.13 参数意义

（8）点动运行频率（Pr.15）和点动加、减速时间（Pr.16）

点动运行频率（Pr.15）参数设定点动状态下的运行频率。点动加、减速时间（Pr.16）用于设定点动状态下的加、减速时间。参数意义如图 3-35 所示。

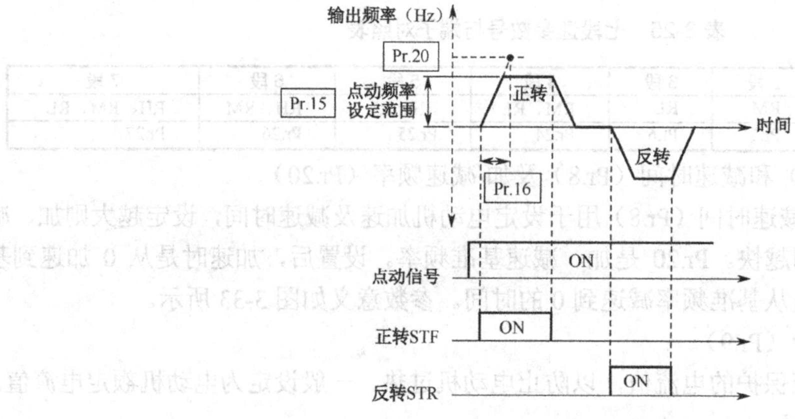

图 3-35　Pr.15、Pr.16 参数意义

（9）操作模式选择（Pr.79）

操作模式选择（Pr.79）用于选择变频器在什么模式下运行，具体内容如表 3-26 所示。一般来说，使用控制电路端子、外部设置电位器和开关来进行操作的是外部运行模式，使用操作面板或参数单元输入启动指令、设置频率的是 PU 运行模式，通过 PU 接口进行 RS-485 通信或使用通信选件的是网络运行模式（NET 运行模式）。在进行变频器操作前，必须了解各种运行模式，才能进行相关的操作。

表 3-26　运行模式选择（Pr.79）

<table>
<tr><th>Pr.79 设定值</th><th colspan="2">内　容</th></tr>
<tr><td>0</td><td colspan="2">外部/PU 切换模式，通过 PU/EXT 键可切换 PU 与外部运行模式。
注意：接通电源时为外部运行模式</td></tr>
<tr><td>1</td><td colspan="2">固定为 PU 运行模式</td></tr>
<tr><td>2</td><td colspan="2">固定为外部运行模式
可以在外部、网络运行模式间切换运行</td></tr>
<tr><td rowspan="3">3</td><td colspan="2">外部 / PU 组合运行模式 1</td></tr>
<tr><td>频率指令</td><td>启动指令</td></tr>
<tr><td>用操作面板设定</td><td>外部信号输入
（端子 STF、STR）</td></tr>
<tr><td rowspan="3">4</td><td colspan="2">外部 / PU 组合运行模式 2</td></tr>
<tr><td>频率指令</td><td>启动指令</td></tr>
<tr><td>外部信号输入</td><td>通过操作面板的 RUN 键或通过参数单元的 FWD、REV 键来输入</td></tr>
<tr><td>6</td><td colspan="2">切换模式
可以在保持运行状态的同时，进行 PU 运行、外部运行、网络运行的切换</td></tr>
<tr><td>7</td><td colspan="2">外部运行模式（PU 运行互锁）</td></tr>
</table>

变频器出厂时，参数 Pr.79 设定值为 0。当停止运行时用户可以根据实际需要修改其设定值。

八、频率跳变

用变频器为交流电动机供电时，系统可能发生振荡现象，使变频器过电流保护或者使系统跳闸。振荡现象只在某些频率范围内发生，为了避免其发生，变频器设有频率跳变功能，以避开那些共振发生的频率点，防止机械系统固有频率产生的共振。

电气系统发生振荡的原因有两个：一是电气频率与机械频率发生共振；二是纯电气电路引起的，比如功率开关管的死区控制时间、中间直流回路电容电压的波动以及电动机滞后电流的影响等。振荡现象容易发生在如下的情况下：

① 负载轻或没有负载；

② 机械系统惯性小；

③ 变频器 PWM 波形的载波频率高；

④ 电动机和负载连接松动。

1. 频率跳变区域

变频器的频率跳变区域共有三个。1A、2A、3A 分别为三个跳变区域的下点，1B、2B、3B 为三个跳变区域的上点。其对应的参数号、名称、设定最小单位、设定范围、出厂值见表 3-27。

表 3-27　频率跳变区域

参 数 号	名　称	最 小 单 位	设 定 范 围	出 厂 值	备　注
31	频率跳变 1A	0.01HZ	0～400HZ，9999	9999	9999：功能无效
32	频率跳变 1B	0.01HZ	0～400HZ，9999	9999	9999：功能无效
33	频率跳变 2A	0.01HZ	0～400HZ，9999	9999	9999：功能无效
34	频率跳变 2B	0.01HZ	0～400HZ，9999	9999	9999：功能无效
35	频率跳变 3A	0.01HZ	0～400HZ，9999	9999	9999：功能无效
36	频率跳变 3B	0.01HZ	0～400HZ，9999	9999	9999：功能无效

FR-A700 变频器通过 Pr31～Pr32、Pr33～Pr34、Pr. 35～Pr.36 设定三个跳变区域，跳变频率可以设定为各区域的上点或下点，如图 3-36 所示。

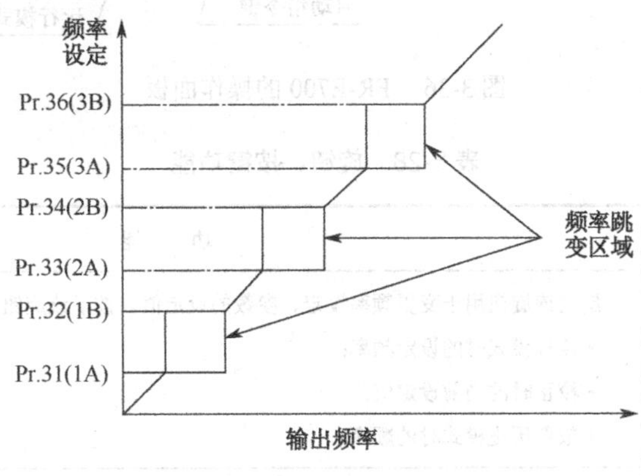

图 3-36　频率跳变

2. 频率跳变点

Pr.31 为“频率跳变 1A”；Pr.33 为“频率跳变 2A”；Pr.35 为“频率跳变 3A”，1A、2A 或 3A 的设定值为跳变点，变频器在频率跳变区域内以这个频率运行。

当不使用频率跳变功能时，Pr.31～Pr.36 应设定为 9999。

在加减速时，设定范围内的运行频率仍然有效。

任务实施

认识通用变频器（以三菱 FR-E700 系列变频器为例）

1．认识 FR-E700 系列变频器的操作面板

使用变频器之前，首先要熟悉它的面板显示和键盘操作单元（或称控制单元），并且按使用现场的要求合理设置参数。FR-E700 系列变频器的参数设置通常利用固定在其上的操作面板（不能拆下）来实现，也可以使用连接到变频器 PU 接口的参数单元（FR-PU07）来实现。使用操作面板可以进行运行方式、频率的设定，运行指令监视，参数设定、错误表示等。FR-E700 的操作面板如图 3-36 所示，其上半部为面板显示器，下半部为 M 旋钮和各种按键。它们的具体功能如表 3-28 和表 3-29 所示。

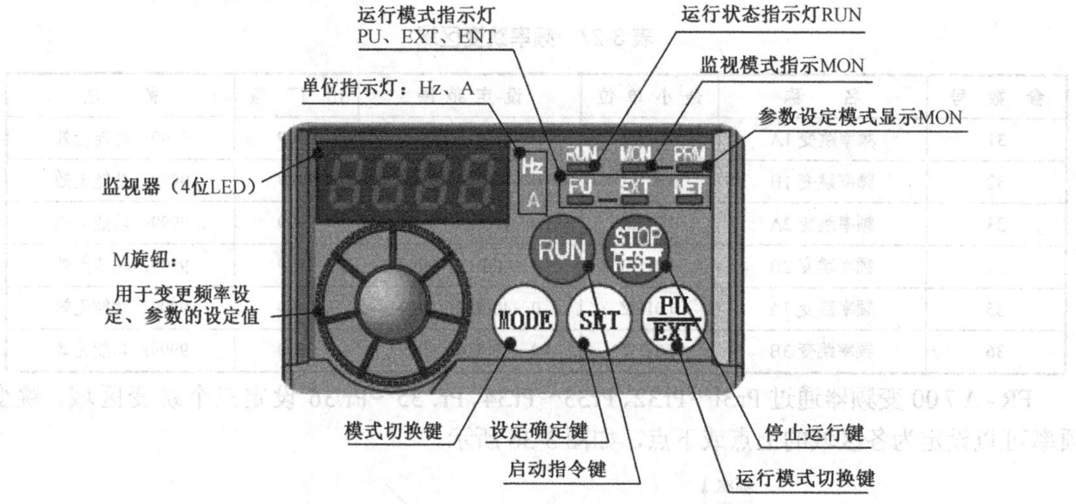

图 3-36　FR-E700 的操作面板

表 3-28　旋钮、按键功能

旋钮和按键	功　能
M 旋钮（三菱变频器旋钮）	旋动该旋钮用于变更频率设定、参数的设定值。按下该旋钮可显示以下内容： • 监视模式时的设定频率； • 校正时的当前设定值； • 报警历史模式时的顺序
模式切换键 MODE	用于切换各设定模式。和运行模式切换键同时按下也可以用来切换运行模式。长按此键（2s）可以锁定操作
设定确定键 SET	各设定的确定。此外，当运行中按此键则监视器出现以下显示： 运行频率 → 输出电流 → 输出电压 →（返回运行频率）

续表

旋钮和按键	功　能
运行模式切换键 PU/EXT	用于切换 PU / 外部运行模式。 使用外部运行模式（通过另接的频率设定电位器和启动信号启动的运行）时请按此键，使表示运行模式的 EXT 处于亮灯状态。 切换至组合模式时，可同时按 MODE 键 0.5s，或者变更参数 Pr.79
启动指令键 RUN	在 PU 模式下，按此键启动运行。 通过 Pr.40 的设定，可以选择旋转方向
停止运行键 STOP/RESET	在 PU 模式下，按此键停止运转。 保护功能（严重故障）生效时，也可以进行报警复位

表 3-29　运行状态显示

显　示	功　能
运行模式显示	PU：PU 运行模式时亮灯； EXT：外部运行模式时亮灯； NET：网络运行模式时亮灯
监视器（4 位 LED）	显示频率、参数编号等
监视数据单位显示	Hz：显示频率时亮灯；A：显示电流时亮灯 （显示电压时熄灯，显示设定频率监视时闪烁。）
运行状态显示 RUN	当变频器动作中亮灯或者闪烁，其中： 亮灯——正转运行中； 缓慢闪烁（1.4s 循环）——反转运行中。 下列情况下出现快速闪烁（0.2s 循环）： • 按键或输入启动指令都无法运行时； • 有启动指令，但频率指令在启动频率以下时； • 输入了 MRS 信号时
参数设定模式显示 PRM	参数设定模式时亮灯
监视器显示 MON	监视模式时亮灯

2. 连接变频器的主电路和控制电路

按图 3-37 所示接好变频器的主电路和控制回路。

3. 应用变频器控制电动机点动运行

（1）通过操作面板设定将 Pr.79 的值设置为 1，更改变频器的工作模式为面板操作模式。

（2）按下启动指令键 RUN，观察电动机的转动方向和转速。

（3）按 SET 键，观察监视器的变化。

（4）改变 Pr.79 的参数，观察电动机的转动方向。

（4）旋转旋钮，将频率设置为 60.00Hz，观察电动机的转速。

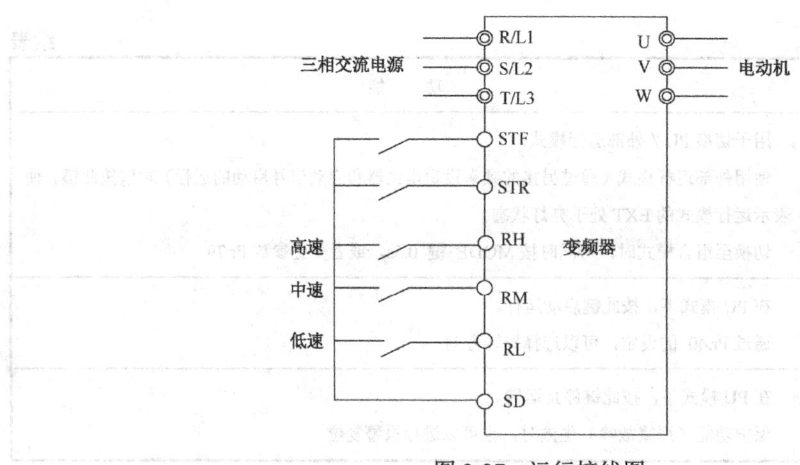

图 3-37　运行接线图

4．应用变频器控制电动机多段速度运行

（1）清除参数

用户在使用变频器前，应先清除以前设置的参数，使参数恢复出厂时设置时的值，避免对后面的调试造成影响。同时如果用户在参数调试过程中遇到问题，并且希望重新开始调试，也可用清除参数操作实现。即在 PU 运行模式下，设定 Pr.CL 参数清除、ALLC 参数全部清除均为“1”，可使参数恢复为初始值。（但如果设定 Pr.77 参数写入选择＝1，则无法清除。）

参数清除操作，需要在参数设定模式下，用 M 旋钮选择参数编号为 Pr.CL 和 ALLC，把它们的值均置为 1，按照如图 3-38 所示的步骤，清除变频器的参数。

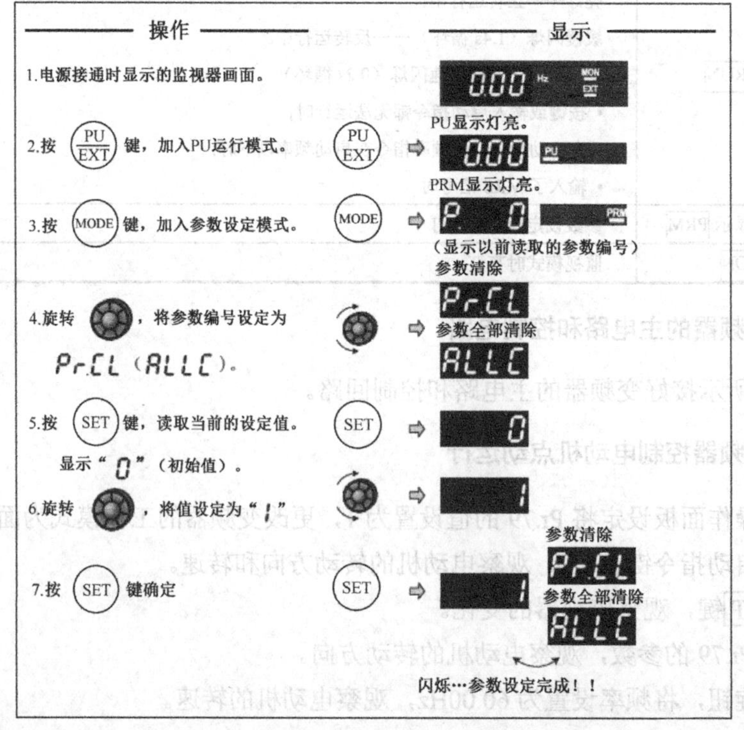

图 3-38　参数清除/参数全部清除的操作示意

（2）设置参数

图 3-39 是参数设定过程的一个例子，所完成的操作是把参数 Pr.1（上限频率）从出厂设定值 120.0Hz 变更为 50.0Hz，假定当前运行模式为外部/PU 切换模式（Pr.79=0），变频器正处于外部模式（EXT 灯亮）。按照图 3-39 的操作步骤将上限频率设为 50.0Hz。设置其他参数也基本相同，在这里不再列出。

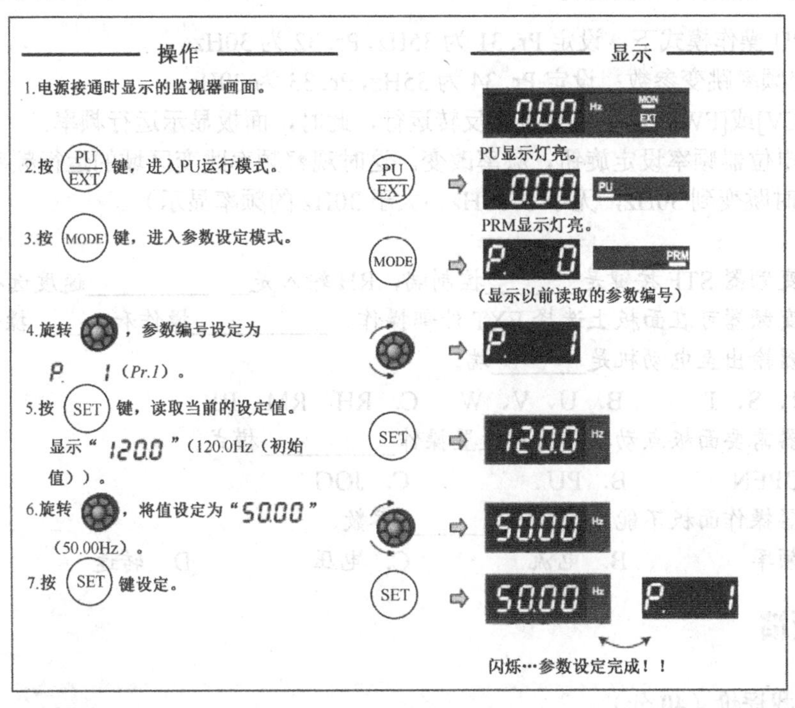

图 3-39 变更参数的设定值示例

（3）设定变频器参数

由任务的控制要求，在 PU 操作模式下设定变频器的基本参数、操作模式选择参数和多段速度设定等，相应参数设定如表 3-30 所示。

表 3-30 七段速度输出参数设定

参数名称	参数号	设定值
操作模式	Pr.79	3
上限频率	Pr.1	50Hz
下限频率	Pr.2	0Hz
基底频率	Pr.3	50Hz
加速时间	Pr.7	2.5s
减速时间	Pr.8	2.5s
电子过电流保护	Pr.9	电动机额定电流
多段速度设定（高速）	Pr.4	50Hz
多段速度设定（中速）	Pr.5	30Hz
多段速度设定（低速）	Pr.6	10Hz
第 4 段速度设定	Pr.24	15Hz
第 5 段速度设定	Pr.25	40Hz
第 6 段速度设定	Pr.26	25Hz
第 7 段速度设定	Pr.27	8Hz

（4）运行调试

闭合RH对应的开关，则电动机按第1段速度（50Hz）运转，合RH、RL，则电机按第5段速度（40Hz）运转，通过RH、RM、RL的不同组合，可以在7段速段下工作。观察七段频率下电动机的运行情况。

5．应用变频器频率跳变运行

（1）在PU操作模式下，设定Pr. 31为35Hz，Pr. 32为30Hz。

（2）设定频率跳变参数：设定Pr. 34为35Hz，Pr. 33为30Hz。

① 按[REV]或[FWD]，使电动机正反转运行，此时，面板显示运行频率。

② 转动电位器频率设定旋钮，频率改变。这时观察频率跳变区域的运行频率（运行频率显示到35Hz时跳变到30Hz，无小于35Hz、大于30Hz的频率显示）。

习题

1. 三菱变频器STF按键是________控制端，RH输入是____________速度选择端。
2. 三菱变频器可在面板上选择EXT外部操作、__________操作和______操作三种模式。
3. 变频器输出至电动机是________端。

   A. R、S、T　　B. U、V、W　　C. RH、RM、RL
4. 变频器需要面板点动操作时应设置操作__________模式。

   A. OPEN　　B. PU　　C. JOG
5. 变频器操作面板不能直接显示________参数。

   A. 频率　　B. 电流　　C. 电压　　D. 转速

评价反馈

（一）自我评价（40分）

先进行自我评价，把评分值记录于表3-32中。

表3-32　自我评价表

项目内容	配分	评分标准	扣分	得分
1. 实训准备	10分	掌握任务的相关知识，做好实训准备工作。 未能掌握相关知识，酌情扣3～5分。 未能做好实训准备工作，扣5分。		
2. 连接电路	20分	按照图示连接电路，检查电路。 电路连接有误，可酌情扣3～5分。 没有检查电路，扣5～10分。		
3. 参数设置	30分	正确设置变频器的参数。 参数设置有错，每次可酌情扣3～5分。		
4. 通电运行	20分	能正确下载、运行与调试电路，得满分。 操作失误，酌情扣5～10分。 不会进行下载、运行及调试，扣10～15分。		
5. 安全、文明操作	20分	1. 违反操作规程，产生不安全因素，可酌情扣7～10分。 2. 着装不规范，可酌情扣3～5分。 3. 迟到、早退、工作场地不清洁，每次扣1～2分。		
总评分=（1～5项总分）×40%				

签名：________________年___月___日

（二）小组评价（30分）

再由同一实训小组的同学指导结合自评的情况进行互评，同样把评分值记录于表3-33中。

表3-33 小组评价表

项目内容	配分	评分
1．实训记录与自我评价情况	20分	
2．对实训室规章制度的学习与掌握情况	20分	
3．相互帮助与协作能力	20分	
4．安全、质量意识与责任心	20分	
5．能否主动参与整理工具、器材与清洁场地	20分	
	总评分=（1～5项总分）×30%	

参加评价人员签名：__________ __________年__月__日

（三）教师评价（30分）

最后由指导教师结合自评与互评的结果进行综合评价，并把评价意见与评分值记录于表3-34中。

表3-34 教师评价表

教师总体评价意见：	
教师评分（30分）	
总评分=自我评分+小组评分+教师评分	

教师签名：__________ __________年__月__日

项目四

自动机与自动生产线安装与调试

任务1 认识自动机与自动生产线

任务目标

了解自动机与自动生产线的组成、功能和应用。

学习目标

应知：

（1）了解自动机与自动生产线的组成。

（2）了解自动生产线的分类及特点。

（3）了解自动生产的控制方式。

应会：

（1）通过观察自动生产线的运行，了解自动生产线生产、加工运行过程。

（2）培养沟通能力，建立小组合作的概念。

建议学时

建议完成本学习任务为6学时。

器材准备

本学习任务所需的通用设备、工具和器材如表4-1所示。

表4-1 通用设备、工具和器材明细表

序号	名称	型号	规格	单位	数量
1	自动生产线	亚龙YL-335B	如图4-1所示	台	1
2	万用表	MG-27型	0-10-50-250A、0-300-600V、0～300Ω	台	1
3	自动生产线拆装常用工具		双开扳手、内六角扳手、套装螺丝刀、钟表螺丝刀、剪管钳、斜嘴钳、剥线钳、压线鼻子钳等工具，如图4-2所示	套	1
4	机械零、配件		螺栓、螺钉、螺母、垫圈等		

图 4-1 YL-335B 外观图

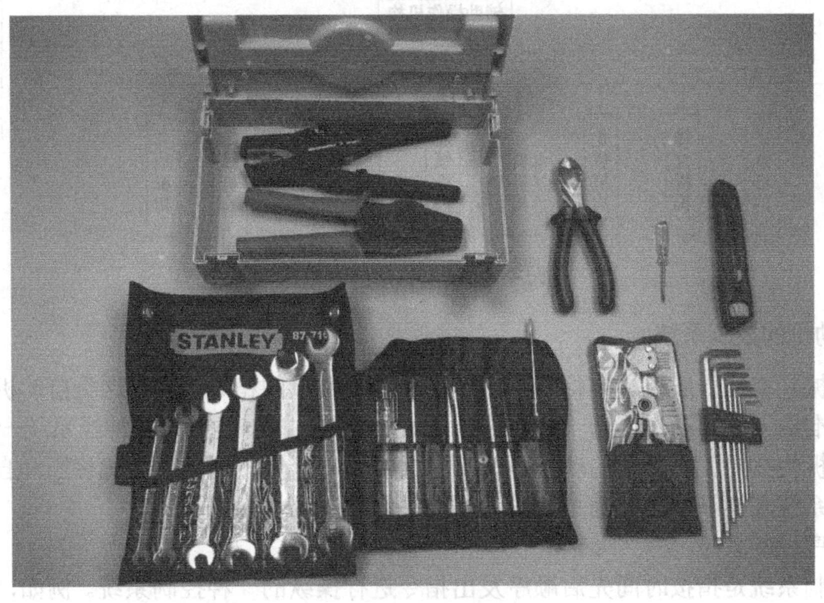

图 4-2 自动生产线拆装常用工具

相关知识

一、自动机与自动生产线的组成及选择

1. 自动机的组成

任何一台完整的现代化自动机械，一般应具备以下系统和装置。

（1）驱动系统。它是自动机的动力来源，可以是电动机驱动、液压驱动、气压驱动等。

（2）传动系统。它的功能是将动力和运动传递给各执行机构或辅助机构。

（3）执行机构。它是实现自动化操作与辅助操作的系统。

（4）检测装置。它的功能是对自动机动作的位置、行程、速度、力及介质的压力、流量进行检测并反馈给控制系统。

（5）控制系统。它的功能是控制自动机的驱动系统、传动系统、执行机构，将运动分配给各执行机构，使它们按时间、顺序协调动作，由此实现自动机的工艺职能，完成自动化生产。自动机的基本组成可由图4-3来概括。

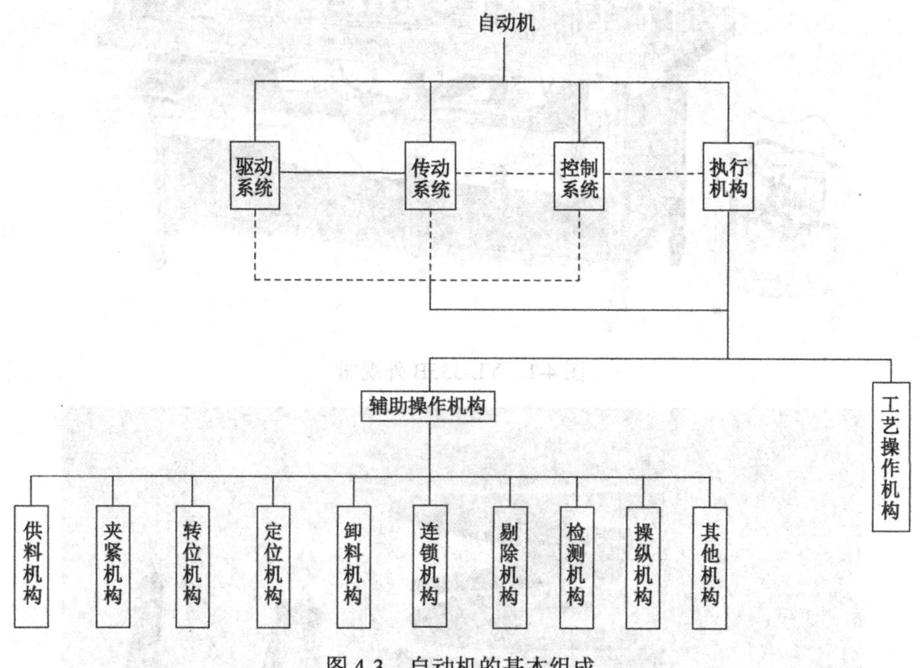

图4-3　自动机的基本组成

2．自动机的控制系统

自动机械具有比一般机械高得多的生产率和产品质量的稳定性。在这类自动机械中，保证整机各运动准确无误和动作协调一致的控制系统，始终发挥着类似人类神经系统一样的重要作用。各执行机构按照工艺要求的动作顺序、持续时间、计量、预警、故障诊断和自动维修等，都是由控制系统来操纵的。控制系统按动作顺序的控制可分为两类。

（1）时序控制系统

时序控制系统是指按时间先后顺序发出指令进行操纵的一种控制系统。例如，糖果包装机的送糖、送纸、折纸、扭纸、落糖等动作顺序，是靠凸轮分配轴来操纵的，这是一种纯机械式的时序控制系统。行列式制瓶机的二十多个动作的顺序，是靠协调转鼓和各种气动控制阀来操纵的，这是一种气动式的时序控制系统。此外还有液压式、电气式和数码电子式的时序控制系统在各种自动机上也得到广泛应用。例如数控机床、加工中心、数控塑料成型机等自动机械就是利用微处理器或微机和伺服电动机来控制自动机各机构顺序并协调动作，从而完成产品加工工艺的。

（2）行程控制系统

行程控制系统是按一个动作运行到规定位置的行程信号来控制下一个动作的一种控制系统。例如，包装机械中的装箱、封箱、贴条等动作，大多是由前一动作运行到动作终点位置时发出信号来实现控制的。然而，许多自动机械是兼有时序控制系统和行程控制系统的。

时序控制系统一般都是集中在一个地点发出指令的，如凸轮分配轴、转鼓或数字脉冲分配器等。用这种控制系统操纵的自动机械有以下优点。

① 能完成任意复杂的工作循环，各种信号都能通过凸轮的轮廓线或连杆机构尺寸参数的设计，来满足运动学或动力学的要求。

② 调整正常后，各执行机构不会互相干涉，分配轴即使转动不均匀，也不会影响各动作的顺序。

③ 能保证在规定时间内，严格可靠地完成工作循环，故特别适合于高速自动机械。

但是，它也存在以下一些缺点。

① 灵活性差。当产品更换时，可能要更改部分或全部凸轮机构，给制造、安装与调试带来较大困难。

② 一般缺乏检查执行机构动作完成与否的装置，没有完成时不能自动停机，故不够安全。有行程控制系统操纵的自动机械，就能克服上述时序控制系统的缺点。例如，某一执行机构运行到规定的位置，碰到该位置上的行程开关时，得到一个回答信号，作为启动下一个执行机构动作的指令，按照“命令—回答—命令”的方式进行控制，因而具有安全可靠的优点。一旦程序中途遭到破坏，就停留在事故发生的位置上，不会产生误动作。但是，用行程控制系统操纵的自动机械，由于动作持续时间较长，当第一个动作未全部完成时，第二个动作就不能开始，因而循环时间较长，不适合高速自动机械。

(3) PLC 控制系统

随着计算机技术的不断发展，PLC 技术在自动机上得到广泛地应用，PLC 有多种模块可根据自动机的不同需要而加以选配，大大简化了自动机的机械结构，通过修改 PLC 程序来改变自动机的动作，大大增加了自动机的柔性及提高了自动机的可靠性。

二、自动生产线的组成方式

自动生产线是在流水生产线的基础上发展起来的，它能进一步提高生产率和改善劳动条件，因此在轻工业生产中发展很快。人们把按轻工工艺路线排列的若干自动机械，用自动输送装置连成一个整体，并用控制系统按要求控制的、具有自动操纵产品的输送、加工、检测等综合能力的生产线称作自动生产线，简称自动线或生产线，如啤酒灌装自动线、纸板纸箱自动生产线、香皂自动成形包装生产线等。自动线的组成方式有以下几种形式。

1. 刚性自动线（或称同步自动线）

如图 4-4（a）所示，这种自动线中各自动机用运输系统和检测系统等联系起来，以一定的生产节拍进行工作。这种自动线的缺点是，当某一台自动机或个别机构发生故障时，将会引起整条线停止工作。

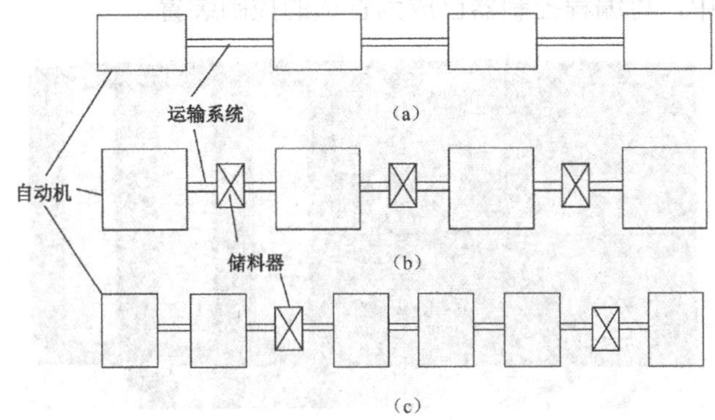

图 4-4 自动线的组合方式

2. 柔性自动线（或称非同步自动线）

如图 4-4（b）所示，这种自动线中各自动机之间增设了储料器。当后一工序的自动机出现故障停机时，前一道工序的自动机可照常工作，半成品送到储料器中储存；如前一道工序的自动机因故障停机，则由储料器供给所需半成品，使后面的自动机能继续工作下去。可见，柔性自动线比刚性自动线有较高的生产率。但是，储料器的增加，不但使投资加大，多占用场地，同时也增加了储料器本身出现故障的机会，因此，应全面考虑各方面因素，合理选用和设置自动线种类。

如图 4-4（c）所示，这种自动线中一部分自动机利用刚性（同步）连接，即把不容易出故障的相邻自动机按刚性连接，另一部分则采用柔性（非同步）连接。例如，灌装机与压盖机直接连接（同步）成灌装压盖机，而在故障率较高的自动机前后设置储料器（非同步）。

三、自动机与自动生产线的控制系统

自动机是以自动供料、自动加工、自动输送等环节相连接来进行连续作业的机器。组成自动机的各个环节都必须按规定的顺序动作且相互配合形成统一协调的生产系统。为此，必须有一个准确可靠的控制系统。控制系统的完善程度往往是自动机自动化水平的重要标志。

控制系统的核心是控制器，使被控参数按某一规律变化的装置称为控制器。因此控制器是对给定指令和检测信号进行逻辑处理的装置，相当于人的大脑，并能给出处理结果的执行情况。控制器也称调节器、数据处理装置或运算装置等。不同的控制器可以组成不同的控制系统：用气动控制器作为控制器组成的气动控制系统；用电动控制器作为控制器组成的电气控制系统；用可编程控制器等工控机作为控制器组成的控制系统是当今自动机与自动线设备最理想的控制系统；由凸轮分配轴构成的机械控制系统中，凸轮分配轴就是机械式控制器，由它控制的系统称为机械控制系统。目前自动机与自动生产线主要以可编程控制器为主，本书主要介绍可编程控制器。

可编程控制器（PLC）如图 4-5 所示。是目前在自动控制领域中使用最广泛的控制装置之一。它是以微处理器为基础，综合计算机技术与自动控制技术而发展起来的新一代工业控制器，具有逻辑判断、计数、定时、记忆、算术运算、数据处理、联网通信、PID 回路调节、人工智能等功能。PLC 以其优异的性能、低廉的价格和高可靠性等优点，在机器制造、冶金、化工、煤炭、汽车、纺织、食品等诸多行业的自动化储藏中得到广泛地应用。目前，可编程控制器、集散控制系统和工业控制计算机这三类自动化控制装置几乎占领了所有控制装置产品的市场。而在自动机与自动线中，可编程控制器已成为首选的控制装置。

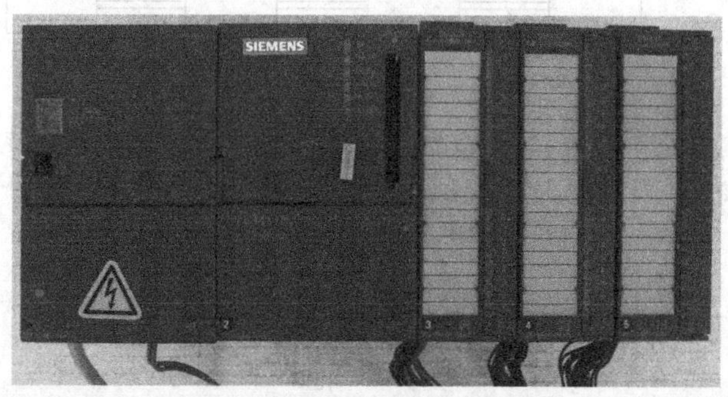

图 4-5　西门子 S-300 型 PLC

可编程控制器以体积小、功能强大而著称，它不但可以很容易地完成顺序逻辑、运动控制、定时控制、计数控制、数字运算、数据处理等功能，而且可以通过输入输出接口建立与各类生产机械数字量和模拟量的联系，从而实现生产过程的自动控制。特别是现在，由于信息、网络时代的到来，扩展了 PLC 的功能，使它具有很强的联网通信能力，从而更广泛地应用于众多行业。

（1）开关逻辑控制

它主要用于对自动机与自动线规定的逻辑动作控制，如自动机液压、气动动作控制、传动系统电动机及变频器控制等；用来进行顺序控制和程序控制，如传动系统、电梯控制、采矿带的运输等。总之，它可用于单机控制、多机控制和自动生产线的控制。

（2）顺序控制

顺序控制是 PLC 最基本、应用最广泛的领域。所谓的顺序控制，就是按照工艺流程的顺序，在控制信号的作用下，使得生产过程的各个执行机构自动地按照顺序动作。由于它还具有编程设计灵活、速度快、可靠性高、成本低、便于维护等优点，所以在实现单机控制、多机群控制、生产流程控制中可以完全取代传统的继电器-接触器控制系统。它主要是根据操作按钮、限位开关及其他现场给出的指令信号和传感器信号，控制机械运动部件进行相应的操作，从而达到了自动化生产线控制。其典型应用如在自动电梯的控制、管道上电磁阀的自动开启和关闭、皮带运输机的顺序启动等。

（3）闭环过程控制

以往对于过程控制的模拟量均采用硬件电路构成的 PID 模拟调节器来实现开、闭环控制。而现在完全可以采用 PLC 控制系统，选用模拟量控制模块，其功能由软件完成，系统的精度由位数决定，不受元件影响，因而可靠性更高，容易实现复杂的控制和先进的控制方法，可以同时控制多个控制回路和多个控制参数，如生产过程中的温度、流量、压力、速度等。给 PLC 配上 PID 调节控制、比例控制等过程控制软件后，能广泛应用于锅炉、酿酒、盒装牛奶包装、啤酒灌装、水处理等场合，并可用于闭环的位量控制和速度控制，如自动电焊机控制、连轧机的位置控制等。

（4）运动位置控制

PLC 可以支持数控机床的控制和管理，在机械加工行业，可编程控制器与计算机数控（CNC）集成在一起，用以完成机床的运动位置控制，它的功能是接受输入装置输入的加工信息，经处理与计算，发出相应的脉冲给驱动装置，通过步进电动机或伺服电动机，使机床按预定的轨道运动，以完成多轴伺服电动机的自控。目前已用于控制无心磨削、冲压、复杂零件分段冲裁、滚削、磨削等应用中。

（5）生产过程的监控和管理

PLC 可以通过通信接口与显示终端和打印机等外设相连。显示器作为人机界面（HMI）是一种内含微处理芯片的智能化设备，它与 PLC 相结合可取代电控柜上众多的控制按钮、选择开关、信号指示灯，及生产流程模拟屏和电控柜内大量的中间继电器和端子排。所有操作都可以在显示屏上的操作元件上进行。PLC 可以方便、快捷地对生产过程中的数据进行采集、处理，并可对要显示的参数以二进制、十进制、十六进制、ASCII 字符等方式进行显示。在显示画面上，通过图标的颜色变化反映现场设备的运行状态，如阀门的开与关，电动机的启动与停止，位置开关的状态等。PID 回路控制用数据、棒图等综合方法反映生产过程中量的变化，操作人员通过参数设定可进行参数调整，通过数据查询可查找任意时刻的数据记录，通过打印可保存相关的生产数据，为今后的生产管理和工艺参数的分析带来便利。

（6）网络特性

PLC可以实现多台PLC之间或多台PLC与一台计算机之间的通信联网要求，从而组成多级分布式控制系统，构成工厂自动化网络。

① 通过通信模块、上位机以及相应的软件来实现对控制系统的远距离监控。

② 通过调制解调器和公用电话网与远程客户端计算机相连，从而使管理者可通过电话线对控制系统进行远距离监控。

四、自动机与自动生产线应用举例

1. 应用1：自动加工生产线

自动加工生产线以亚龙 YL-335B 型自动生产线实训考核装备为例。该型自动生产线实训考核装备由安装在铝合金导轨式实训台上的供料单元、加工单元、装配单元、分拣单元和输送单元5个单元构成一个典型的自动生产线的机械平台，系统主要采用气动驱动、变频器驱动和伺服电动机位置控制等技术。每一个工作单元由一台PLC控制，各PLC之间通过RS485通信实现联机控制。

YL-335B各工作单元在实训台上的分布如图4-6的俯视图所示。

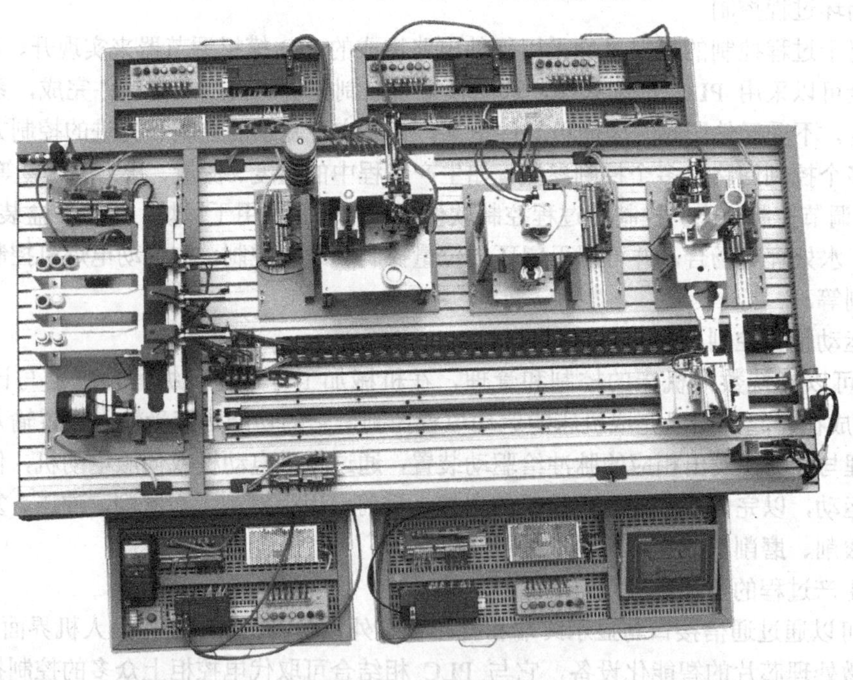

图4-6　YL-335B俯视图

各个单元的基本功能如下：

（1）供料单元的基本功能是将放置在料仓中待加工工件（原料）自动地推出到物料台上，以便输送单元的机械手将其抓取，向系统中的其他单元提供原料。供料单元如图4-7所示。

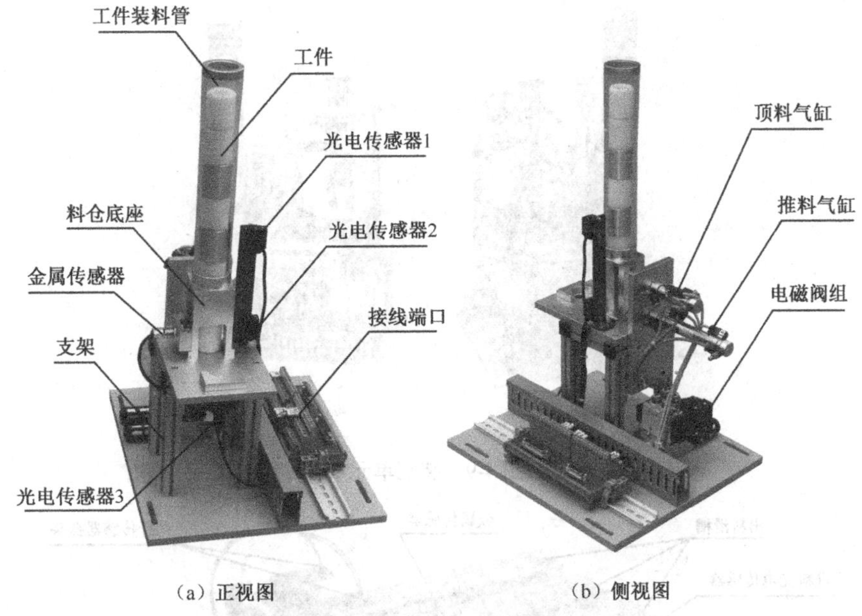

（a）正视图　（b）侧视图

图 4-7　供料单元

（2）加工单元的基本功能是将物料台上的工件（工件由输送单元的抓取机械手装置送来）送到冲压机构下面，完成一次冲压加工动作，然后再送回到物料台上，待输送单元的抓取机械手装置取出。加工单元如图 4-8 所示。

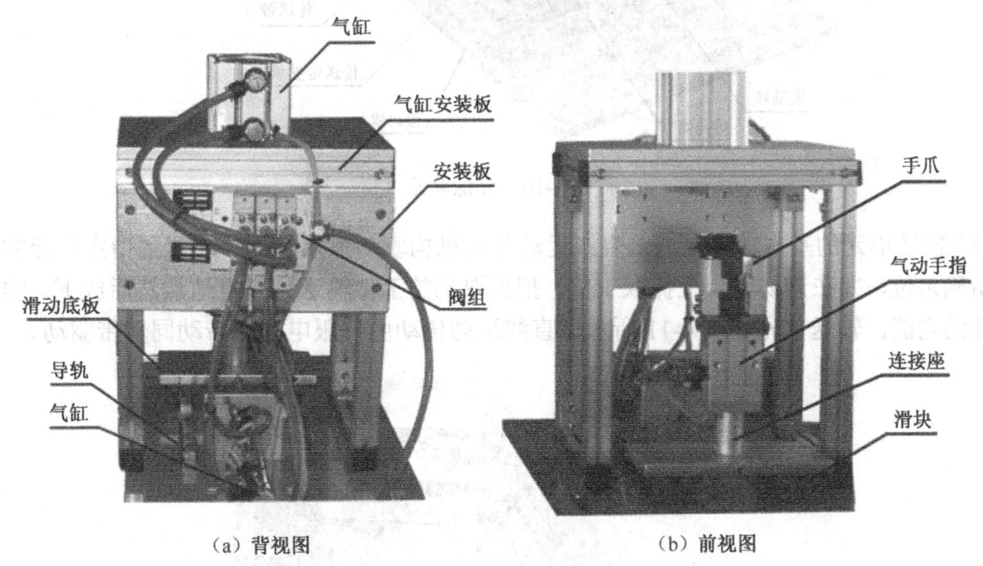

（a）背视图　（b）前视图

图 4-8　加工单元

（3）装配单元的基本功能是将该单元料仓内的金属、黑色或白色小圆柱零件嵌入到已加工的工件中的装配过程。装配单元如 4-9 所示。

（4）分拣单元的基本功能是将上一单元送来的已加工、装配的工件进行分拣，实现不同属性（颜色、材料等）的工件从不同的料槽分流的功能。分拣单元如图 4-10 所示。

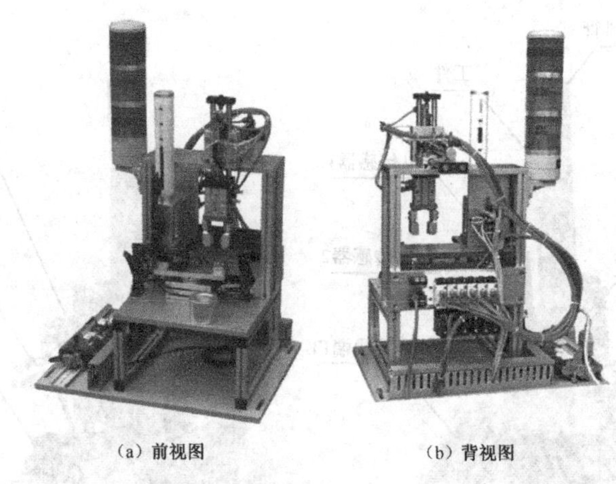
（a）前视图　　（b）背视图

图4-9　装配单元

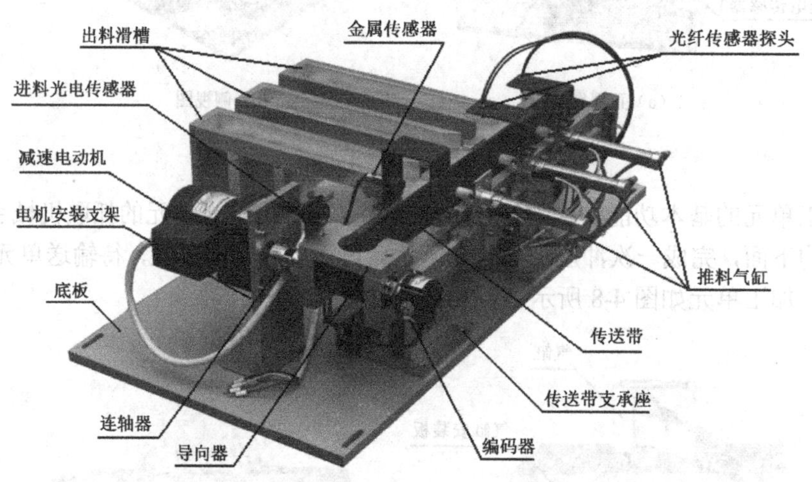

图4-10　分拣单元

（5）输送单元的基本功能是通过直线运动传动机构驱动抓取机械手装置到指定单元的物料台上精确定位，并在该物料台上抓取工件，把抓取到的工件输送到指定地点然后放下，实现传送工件的功能。输送单元如图4-11所示。直线运动传动由伺服电动机带动同步带驱动。

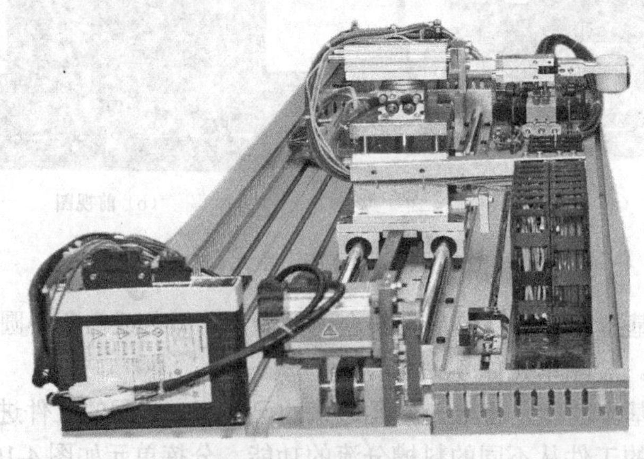

图4-11　输送单元

2. 应用 2：广州造纸厂 PM8 包装机

广州造纸厂八号机纸卷机是瑞典 WARTSILA 公司生产于 20 世纪 90 年代从芬兰移机引进的，主要作用是对生产好的新闻纸进行整卷包装。

（1）PM8 包装机主要技术性能和工艺参数

根据原瑞典制造厂设计图纸及广州造纸厂厂方所提出要求，确定 PM8 纸卷包装机的技术性能如下。

① 包装纸卷的品种：45～48.8/m^2 新闻纸。

② 包装纸卷的宽度：737、762、771、781、826、1524、1562（mm）7 种。

③ 包装纸卷的直径：600～1250mm。

④ 包装纸卷的重量：300～2000kg。

⑤ 包装能力：60 卷/小时。

⑥ 折边时间：2 种（按当前纸卷直径实测自动选择）。

⑦ 包装层数：2～4 层（操作台人工设定）。

⑧ 包装纸宽度：1～8 种（操作台人工设定）。

⑨ 喷胶宽度：分宽、窄两种（以 1200mm 实测宽度为分界自动选定）。

⑩ 封头温度调节范围：100～250℃（根据封头黏胶性能在控制柜面板上人工设定 4 种设定值由系统自动控制温度）。

⑪ 封头加热区：2 个（由当前纸卷直径以 1200mm 为分界自动选定）。

（2）包装机设备及工艺要求

纸卷包装过程分为提升、对中、包装、折边、封头 5 个工位和 7 个动作（除 5 个工位外，另增加回卷和落纸 2 个动作）。

纸卷包装过程：如图 4-12 箭头所示。

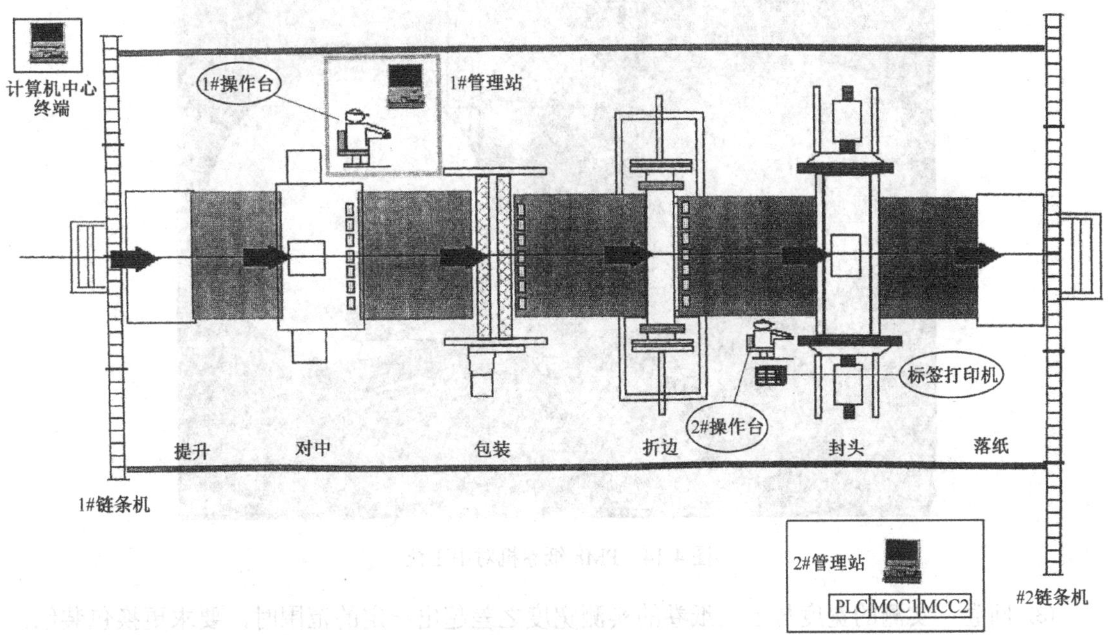

图 4-12　PM8 纸卷自动控制系统布置图

① 提升：提升工位如图 4-13 所示。纸卷从回卷、落纸之后，经#1 链条机到达包装机前指定位置，包装机通过提升机将纸卷提升到包装机的平台上进入包装工序。人工输入有关的纸卷数据。

图 4-13　PM8 纸卷机提升工位

② 对中：纸卷提升之后推入到对中工位，如图 4-14 所示。对中臂闭合，将纸卷置于包装机中线上，测量纸卷直径、宽度和重量。将有关数据喷到纸卷的端面上，打印出厂标签。

图 4-14　PM8 纸卷机对中工位

③ 回卷：实测的宽度与上次纸卷的实测宽度之差超出一定的范围时，要求更换包装纸。当前使用的包装纸头应回到回卷光电检测器上，并选择与本次纸卷宽度相对应的包装纸所在的站号，以便在包装时按本卷纸的宽度送下包装纸。

④ 包装：纸卷在完成对中工位要求后，推入到包装工位，包装机根据实测的宽度选择包装纸的宽度，根据实测的直径按所需的包装层数控制其包装过程（包括下纸、包卷、喷胶、切纸等动作）。

⑤ 折边：纸卷到达折边工位，纸卷机折边工位如图 4-15 所示。操作工将硬纸板放置在纸卷两端，折边机按端面形状将馕纸折叠成型，并推入封头工位。按实测的直径选择相应的折边时间。

图 4-15 PM8 纸卷机折边工位

⑥ 封头：封头工位如图 4-16 所示。在封头工位通过封头加温、加压、粘贴封头纸，人工贴上出厂标签。在#2 链式运输机允许的情况下，纸卷落下进入#2 链条机运往纸库。

（a）封头机外形

（b）纸卷封头状态

图 4-16 PM8 纸卷机封头工位

（3）PM8 系统组成

PM8 纸卷包装自动控制系统分三个主要系统：

① 包装过程控制系统。以 PLC 控制站（西门子 S-300）为核心，检测包装机所有行程开关、传感器的信号、控制电磁阀和电动机的动作，按照纸卷包装的工艺流程，完成对整个包装过程的控制。

② 包装过程实时监控系统。实时显示包装机所有行程开关状态，实时显示各个传感器（直径、宽度、温度）检测数据。

内容包括：实时显示纸卷所在位置；接受人工输入的纸卷数据；控制喷码机工作，在“确认”之后自动喷码；接收并显示电子秤称重数据，便于操作员“确认”；实现“确认”“重测”“通过”的计算机操作；传送纸卷数据到#2 管理站。

③ 纸卷数据管理系统。内容包括：对#1 管理站传来的纸卷数据进行存储、管理、查询、统计和打印日、班、月、年报表；根据纸卷数据打印出厂标签；传送纸卷数据到厂部计算中心。

（4）自动控制系统的连接

PM8 纸卷包装自动控制系统组成如图 4-17 所示。

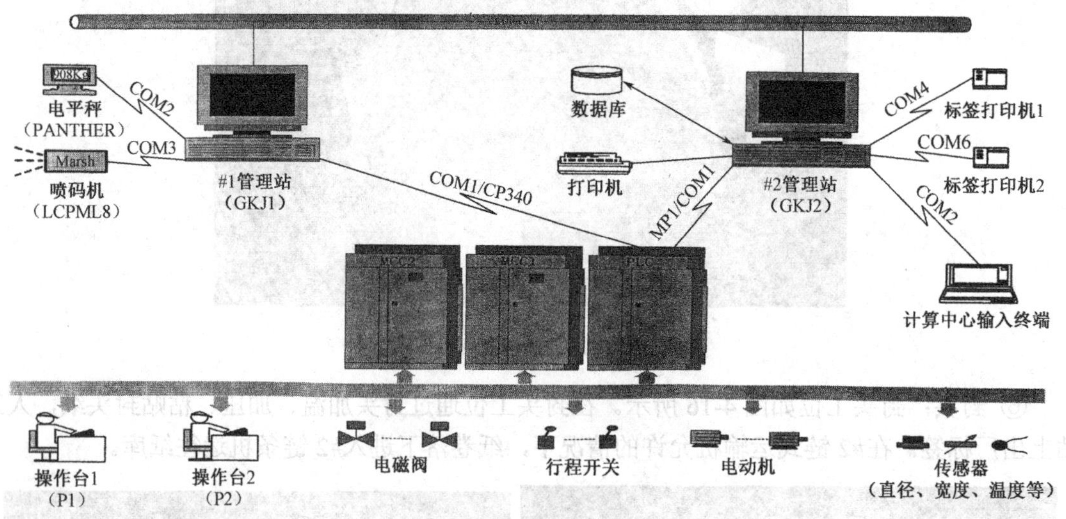

图 4-17　PM8 纸卷包装自动控制系统组成

① 三个电气控制柜（MCC1、MCC2、PLC）与现场 2 个操作台、78 个电磁阀、64 个行程开关以及测径、测宽、封头、测温传感器及 9 台电动机相连。传送现场各传感器状态，控制电动机和电磁阀的动作。PLC 控制站通过站内的 CP340 通信模板与#1 管理站的标准串口 COM1 相连，将包装机现场各行程开关、电磁阀的实时状态及各传感器的检测数据，通过自动化控制软件显示出来，同时将“确认”“重测”“通过”操作命令传给 PLC 控制站。

② PLC 控制站通过通信适配器 MP1 与#2 管理站的标准串口 COM1 相连，对包装机的控制逻辑进行修改、下装和在线监视。

③ #1 管理站通过机内多串口卡 COM2 与电子秤相连，通过其接口程序将纸卷的称重重量数据传给#1 管理站并显示出来。

④ #1 管理站通过机内多串口卡 COM3 与喷码机相连，通过其接口程序控制喷码机喷码。

⑤ #1 管理站与#2 管理站通过以太网网卡相连，传送纸卷数据。

⑥#2 管理站通过机内多串口卡 COM3 和 COM6 与两台标签打印机相连，打印出厂标签。

⑦ #2 管理站通过标准串口 COM2 与厂部计算中心终端相连。

⑧ #2 管理站通过并行口与报表打印机相连。

（5）PM8 纸卷包装自动控制系统软件组成

为了便于监控生产线的运行过程，主要装有两种软件进行现场监控。

① PLC 编程软件（SIMATIC STEP7 4.2 版），STEP7 是用于 SIMATIC 可编逻辑控制器的组态和编程的标准软件包，是 SIMATIC 工业软件的组成部分。

其主要用途是包装过程控制逻辑设计、修改，并在线监视全系统运行过程，以及诊断设备故障等。

② 自动化控制软件 FIX7.0，用于包装过程监控。FIX7.0 主画面内容如图 4-18 所示。

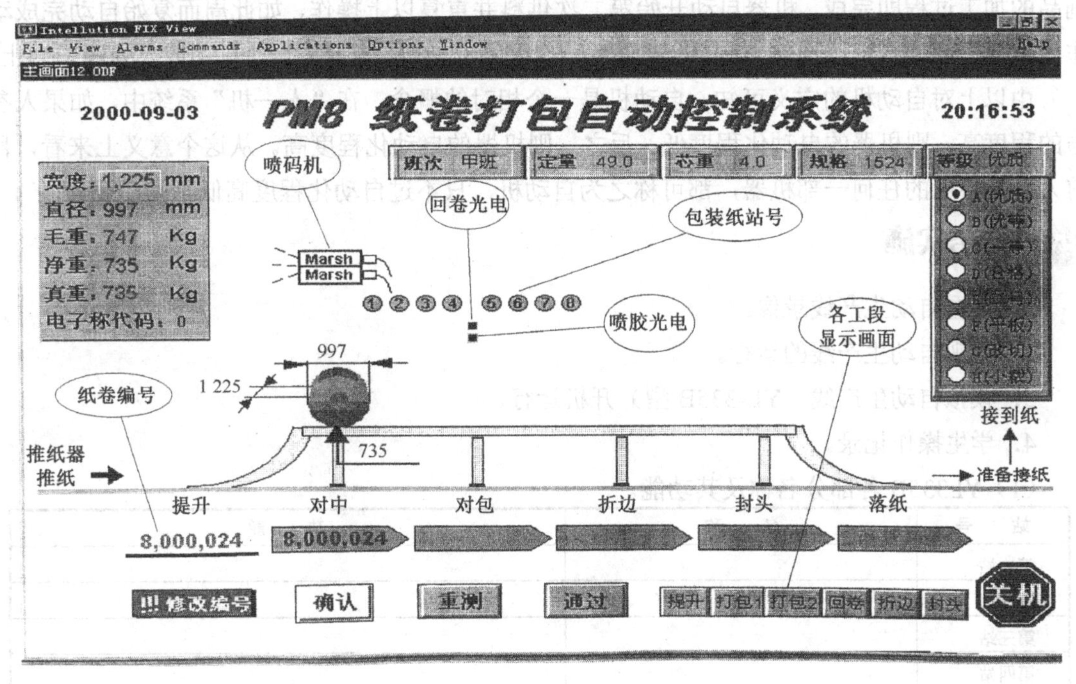

图 4-18　纸卷包装自动控制系统主画面

纸卷参数输入时只需在主画面中操作员根据质检员提供的纸卷数据，采用选择方式输入纸卷的定量、规格、等级及当前的班次。点动“修改编号”可输入任意合理的纸卷编号。每包装增加一个纸卷，编号自动“+1”。其余与电脑操作相类似，自动完成各个步骤。人工操作只需在“折边”和“封头”两个操作步骤把所需端面的封口纸放到指定的位置，就可自动完成各项操作。

该生产线为机电一体的全自动生产线，纸卷从提升到落纸，只需工人少数的几个简易操作，就可完成包装的各个工序。

五、自动生产线的特点

通过上述两个举例，初步了解了自动机与自动生产线的工作过程，由于在制品的物性、加工要求、加工工艺以及所用机器的功能、结构的不同，并非所有机器在加工中都要执行上述步骤；在这些步骤中，有些动作需要人来完成，有些动作靠机器来完成，人尽可能少地参与上述动作，这是人类设计机器所追求的目标。当一部机器在工作过程中几乎没有人参与，显然这样的机器就实现了“自动化”。由此，在没有操作人员直接参与下，组成机器的各个机构（装置）能自动实现协调动作，在规定的时间内完成规定动作循环的机器可称为自动机。所谓操作人员不直接参与，是指除定期成批供料外，其余动作不需要人工操作。在每个工作班的开始或每次进行调整后，首先由人工将加工所需要的物料（毛坯、半成品或成品等）成批地装入贮料装置中；启动机器后供料装置自动将工艺加工所要求的物品（按照规定的数量、时间甚至方向等）送至上料工位；工具或物品自动夹紧、自动引进、自动开始加工；加工完成后，工具或物品自动退出、自动松开制品；再靠物品自重或通过卸料装置卸下成品，并送至指定地点，此时一个制品的加工过程即完成。机器自动开始第二次供料并重复以上操作，如此周而复始自动完成动作循环并周期地或连续地输出制品，直至下一次因停班、调整或因故障而自动或人为停车为止。

由以上对自动机的定义可知，自动机是一个相对的概念，在“人—机”系统中，如果人参与的程度高，则机器的自动化程度低；反之，则机器的自动化程度高。从这个意义上来看，目前人类所使用的任何一部机器，都可称之为自动机，只不过自动化程度高低不同而已。

任务实施

1．观看自动生产线录像。

2．参观自动生产线的运行。

3．模拟自动生产线（YL-335B型）开机运行。

4．学生操作记录。

（1）YL335B各部分名称及其功能。

站　号	名　称	功　能
第一站		
第二站		
第三站		
第四站		
第五站		

（2）模拟运行自动生产线，分析其动作过程及其功能。

第一站：

第二站：

第三站：

第四站：

第五站：

习题

1. 自动机与自动生产线由哪些部分组成？
2. 可编程控制器具有什么特点？具有什么功能？
3. 观察模拟自动生产线，分析自动生产线由哪些单元组成？各单元具有什么功能？
4. 观察模拟自动生产线，分析每个单元的动作过程，说明每个动作的功能。

评价反馈

（一）自我评价（40分）

先进行自我评价，评分值记录于表4-2中。

表4-2 自我评价表

项目内容	配 分	评分标准	扣分	得分
1. 准备	10分	观看自动生产线录像，了解自动生产线运行。		
2. 运行	20分	自动生产线按正常运行模式，进行全机、单机自动运行。运行操作错误，每台机扣2～3分。		
3. 操作过程	20分	通电启动顺序正确。出错每处可酌情扣2～3分。		
4. 记录数据	30分	按照单机运行模式，将每台机每个动作顺序记录。各工作单元驱动方式。出错每处可酌情扣2～3分。		
5. 安全、文明操作	20分	1. 违反操作规程，产生不安全因素，可酌情扣7～10分。 2. 着装不规范，可酌情扣3～5分。 3. 迟到、早退、工作场地不清洁，每次扣1～2分。		
			总评分=（1～5项总分）×40%	

签名：________ ______年__月__日

（二）小组评价（30分）

再由同一实训小组的同学结合自评的情况进行互评，同样将评分值记录于表4-3中。

表4-3 小组评价表

项目内容	配 分	评 分
1. 实训记录与自我评价情况	20分	
2. 对实训室规章制度的学习与掌握情况	20分	
3. 相互帮助与协作能力	20分	
4. 安全、质量意识与责任心	20分	
5. 能否主动参与整理工具、器材与清洁场地	20分	
	总评分=（1～5项总分）×30%	

参加评价人员签名：________ ______年__月__日

（三）教师评价（30分）

最后由指导教师结合自评与互评的结果进行综合评价，并将评价意见与评分值记录于表4-4中。

表 4-4　教师评价表

教师总体评价意见：	
教师评分（30 分）	
总评分=自我评分+小组评分+教师评分	

教师签名：＿＿＿＿＿＿＿＿＿＿＿＿年＿＿月＿＿日

知识拓展

一、自动化制造系统定义

自动化制造系统是指在较少的人工直接或间接干预下，将原材料加工成零件或将零件组装成产品，在加工过程中实现管理过程和工艺过程自动化。管理过程包括产品的优化设计；程序的编制及工艺的生成；设备的组织及协调；材料的计划与分配；环境的监控等。工艺过程包括工件的装卸、储存和输送；刀具的装配、调整、输送和更换；工件的切削加工、排屑、清洗和测量；切屑的输送、切削液的净化处理等。

二、制造自动化的意义

过去，人们将制造自动化理解为以机械的动作代替人力操作，自动地完成特定的作业，这实质上是指用自动化代替人的体力劳动。随着电子和信息技术的发展，特别是随着计算机的出现和广泛应用，制造自动化的概念已扩展为用机器（包括计算机）不仅代替人的体力劳动而且还代替或辅助人的脑力劳动，以自动地完成特定的作业。

今天，制造自动化已远远突破了上述传统的概念，具有更加宽广和深刻的含义。制造自动化的含义至少包括以下几方面。

1．在形式方面

制造自动化包括三个方面的含义：

（1）代替人的体力劳动；

（2）代替或辅助人的脑力劳动；

（3）制造系统中人、机器及整个系统的协调、管理、控制和优化。

2．在功能方面

制造自动化代替人的体力劳动或脑力劳动仅仅是制造自动化系统功能的一部分。制造自动化的功能是多方面的，已形成一个有机体系，可以用一个简称为 TQCSE 的模型来表示，其中 T 表示时间（time），Q 表示质量（quality），C 表示成本（cost），S 表示服务（service），E 表示环境友善性（environment）。

TQCSE 模型中的 T 有两方面的含义，一是指采用自动化技术，能缩短产品制造周期，产品上市快；二是提高生产率。Q 的含义是采用自动化系统，能提高和保证产品质量。C 的含义是采用自动化技术能有效地降低成本，提高经济效益。S 也有两方面的含义，一是利用自动化技术，更好地做好市场服务工作；二是利用自动化技术，替代或减轻制造人员的体力和脑力劳动，直接为制造人员服务。E 的含义是制造自动化应该有利于充分利用资源，减少废弃物和环境污染，有利于实现绿色制造。上述 TQCSE 模型还表明，T、Q、C、S、E 是相互关联的，它们构成了一个制造自动化功能目标的有机体系。

3. 在范围方面

制造自动化不仅涉及具体生产制造过程，而且涉及产品生命周期的所有过程。

正因为制造的范围非常广，各种产品的制造过程按工艺性质的区别又可以分为机械加工、装配、检测、包装等各种工序，因此制造自动化又包括机械加工自动化、装配自动化、包装自动化等各种门类。

根据制造行业工艺性质的区别，不同的产品制造行业其制造自动化有其各自的特点。例如，机械加工、机床、汽车、五金等行业主要为机械加工自动化；电子制造、仪表、电器等行业主要为装配自动化；医药、食品、轻工等行业主要为包装自动化，等等。

实际上许多产品的制造过程同时包括了加工、装配、检测、包装等多种工序，只是在不同的行业中上述工序各有侧重而已，而且实际上上述各种工序是互相联系的。其中装配自动化是整个制造自动化的核心内容，它是其他自动化制造过程的重要基础，只要熟悉了装配自动化，其他的自动化制造过程也就比较容易了。

三、制造自动化的优点

为了说明制造自动化的优点，下面以一个典型的工程实例对比来阐述制造自动化替代人工生产的意义。在工程上很多产品都大量采用各种热塑性塑料制品，热塑性塑料制品的加工方法为注塑成型，通过注塑机及塑料模具将塑料颗粒原料注塑成所需要的工件。早期的注塑方法是注塑完成、模具分型后，由人工打开注塑机安全门，将成型后的塑料工件从模具中取出，然后再人工关上机器安全门，机器开始第二次注塑循环。目前国内大部分企业仍然采用这种简单的人工操作生产方式。

另一种更先进的生产方式为自动化生产：在注塑机上方配套安装专门的自动取料机械手，注塑完成、模具分型后，由机械手自动将塑料件从模具中取出，然后开始第二次注塑循环，安全门也不需要打开，自动取料机械手的动作与注塑机的注塑循环通过控制系统连接为一个整体。国外企业早已采用这种自动化生产方式；在国内，目前沿海地区已经有相当部分的企业（主要为外资企业）采用了这种自动化生产方式。上述两种生产方式有哪些区别呢？

1. 人工取料方式的缺陷

（1）操作危险。一旦发生意外（如人手未离开模具即合模），将会发生伤残事故。

（2）影响产品质量。由于人工取料不能保证与注塑生产的节拍完全一致，而注塑节拍对塑料件的尺寸精度影响较大。

（3）限制了生产效率。注塑机为贵重设备，由于人工取料速度慢，降低了设备的利用率。

2. 自动取料的优点

（1）将工人从危险、高强度的劳动中解脱出来，减少了工人的使用数量。

（2）能严格保证产品的质量。由于采用机械手自动取料能严格保证与注塑节拍一致，因而能保证产品质量的一致性、稳定性，使生产稳定进行。

（3）生产效率高。机械手自动化取料速度快，单位时间内设备生产出的产品数量明显高于人工取料，提高了设备的利用率。

3．手工操作生产与自动化制造的特点

（1）手工操作生产的缺陷

制造业的实践表明，人工生产一般情况下存在以下明显的缺陷。

① 产品质量的重复性、一致性差。在大批量生产条件下，在产品的装配过程中如果质量的重复性、一致性差，则产品的质量特性分散范围大。由于生产工人的情绪、注意力、环境影响、体力、个人技能与体能的差异等因素，不同的生产者、不同批次生产出的产品质量特性可能会出现较大的差异，难以达到较高的质量标准。

② 产品的精度较低。手工装配产品的精度由于受人工本身条件的限制，难以达到较高的精度水平，部分精度要求较高的工作依靠人工难以完成。

③ 劳动生产率低。手工生产产品的生产率由于受人工本身条件的限制，难以达到较高的生产水平。

（2）机器自动化生产的优点

自动化制造的工程实践证明，机器自动化生产具有以下手工生产所不具备的优点。

① 大幅提高劳动生产率。机器自动化生产能够大幅提高生产效率及劳动生产率，也就是单位时间内能够制造更多的产品，每个劳动力的投入能够创造更高的产值；而且可以将劳动者从常规的手工劳动中解脱出来，转而从事更有创造性的工作。

② 产品质量具有高度重复性、一致性。由于机器自动化生产中，装配或加工过程的每一个动作都是机械式的固定动作，各种机构的位置、工作状态等都具有相当的稳定性，不受外部条件的影响，因而能保证装配或加工过程的高度重复性、一致性。同时，机器自动化生产能够大幅降低不合格品率。

③ 产品精度高。由于在机器设备上采用了各种高精度的导向、定位、进给、调整、检测、视觉系统或部件，因而可以保证产品装配生产的高精度。

④ 大幅降低制造成本。机器自动化装配生产的节拍很短，可以达到较高的生产率，同时机器可以连续运行，因而在大批量生产的条件下能大幅降低制造成本。但自动化生产的初期投入较大，如果批量不大，使用自动机械的生产成本则较高，因此自动机械一般都使用在大批量生产的场合。

⑤ 缩短制造周期，减少在制品数量。机器自动化生产使产品的制造周期缩短，能够使企业实现快速交货，提高企业在市场上的竞争力，同时还可以降低原材料及在制品的数量，降低流动资金成本。

⑥ 在对人体有害、危险的环境下替代人工操作。在各种工业环境中，有一部分环境是有害的，如粉尘、有害有毒气体、放射性等，也有部分环境是人类无法适应的，如高洁净的环境、严格的温度、湿度、高强度、高温、水下、真空等，上述环境下的工作更适合由机器来完成。

⑦ 部分情况下只能依靠机器自动化生产。目前，市场上的产品越来越小型化、微型化，零件的尺寸大幅度减小，各种微机电系统（MEMS）迅速发展，这些微型机构、微型传感器、微型执行器等产品的制造与装配只能依靠机器来实现。

正因为机器自动化生产所具有的高质量及高度一致性、高生产率、低成本、快速制造等各种优越性，制造自动化已经成为今后主流的生产模式，尤其是在目前全球经济一体化的环境下，要有效地参与国际竞争，必须具有一流的生产工艺和生产装备。制造自动化已经成为企业提高产品质量、参与国际市场竞争的必要条件，制造自动化是制造业发展的必然趋势。

（3）人与机器的相互协调

虽然制造自动化是制造业目前和今后的必然发展趋势，但人工生产的不足与机器自动化生产的优势是相对的，这并不是说人工生产一概不好或机器自动化生产一定都好。机器虽然具有高效率、高精度等一系列优势，但只具备有限的柔性和一定的逻辑推理能力，而人具有很高的柔性和卓越的思维预测能力，因此在追求制造高度自动化的同时，仍然离不开人类的独特作用，机器的使用过程需要与人类的智力相结合，人与机器相辅相成。

工程经验也表明，在很多情况下，人工操作与机器自动化生产并存的混合模式恰恰是一种最经济的生产模式。在部分情况下，例如在自动化装配中，某些零件的形状不适合采用自动化装置自动送料，或者说，即使要实现自动化送料，相关的装置在结构上会非常复杂、成本特别高，在此情况下就可考虑采用人工送料，如果一味要实现制造自动化，可能设计制造自动机械的成本会非常高，而采用人工来完成部分或全部工作，既不会存在质量方面的困难，成本又非常低廉。

任务 2 安装自动生产线供料单元的气动回路

任务目标

了解自动机与自动生产线的气动控制系统的组成及其功能。

学习目标

应知：

（1）掌握气动系统的组成及常用气动元件的应用。

（2）了解自动生产线供料单元气动元件的名称及在系统中的作用。

（3）掌握气动控制回路的构成及工作原理。

应会：

（1）会安装双作用气缸控制回路。

（2）掌握气动回路各控制元件的功能和基本的调试方法。

（3）维护气动控制系统。

建议学时

建议完成本学习任务为 6 学时。

器材准备

本学习任务所需的通用设备、工具和器材如表 4-5 所示。

表 4-5 通用设备、工具和器材明细表

序号	名 称	型 号	规 格	单位	数量
1	自动生产线	亚龙 YL-335B	如图 4-1 所示	台	1
2	万用表	MG-27 型	0-10-50-250A、0-300-600V、0～300Ω	台	1
3	自动生产线拆装常用工具		双开扳手、内六角扳手、套装螺丝刀、钟表螺丝刀、剪管钳、斜嘴钳、剥线钳、压线鼻子钳等工具，如图 4-2 所示	套	1
4	机械零、配件		螺栓、螺钉、螺母、垫圈等		

相关知识

一、供料单元基本结构和工作过程

供料单元的主要结构如图 4-19 所示，主要由工件装料管、工件推出装置、支撑架、阀组等组成。

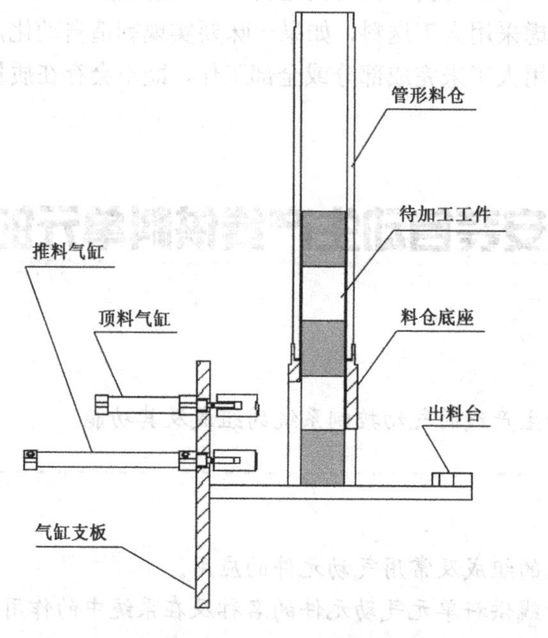

图 4-19 供料单元结构

管形料仓和工件推出装置用于储存工件原料，并在需要时将料仓中最下层的工件推出到出料台上。它主要由管形料仓、推料气缸、顶料气缸、磁感应接近开关、漫射式光电传感器组成。

该部分的工作原理是：工件垂直叠放在料仓中，推料气缸处于料仓的底层并且其活塞杆可从料仓的底部通过。当活塞杆在退回位置时，它与最下层工件处于同一水平位置，而顶料气缸则与次下层工件处于同一水平位置。在需要将工件推出到物料台上时，首先使夹紧气缸的活塞杆推出，压住次下层工件；然后使推料气缸活塞杆推出，从而把最下层工件推到物料台上。在推料气缸返回并从料仓底部抽出后，再使夹紧气缸返回，松开次下层工件。这样，料仓中的工件在重力的作用下，就自动向下移动一个工件，为下一次推出工件做好准备。

二、气动传动系统相关知识点

气动系统是以压缩空气为工作介质，利用空气压缩机将原动机输出的机械能转变为空气的压力能，在控制元件的控制下，通过执行元件把压力能转变为机械能，从而完成直线或回转运动并对外做功。

气压系统除工作介质外，一般由气源装置、控制元件、执行元件、辅助元件四个部分组成。

1. 气源装置

气源装置用于将原动机输出的机械能转变为空气的压力能，其主要设备是空气压缩机。

2. 执行元件

执行元件是将空气的压力能转变为机械能的能量转换装置。

3. 控制元件

控制元件用于控制压缩空气的压力、流量和流动方向，以保证执行元件具有一定的输出力和速度。

4. 辅助元件

辅助元件是保证空气系统正常工作的装置，如管件、过滤器、干燥器、消声器和油雾器等。

三、认识气源装置

1. 空气压缩机

气源装置是为气动设备提供满足要求的压缩空气动力源。空气压缩机是产生空气动力源的器件，它的主要结构如图 4-20 所示。

图 4-20　空气压缩机元件

2. 气源处理装置

从空压机输出的压缩空气中含有大量的水分、油分和粉尘等污染物，质量不良的压缩空气是气动系统出现故障的最主要因素，它会使气动系统的可靠性和使用寿命大大降低。因此，压缩空气进入气动系统前应进行必要的气源处理，适当清除其中的污染物。

（1）三联件气源处理装置

工业上的气动系统，常常使用组合起来的气动三联件作为气源处理装置。气动三联件组件及其回路原理图如图 4-21 所示，它由空气过滤器、减压阀和油雾器组成。

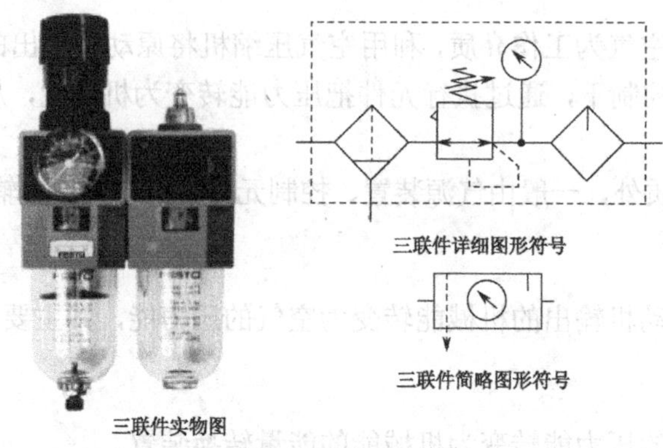

图 4-21　气动三联件组件及其回路原理图

每个元件在系统中的作用是：

① 空气过滤器主要用于滤除压缩空气中的水分、油滴以及杂质，以达到启动系统所需要的净化程度，属于二次过滤器。

② 减压阀主要用来调节或控制气压的变化，并保持降压后的压力值固定在需要的值上。

③ 油雾器的作用是把润滑油雾化后，经压缩空气携带进入系统各润滑油部位，满足润滑的需要。

（2）二联件气源处理装置

在某些场合对压缩空气还要有特殊的要求——不含油气，那么在气源处理中就不能加入油雾器，这时只能把空气过滤器和减压阀组合在一起，即气动二联件，组件及其回路原理图如图 4-22 所示。

过滤、调压二联件由过滤器、压力表、截止阀和快插接口组成。过滤器可以除去压缩空气中的冷凝水、颗粒较大的固态杂质和油滴。过滤器底部有排水孔，当水位达到滤芯下方之前必须排出，以免被重新吸入。减压阀可以控制系统中的工作压力，同时能对压力的波动做出补偿。滤杯带有手动排水阀。

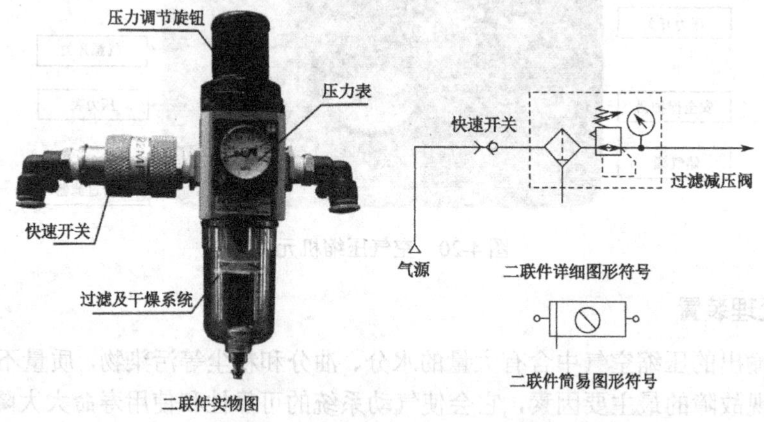

图 4-22　气动二联件组件及其回路原理图

（3）快速气路开关

气源处理装置安装一个快速气路开关，用于启/闭气源。

（4）压力调节旋钮

调节压力时，把气动组件的压力调节旋钮向上拉起再旋转，转钮向右旋转为调高出口压力，向左旋转为调低出口压力，调整压力后把压力调节旋钮压下为定位。调节压力时应逐步均匀地调至所需压力值，不应一步调节到位。

小提示：在国际单位制中，压力的单位是帕斯卡（简称帕，Pa）。由于帕的单位太小，计量不方便，通常采用兆帕（MPa）或巴（bar）。帕或巴之间的换算关系如下：

$$1\text{bar}=10^5\text{Pa}=0.1\text{MPa}$$

空气压缩机提供的压力为 0.6～1.0MPa（6～10bar），工业系统使用的压力为 0.6～0.8MPa（6～8bar），调试设备时压力设定为 0.5～0.6MPa（5～6bar）。

四、认识气动执行元件

气动系统常用的执行元件有气缸和气动马达。气缸可以实现直线运动，输出力和速度。

1. 普通气缸分类

在结构上只有一个活塞和一个气缸杆的气缸称为普通气缸，可分为单作用气缸和双作用气缸。只有一个方向受气压控制而另一个方向依靠复位弹簧或外力实现复位的气缸称为单作用气缸，两个方向上都受气压控制的气缸称为双作用气缸。

2. 基本结构

图 4-23 所示为单活塞杆双作用气缸的结构原理图。图 4-24 所示为单活塞杆单作用气缸的结构原理图。

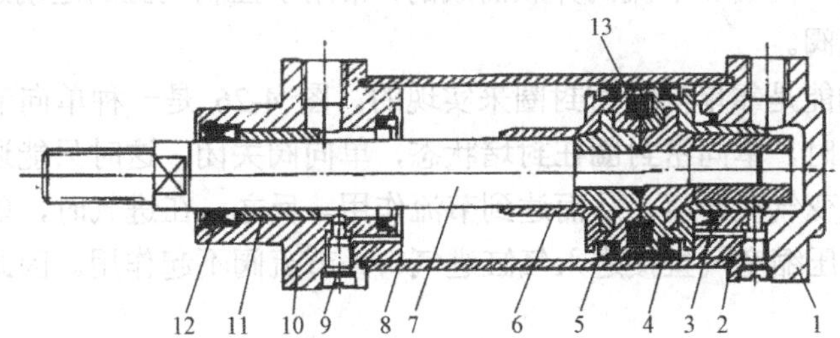

图 4-23 单活塞杆双作用气缸的结构原理图

1—后缸盖；2—密封圈；3—缓冲密封圈；4—活塞密封圈；5—活塞；6—缓冲柱塞；7—活塞杆；8—缸筒；9—缓冲节流阀；10—前缸盖；11—导向套；12—防尘密封圈；13—永久磁铁环

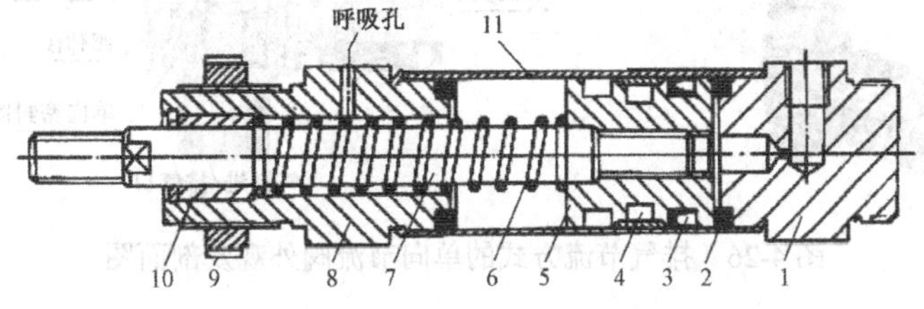

图 4-24 单活塞杆单作用气缸的结构原理图

1—后缸盖；2—橡胶缓冲垫；3—活塞密封圈；4—导向环；5—活塞；6—复位弹簧；7—活塞杆；8—前缸盖；9—固定螺母；10—导向套；11—缸筒

3. 图形符号

普通气缸的图形符号如图4-25所示。

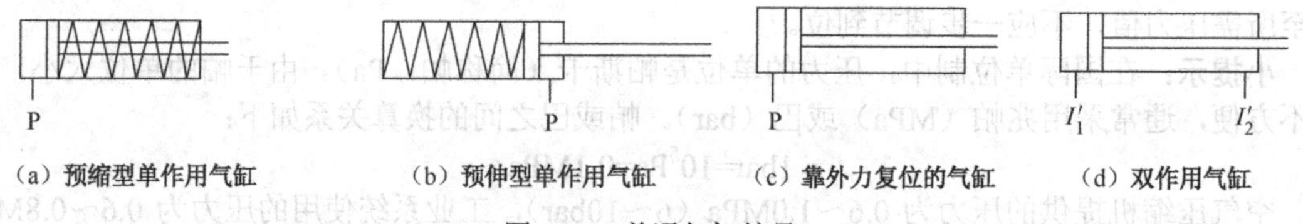

图4-25　普通气缸符号

五、认识气动控制元件

气动控制元件包括压力控制阀、流量控制阀、方向控制阀等。

1. 压力控制阀

气动系统常用的压力控制阀有减压阀、溢流阀等。

（1）减压阀的作用是降低由空气压缩机来的压力，并使这一部分的压力保持稳定。

（2）溢流阀的作用是当系统压力超过调定值时，便自动排气，使系统的压力下降，以确保安全，故也称为安全阀。

2. 流量控制阀

流量控制阀是由单向阀和节流阀并联而成的，常用于控制气缸的运动速度，因此也称为速度控制阀或单向节流阀。

单向节流阀的功能是靠单向型密封圈来实现的。图4-26是一种单向节流阀剖面图。当空气从气缸排气口排出时，单向密封圈在封堵状态，单向阀关闭，这时只能通过调节手轮，使节流阀杆上下移动，改变气流开度，从而达到节流作用。反之，在进气时，单向型密封圈被气流冲开，单向阀开启，压缩空气直接进入气缸进气口，节流阀不起作用。因此，这种节流方式称为排气节流方式。

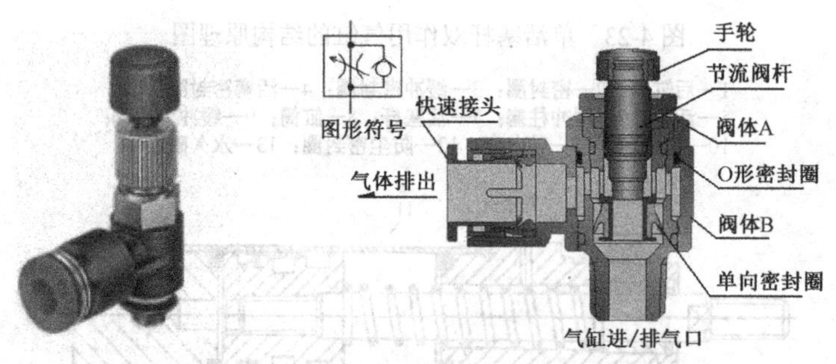

图4-26　排气节流方式的单向节流阀外观及剖面图

图4-27是在双作用气缸装上两个排气型单向节流阀的连接示意图。当压缩空气从A端进气、从B端排气时，单向节流阀A的单向阀开启，向气缸无杆腔快速充气。由于单向节流阀B的单向阀关闭，有杆腔的气体只能经节流阀排气，调节节流阀B的开度，便可改变气缸伸出时的运动速度。反之，调节节流阀A的开度则可改变气缸缩回时的运动速度。这种控制方式，活塞运行稳定，是最常用的方式。

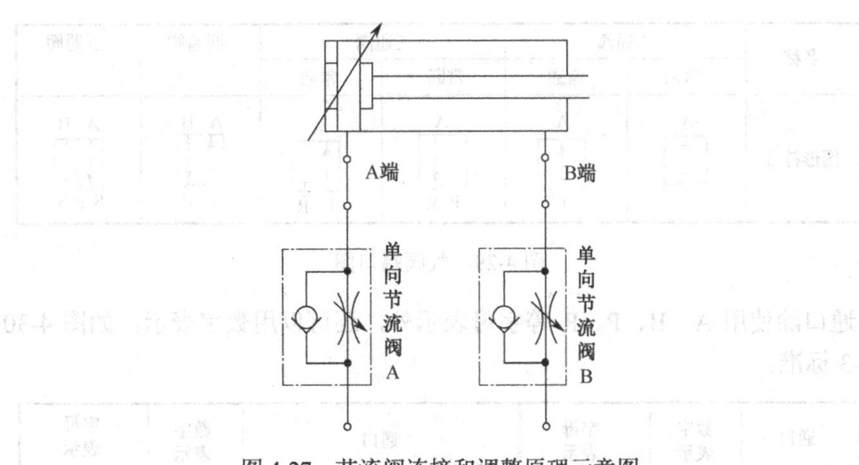

图 4-27　节流阀连接和调整原理示意图

3．方向控制阀

改变双作用气缸的运动方向可采用改变气体流动方向或控制方向控制阀的通断实现。

（1）控制阀的分类

① 按控制方式分类。一般可以分为 4 种，即人力（手动、脚踏）控制、机械控制、气动控制以及电磁控制。控制方式图形符号如图 4-28 所示。

控制方式		
人力控制	一般手动操作	按钮式
	手柄式、带定位	脚踏式
机械控制	控制轴	滚轮杠杆式
	单向滚轮式	弹簧复位
气动控制	直动式	先导式
电磁控制	单电控	双电控
	先导式双电控，带手动	

图 4-28　方向控制阀控制方式图

② 按阀的气路端口数量分类。方向控制阀的气路端口分为输入口（P 口）、输出口（A 口和 B 口）和排气口（R 口或 S 口），按照各口数目之和进行分类，可以将阀分为二通阀、三通阀、四通阀、五通阀等，如图 4-29 所示。

名称	二通阀		三通阀		四通阀	五通阀
	常断	常通	常断	常通		
图形符号	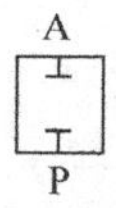 A P	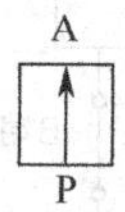 A P	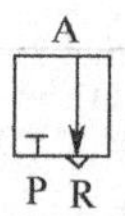 A P R	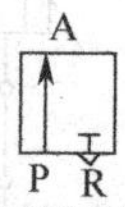 A P R	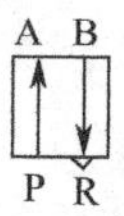 A B P R	 A B R P S

图 4-29　气阀端口图

阀中的通口除使用 A、B、P、R 等字母表示外，还可以用数字表示，如图 4-30 所示，符合 ISO5599-3 标准。

通口	数字表示	字母表示	通口	数字表示	字母表示
输入口	1	P	排气口	5	R
输出口	2	B	输出信号清零	(10)	(Z)
排气口	3	S	控制口（1、2口接通）	12	Y
输出口	4	A	控制口（1、4口接通）	14	Z

图 4-30　阀通口字母与数字对照图

③ 按阀芯可变换的位置数量分类。阀芯工作位置至少有两个，一个是无控制信号的静态工作位置，一个是有信号的控制工作位置。一个阀的控制信号数量为 1～2 个，静态工作位置（固定的）有 0～1 个。因此，阀芯的工作位置数量为 2～3 个，对应的阀称为二位阀和三位阀，如图 4-31 所示。

名称	符号	名称	符号
二位二通换向阀	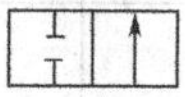	三位四通换向阀	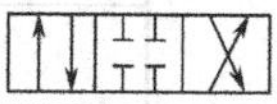
二位四通换向阀	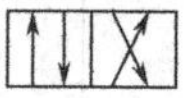	三位五通换向阀（中位加压型）	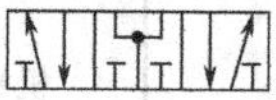
二位三通换向阀	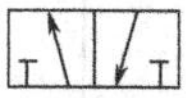	三位五通换向阀（中位卸压型）	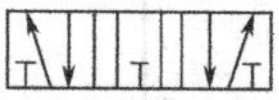
二位五通换向阀	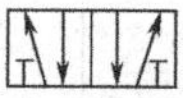	三位五通换向阀（中位封闭型）	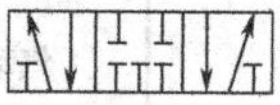

图 4-31　控制元件图形符号

（2）控制阀的命名

一般要求控制阀的基本名称能够说明阀的控制方式（控制信号类型）、控制信号的数量、气路端口数量及阀芯的工作位置数量等信息，因此控制阀可以根据以下规则命名。

① 把阀芯的工作位置数量和阀的气路端口数量放在一起命名，称为几位几通阀，如二位三通阀、三位五通阀等。

② 按阀的控制方式及控制信号的数量命名如单电（磁）控（制）先导阀、双气控阀等。

例 1 双电控先导式三位五通电磁换向阀，带手动功能，弹簧复位。

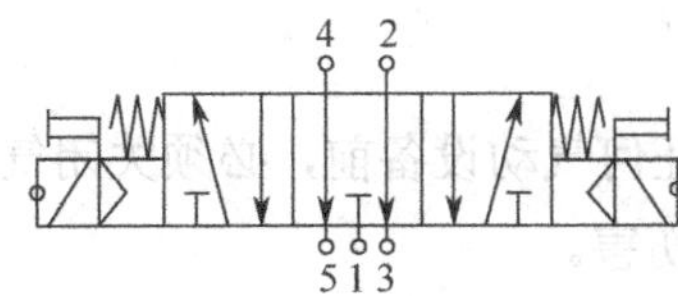

例 2 单电控先导式二位三通电磁换向阀，带手动功能，弹簧复位。

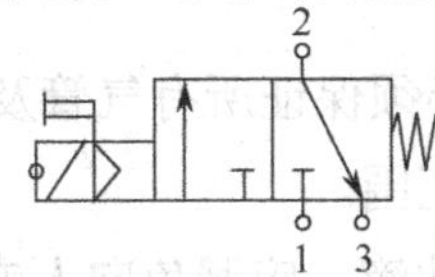

（3）电磁阀的选用

本次任务执行气缸是两个双作用气缸，控制它们工作的电磁阀需要有两个工作口和两个排气口以及一个供气口，故使用的两个电磁阀均为二位五通电磁阀。

电磁阀线圈使用电压有 DC 24V、AC 110V 及 AC 220V 三种，由于 PLC 内置直流电源，供应 DC 24V 电源，所以选用与供电电压相同的电磁阀。两个电磁阀集中安装在汇流板上，汇流板中两个排气口末端均连接了消声器，消声器的作用是减少压缩空气向大气排放时的噪声。这种将多个阀与消声器、汇流板等集中在一起构成的一组控制阀的集成称为阀组，而每个阀的功能是彼此独立的。阀组的结构如图 4-32 所示。

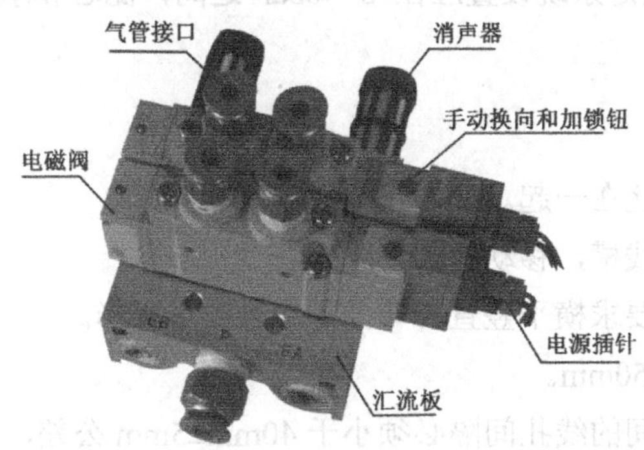

图 4-32 电磁阀组

小提示：电磁阀带有手动换向和加锁钮，有锁定（LOCK）和开启（PUSH）两个位置。用小螺丝刀把加锁钮旋到在 LOCK 位置时，手控开关向下凹进去，不能进行手控操作。只有在 PUSH 位置，可用工具向下按，信号为“1”，等同于该侧的电磁信号为“1”，相当于点动状态。如按下后，旋至锁定 LOCK 状态，则工具无须再按下，处于自锁状态。

常态时，手控开关的信号为“0”。在进行设备调试时，可以使用手控开关对阀进行控制，从而实现对相应气路的控制，以改变气缸等执行机构的控制，达到调试的目的。

任务实施

一、安装气动设备注意事项

1. 使用气动设备的注意事项

（1）所有使用的气动配件必须是专用配件。不符合要求或质量不良的配件将对气动设备及场内人员造成危害。

（2）在安装、移除、调整任何气动设备前，必须关闭气源，并将管内及设备的剩余气体释放。避免误触气动开关而造成伤害。

（3）在使用气动设备前，请确认气源开关必须放在容易触及的位置。当紧急状况发生时，便能立即关闭气源。

（4）开启气源或气动设备前，必须保证所有气管及气动零件已经接驳良好及稳固，并确定所有人员已经离开气动设备的危险范围。

（5）气管喷出的气体可能含有油滴，应避免向人或其他可能造成伤害的物体喷射。

（6）所有气动设备必须远离火源。

（7）请勿移除制造厂商所设置的任何安全装置。

（8）气管、接头与气源设备必须能够承受至少 1.5 倍的最大工作压力。

（9）切勿用压缩空气对准伤口及皮肤喷射，这会使空气打进血液而引致死亡。

（10）气动设备用后一定要关闭气源。

（11）气源输入气压不能超过 10bar。

（12）必须安装空气过滤器，防止污染物进入系统。

（13）系统气压安装规定系统设置应在 5～6bar 之间，滤芯和水雾分离器根据说明书进行维护。

2. 安装工艺要求

（1）气管和电线不能扎在一起。

（2）气管不能放入走线槽，移动的气管除外。

（3）气管和电线走线要求横平竖直，弯曲需尽量成半圆形。

（4）线卡子间距小于 50mm。

（5）相邻导线和气管间的线扎间隔必须小于 40mm±5mm 公差，且切口在侧面同一方向。

（6）需运动的气管及电线要给予足够的余量。

（7）线卡子的扎带头需在正中间，使用正确的扎线方法。

（8）其余扎带的扎带头需统一偏向一边。

（9）气管、导线应留有适当余量，且不能超出工作站范围，以便调试。

二、气动回路的安装

1. 气动回路控制要求

本任务的气动控制回路如图 4-33 所示。气缸 1 和气缸 2 分别由 YB1 和 YB2 电磁阀控制，通常，这两个气缸的初始位置均设定在缩回状态。当需要气缸前伸时，电磁阀通电，换向阀中静止位置换位，改变气路回路，实现气缸前伸。前伸的速度由前进方向的单向节流阀开度控制（排气节流），图中的百分数为节流阀的开度。

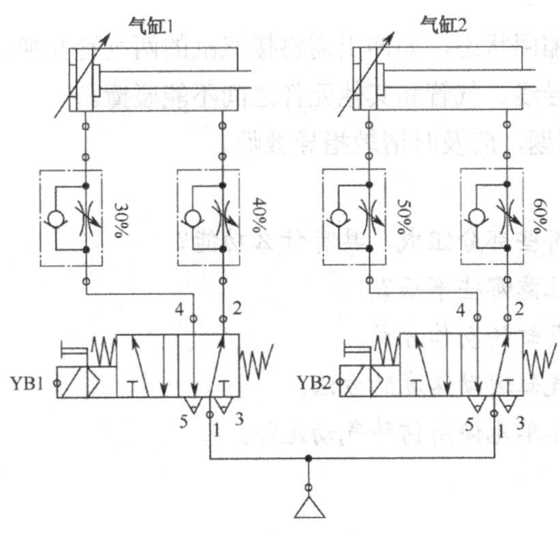

图 4-33　供料单元气动控制回路

小提示：气动回路图中气动两联件无须画出。

图 4-33 中主要元器件的功能如表 4-6 所示。

表 4-6　图 4-33 中主要元件功能表

代　号	名　称	作　用
YB1	电磁阀	气缸 1 前伸
YB2	电磁阀	气缸 2 前伸

2. 连接气动回路

根据图 4-33 连接电磁阀、气缸。连接时注意气管的走向应按序排布，均匀美观，不能交叉、打折；气管在快速接头中插紧，不能有漏气现象。

小提示：气动回路的节流阀上带有气管的快速接头，安装气管时只要将合适外径的气管往快速接头上一插就可以将管连接好了，使用时十分方便。图 4-34 是安装了带快速接头的气缸排气节流阀的气缸外观。

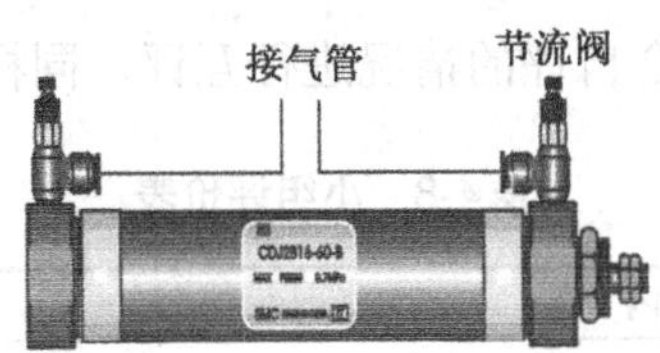

图 4-34　安装上节流阀的气缸示意图

3. 调试气动回路

气动回路按要求安装完毕后，需查明气动执行机构安装是否正确无误，按气路连接安全规则接通气源，然后通过手动操作控制阀分别控制各个气动机构如气缸的动作，观察分析控制信号与气动执行机构之间的关系是否与设计一致。

气动回路要求：

① 气动元件运行平稳，如出现爬行现象或运行速度过低应调整节流开度。

② 气缸静止位处于缩回状态，如伸出需将接气缸的两气管互换。

③ 在气缸运动时，导线、气管和其他元件之间不能碰撞。

如遇到不能解决的问题，应及时请教指导教师。

习题

1. 气动传动系统由哪些部分组成，具有什么功能？
2. 使用气动设备需注意哪些事项？
3. 分析供料单元各气缸的动作方式。
4. 分析如何调节各气缸运动速度的方法。
5. 分析自动生产线各单元使用何种气动元件。

评价反馈

（一）自我评价（40 分）

先进行自我评价，评分值记录于表 4-7 中。

表 4-7 自我评价表

项目内容	配分	评分标准	扣分	得分
1. 准备	10 分	预习训练内容		
2. 元件识别	20 分	气动元件识别、元件功能说明。错误每处可酌情扣 2~3 分。		
3. 安装气路	10 分	按要求进行气路安装。出错每处可酌情扣 2～3 分。		
4. 气缸调试	20 分	按气动回路正常运行调试气缸。运行速度过快或过慢每方向扣 5 分。		
5. 操作运行	10 分	按模拟通电运行将工件送出到出料台。顺序出错每处可酌情扣 2～3 分。		
6. 记录数据	10 分	记录结果正确、观察速度快。		
7. 安全、文明操作	20 分	1. 违反操作规程，产生不安全因素，可酌情扣 7～10 分。 2. 着装不规范，可酌情扣 3～5 分。 3. 迟到、早退、工作场地不清洁，每次扣 1～2 分。		
		总评分=（1～7 项总分）×40%		

签名：＿＿＿＿＿＿ ＿＿＿＿＿＿年＿＿月＿＿日

（二）小组评价（30 分）

再由同一实训小组的同学结合自评的情况进行互评，同样将评分值记录于表 4-8 中。

表 4-8 小组评价表

项目内容	配分	评分
1. 实训记录与自我评价情况	20 分	
2. 对实训室规章制度的学习与掌握情况	20 分	
3. 相互帮助与协作能力	20 分	
4. 安全、质量意识与责任心	20 分	
5. 能否主动参与整理工具、器材与清洁场地	20 分	
总评分=（1～5 项总分）×30%		

参加评价人员签名：＿＿＿＿＿＿ ＿＿＿＿＿＿年＿＿月＿＿日

（三）教师评价（30 分）

最后由指导教师结合自评与互评的结果进行综合评价，并将评价意见与评分值记录于

表 4-9 中。

表 4-9　教师评价表

教师总体评价意见：	
教师评分（30 分）	
总评分=自我评分+小组评分+教师评分	

教师签名：＿＿＿＿＿＿　＿＿＿＿＿＿年＿＿月＿＿日

知识拓展

认识短行程气缸、手指气缸

一、认识短行程气缸

短行程气缸属于省空间气缸类，即气缸的轴向或径向尺寸比标准气缸有较大减小的气缸。它具有结构紧凑、重量轻、占用空间小等优点。短行程气缸外形如图 4-35 所示。

图 4-35　短行程气缸

短行程气缸的特点是：缸筒与无杆侧端盖压铸成一体，杆盖用弹性挡圈固定，大多数外部都由带有固定孔的方形铝型材外壳以及一个或几个可以被用来固定传感器的不同形式的凹槽所组成，如带有 5.2mm 凹槽宽度的 T 形槽外形。

短行程气缸常用于固定夹具和搬运中固定工件等。YL-335B 型自动生产线实训考核装备加工单元中，薄型气缸用于模拟冲压元件。

二、认识手指气缸

1．手指气缸的作用

手指气缸也称作气爪，是一种具有抓取功能的气动执行元件，用于抓取、夹紧工件。它具有双向抓取、自动对中、重复精度高、抓取力矩恒定等特点。

2．手指气缸的分类

手指气缸按手指的数量分类，可分为两爪气缸和三爪气缸两种，如图 4-36 所示。按活塞数量可分为单活塞式和双活塞两种。按气爪动作方式分类，可分为平行气爪和摆动气爪，外形如图 4-37 所示。

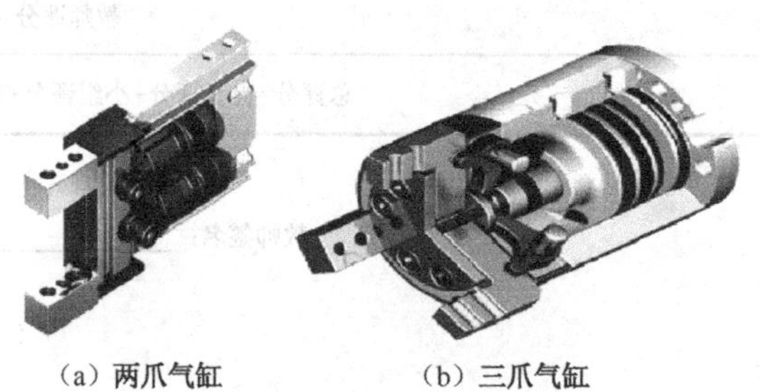

（a）两爪气缸　　（b）三爪气缸

图 4-36　两爪、三爪气缸的基本结构

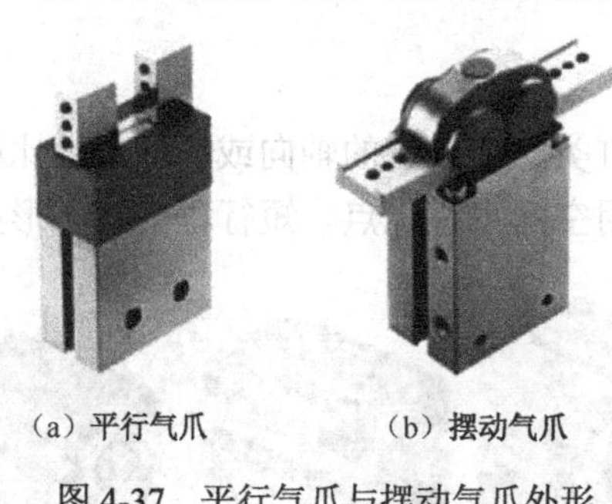

（a）平行气爪　　（b）摆动气爪

图 4-37　平行气爪与摆动气爪外形

3．图形符号

手指气缸分单活塞式和双活塞式两种，符号如图 4-38 所示。

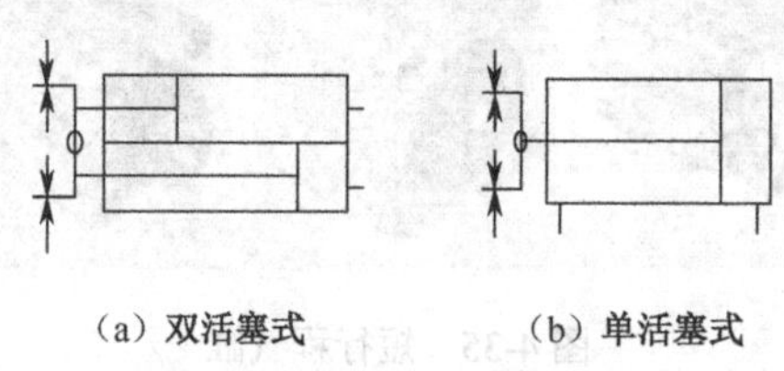

（a）双活塞式　　（b）单活塞式

图 4-38　手指气缸常用符号

4．手指气缸辅件安装方式

手指气缸辅件安装如图 4-39 所示。

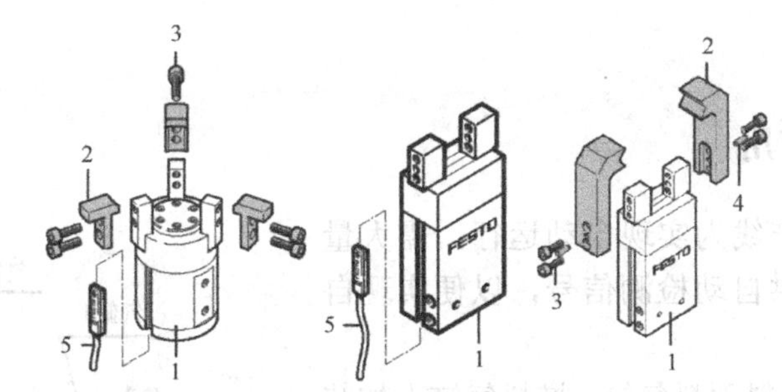

图 4-39 手指气缸辅件安装

1—手指气缸；2—附加气爪；3—附加气爪固定螺钉；4—定位销；5—磁性传感器

任务 3 认识传感器在供料单元中的应用

任务目标

了解自动机与自动生产线的气动控制系统的组成及其功能。

学习目标

应知：

（1）理解传感器的基本工作原理。

（2）了解磁性接近开关、光电传感器的检测方法。

（3）掌握磁性接近开关、光电传感器的接线方式。

应会：

（1）会安装、连接与调试磁性接近开关、光电传感器。

（2）认识自动生产线所使用的传感器种类及其检测原理。

建议学时

建议完成本学习任务为 6 学时。

器材准备

本学习任务所需的通用设备、工具和器材如表 4-10 所示。

表 4-10 通用设备、工具和器材明细表

序号	名　称	型　号	规　格	单位	数量
1	自动生产线	亚龙 YL-335B	如图 4-1 所示	台	1
2	万用表	MG-27 型	0-10-50-250A、0-300-600V、0～300Ω	台	1
3	自动生产线拆装常用工具		双开扳手、内六角扳手、套装螺丝刀、钟表螺丝刀、剪管钳、斜嘴钳、剥线钳、压线鼻子钳等工具，如图 4-2 所示	套	1
4	机械零、配件		螺栓、螺钉、螺母、垫圈等		

相关知识

一、传感器的应用

自动机和自动生产线为实现自动运行，需大量不同种类的传感器提供自动检测信号，以便实现自动运行。

如在供料单元的供料顶料气缸、推料气缸上加装磁性接近开关，安装位置如图 4-40 所示，用于检测气缸活塞伸出和缩回位置。

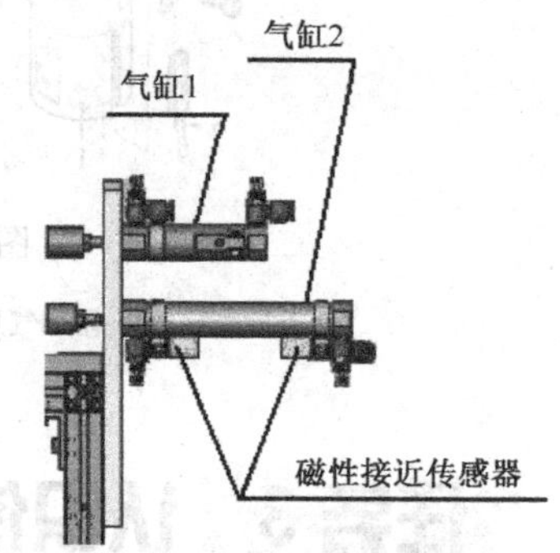

图 4-40　气缸磁性接近开关安装示意图

其他传感器安装位置如图 4-41 所示，在底座和管形料仓第 4 层工件位置，分别安装一个漫射式光电开关。它们的功能是检测料仓中有无储料或储料是否足够。出料台面开有小孔，出料台下面设有一个圆柱形漫射式光电接近开关，从而透过小孔检测是否有工件存在，以便向系统提供本单元出料台有无工件的信号。

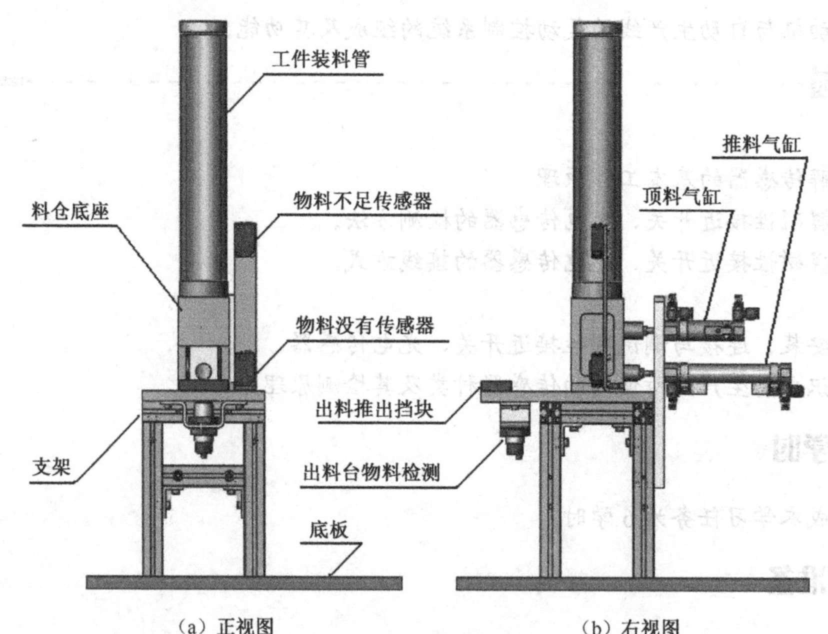

图 4-41　供料单元自动检测传感器安装位置

二、传感器基础知识

1. 传感器的组成

传感器是感受规定的被测量并按照一定的规律将其转换成可用输出信号的器件或装置。通常由敏感元件、转换元件、转换电路及辅助电源部分组成。

（1）敏感元件是传感器中能直接感受或响应被测量的部分。

（2）转换元件是传感器中将敏感元件感受或响应的被测量转换成适用于传输或测量的电

信号的部分。

（3）转换电路是将转换元件输出的电参量转换成电压、电流或频率量的电路。

（4）辅助电源是用于提供传感器正常工作能源的电源。

传感器的组成如图 4-42 所示。

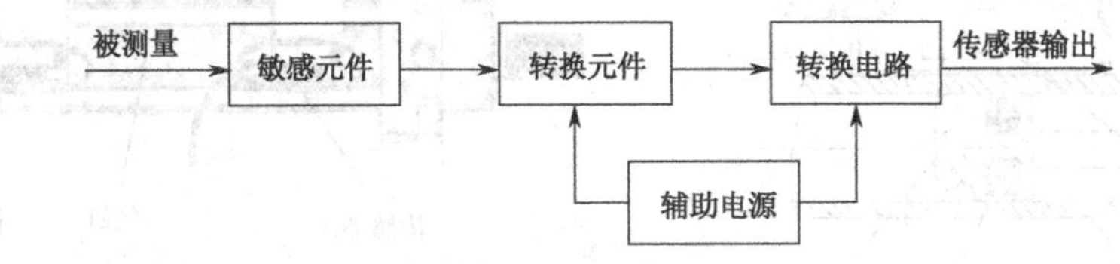

图 4-42　传感器的组成

2. 传感器的技术术语

（1）触头：接近开关在结构上没有传统意义上的机械触头，只是在功能上与机械触头相似，即接通或断开电信号。

（2）动合触头：在常态下，即在没有被检测信号接近时，传感器输出呈截止状态，即输出为低电平（“0”）。

（3）动断触头：在常态下，即在没有被检测信号接近时，传感器输出呈导通状态，即输出为高电平（“1”）。

（4）正逻辑输出：接近开关导通时，信号输出端输出高电平，负载须接在信号输出端与电源负极之间。这种输出称为 PNP 输出，如图 4-43（a）、（c）所示。

（5）负逻辑输出：接近开关导通时，信号输出端输出低电平，负载须接在信号输出端与电源正极之间。这种输出称为 NPN 输出，如图 4-43（b）、（d）所示。

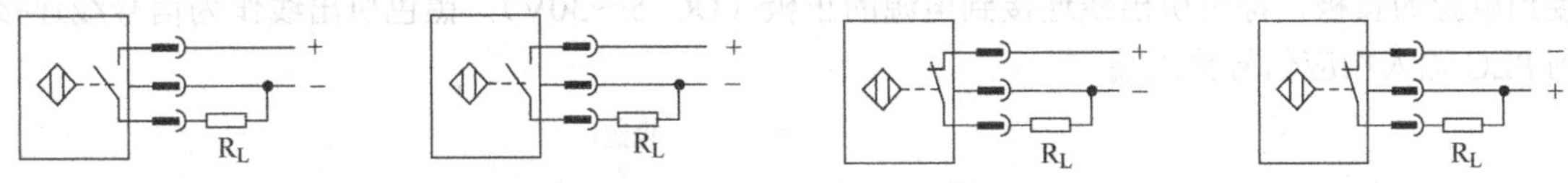

（a）正逻辑（PNP）常开型　（b）负逻辑（NPN）常开型　（c）正逻辑（PNP）常闭型　（d）正逻辑（NPN）常闭型

图 4-43　传感器通用符号

三、磁性接近传感器（磁性开关）

1. 磁性接近开关的工作原理

气动系统所使用的气缸缸筒采用非导磁的材料制成，如硬铝、不锈钢等。在非磁性体的活塞上安装一个永久磁铁的磁环，这样提供了一个反映气缸活塞位置的磁场。而安装在气缸外侧的磁性开关则用来检测气缸活塞位置，即检测活塞的运动行程。

为了知道气缸活塞的两个绝对位置（最内端和最外端），可以用两个磁性接近传感器来检测。如图 4-44 所示，当活塞往外运动到最外端时，传感器 A 就发出信号（传感器上有指示灯），当活塞往内运动到最内端时，传感器 B 就发出信号。这样就可以检测气缸活塞的位置。

当气缸中随活塞移动的磁环靠近传感器时，舌簧开关的两根簧片被磁化而相互吸引，触头闭合。当磁环离开开关后，簧片失磁，触头断开。触头闭合或断开时发出电控信号，在 PLC

的自动控制中，可以利用该信号判断气缸的运动状态或所处的位置，以确定工件是否被推出或气缸是否返回。

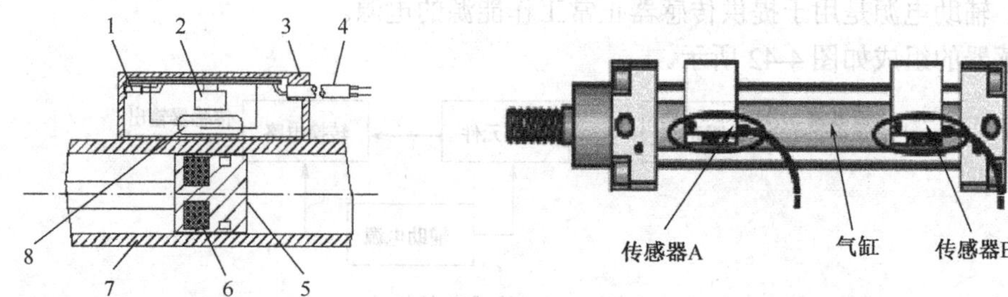

1—动作指示灯；2—保护电路；3—开关外壳；4—导线；
5—活塞；6—磁环（永久磁铁）；7—缸筒 8—舌簧开关

图 4-44 磁性开关检测气缸位置的工作原理图

2. 磁性接近传感器的符号及接线方式

磁性接近传感器引出线有2线制和3线制两种，常用接线方式如图4-45所示。

（1）2线制接线

磁性开关如只有蓝色和棕色两根引出线，如图4-45（a）所示，使用时蓝色引出线应连接到PLC输入公共端（COM），即引出线的负极，棕色引出线应连接到PLC相应信号输入端（X输入端），即引出线的正极。

（2）3线制接线

磁性开关如有蓝色、棕色和黑色三根引出线，如图4-45（b）所示，使用时蓝色引出线连接到电源的负极，棕色引出线连接到电源的正极（DC 5～30V），黑色引出线作为信号线连接到PLC输入相应信号输入端。

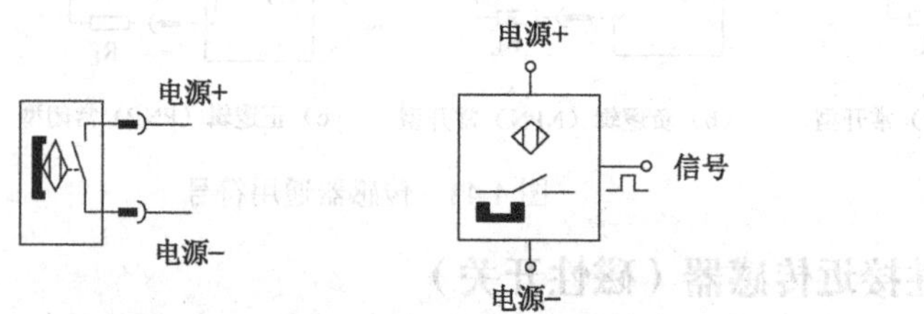

（a）2线制磁性接近开关符号　　（b）3线制磁性接近开关符号

图 4-45 磁性接近开关符号

四、光电式接近开关

1. 认识光电式接近开关

光电式传感器是用光电转换器件作测控元件，将光信号转换为电信号的装置。光电式传感器的种类很多，按照其输出信号的形式，可以分为模拟式、数字式、开关量输出式。本任务重点介绍开关量输出式光电传感器，即光电式接近开关。

（1）光电式接近开关的分类

光电式接近开关主要由光发射器和光接收器组成，光发射器用于发射红外光或可见光，光接收器用于接收发射器发射的光，并将光信号转换成电信号以开关量形式输出。按照接收器接收光的方式不同，光电式接近开关可以分为对射式、反射式和漫射式三种。光发射器和光接收器也有一体式和分体式两种。

① 对射式光电接近开关。对射式光电接近开关是指光发射器（光发射器探头或光源探头）与光接收器（光接收器探头）处于相对位置工作的光电接近开关。其原理和外形如图 4-46、图 4-47 所示。

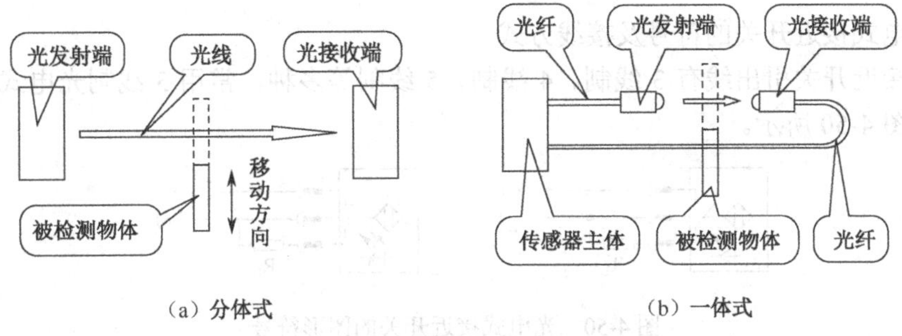

图 4-46 对射式接近开关的工作原理

图 4-47 对射式接近开关外形图

② 反射式光电接近开关。反射式光电接近开关的光发射器与光接收器处于同一侧位置，且光发射器与光接收器为一体化的结构，在其相对的位置上安置一个反光镜，光发射器发出的光经反光镜反射回来后由光接收器接收。其原理和外形如图 4-48 所示。

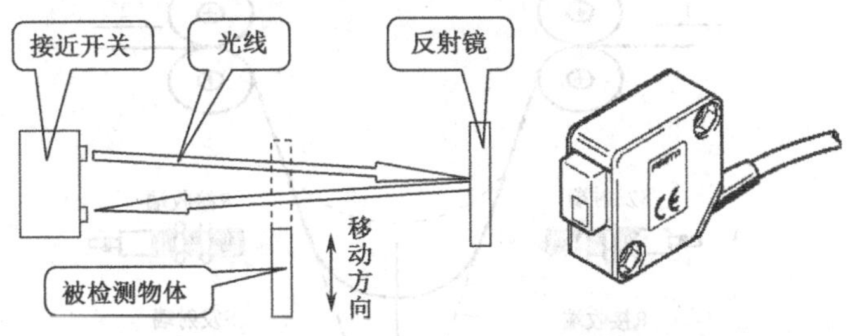

图 4-48 反射式光电接近开关的工作原理及其外形图

③ 漫射式（漫反射式）光电接近开关。漫射式光电接近开关是利用光照射到被测物体上后反射回来的光线而工作的，由于物体反射的光线为漫射光，故该种传感器称为漫射式光电接近开关。 其原理和外形如图 4-49 所示。

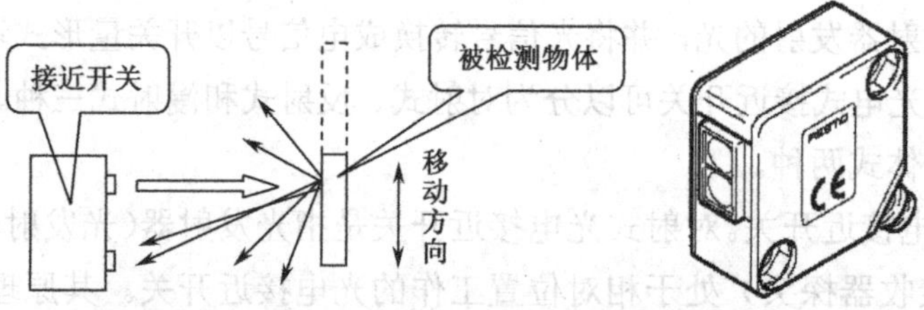

图 4-49　漫射式光电接近开关的工作原理及其外形图

（2）光电式接近开关的符号及接线方式

光电式接近开关引出线有 3 线制、4 线制、5 线制等多种，常用 3 线制光电式接近开关的图形符号如图 4-50 所示。

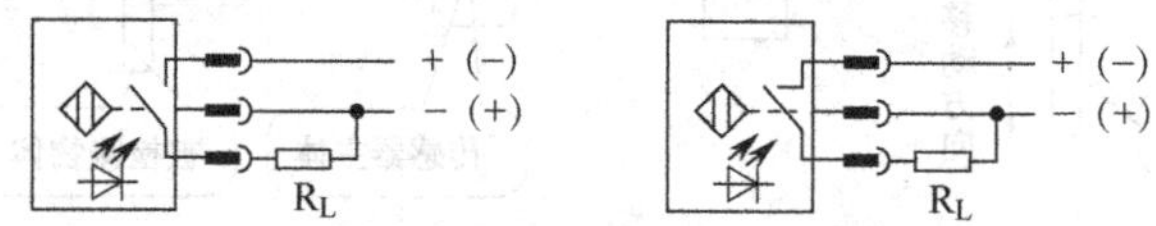

图 4-50　光电式接近开关的图形符号

3 线制接线方式：

棕色——电源正极；蓝色——电源负极；黑色——信号正逻辑。

5 线制是在 3 线制接线基础上增加白色和灰色 2 线：

白色——信号公共端；灰色——信号负逻辑。

（3）光电传感器在自动检测中的应用

① 对射式光电传感器应用。用两个对射式光电传感器检测传送带的张力，如图 4-51 所示。在正常情况下，传送带的传送速度应保持在一定的范围内，即 v_1 和 v_2 的带速度应一致。即传感器 A 有信号，B 没有信号。如果在某一时刻 A 和 B 都有信号，这就表明 v_2 传送出现问题，这样会在送入和输出机构之间出现带子重叠，这个时候必须减小送入带速 v_1。如果在某一时刻 A 和 B 都没有信号，这就表明了 v_1 的送入速度出现问题，这就应相应地增大 v_1 或减小 v_2 的速度进行控制。

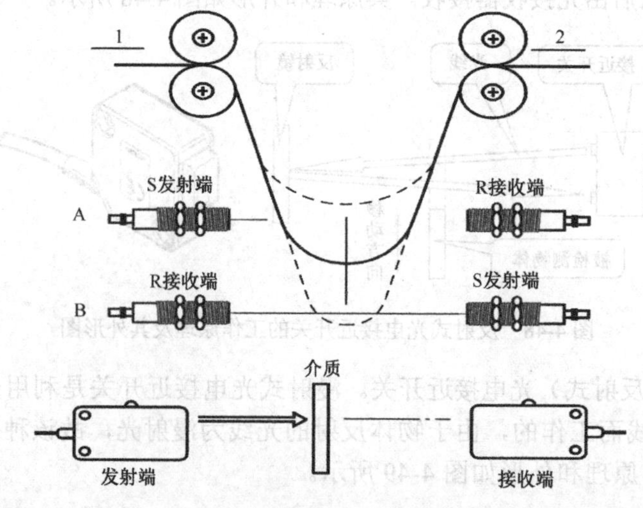

图 4-51　对射式光电传感器应用

② 反射式传感器应用。使用反射式传感器来控制大门的开闭。如果传感器检测到可感应的介质工件经过，则有相应的信号输出，如图 4-52 所示。

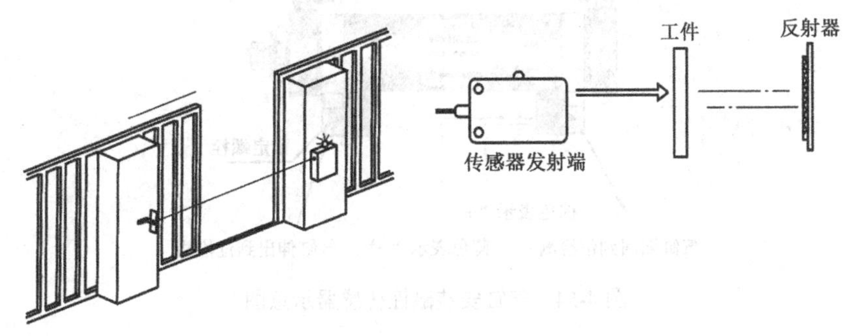

图 4-52 反射式传感器应用

③ 漫反射式光电传感器应用。在一个产品分类站上，不同表面特性和不同颜色的产品（介质）要区分开来，这可以用一个漫反射式光电传感器来检测，如图 4-53 所示，如同时使用三种不同颜色的产品，白色的金属、红色的塑料和黑色的塑料。根据工件颜色反射的不同可以区分出白色和红色，以及没有反射的黑色，如再要区分金属和塑料则使用电感传感器就可以了。

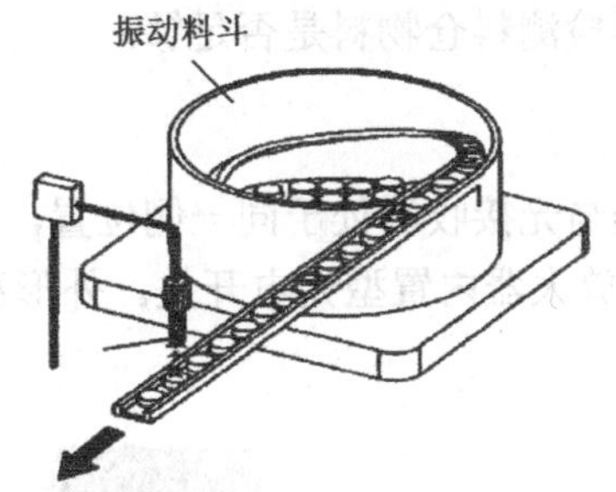

图 4-53 漫反射式光电传感器应用

任务实施

一、安装、调试磁性传感器

1. 调试要求

调试磁性传感器在气缸不同位置定位信号。

2. 调试方法

接近式传感器在气缸上的位置可以通过机械方式加以调整并固定。调试可在通电情况下进行，一旦气缸活塞回复到这一位置，切换信号的状态就会发生变化。在磁性开关上设置的 LED 指示灯显示其信号状态，供调试时使用。磁性开关动作时，输出信号“1”，LED 亮；磁性开关不动作时，输出信号“0”，LED 不亮。

磁性开关的安装位置调整方法是松开它的固定螺栓，让磁性开关顺着气缸滑动，到达指定位置后，再旋紧固定螺栓，如图 4-54 所示。

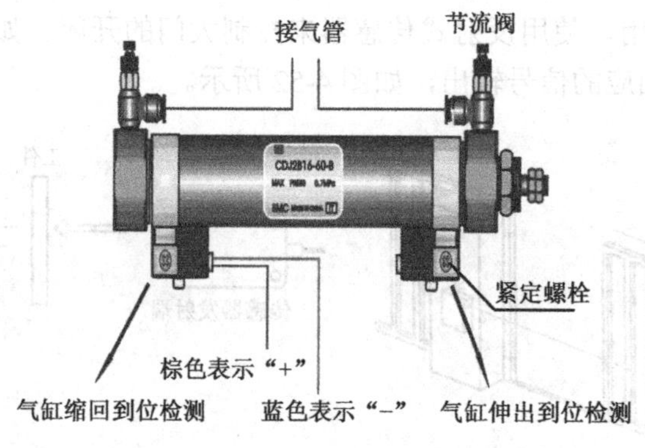

图 4-54　气缸安装磁性传感器示意图

二、安装调试漫射式光电传感器

1. 调试要求

（1）出料台物料检测传感器区分白色和金属工件；

（2）物料没有检测用传感器区分白色和黑色工件；

（3）物料不足检测用传感器检测料仓物料是否足够。

2. 调试方法

漫射式光电开关的光发射器与光接收器处于同一侧位置，且为一体化结构。在本任务中，选用 OMRON 公司的 E3Z-L61 放大器内置型光电开关。外形和顶端面上的调节旋钮和显示灯如图 4-55 所示。

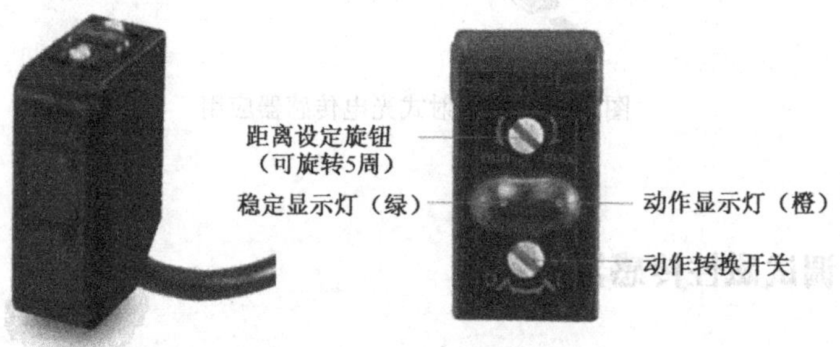

（a）E3Z-L型光电开关外形　　（b）调节旋钮和显示灯

图 4-55　E3Z-L61 型光电开关的外形和调节旋钮、显示灯

图中动作选择开关的功能是选择受光动作（Light）或遮光动作（Drag）模式。当此开关按顺时针方向充分旋转时（L 侧），则进入检测 ON 模式。当此开关按逆时针方向充分旋转时（D 侧），则进入检测 OFF 模式。

距离设定旋钮是回转调节器，调整距离时注意逐步轻微旋转。调整的方法是，首先按逆时针方向将距离调节器充分旋到最小检测距离（E3Z-L61 约 20mm），然后根据要求距离放置检测物体，按顺时针方向逐步旋转距离调节器，找到传感器进入检测条件的点。拉开检测物体距离，按顺时针方向进一步旋转距离调节器，找到传感器再次进入检测状态，一旦进入，向后旋转距离调节器直到传感器回到非检测状态的点。两点之间的中点为稳定检测物体的最佳位置。

如选用 SICK 公司产品 MHT15-N2317 型，其外形及灵敏度调整旋钮如图 4-56 所示。调整时，将被检测物放在出料台中，调整光电灵敏度，直至放入被检测物检测指示灯亮，拿开被检测物检测指示灯灭，同时观察 PLC 输入端指示灯状态。

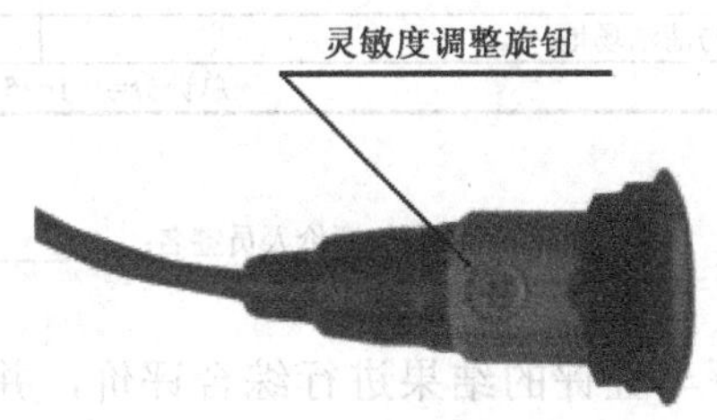

图 4-56 MHT15-N2317 光电开关外形

小提示：注意被检测物体的颜色，不同颜色的物体，检测灵敏度的调整有所不同。

习题

1. 传感器由哪些部分组成，具有什么功能？
2. 自动生产线中常用传感器有哪些，分别说明其检测功能？
3. 画出常用传感器的符号及其电源接线方式。
4. 分析调节光电传感器检测不同颜色工件及磁性接近开关检测位置方法。
5. 写出自动生产线各单元使用何种传感器。

评价反馈

（一）自我评价（40 分）

先进行自我评价，评分值记录于表 4-11 中。

表 4-11 自我评价表

项目内容	配分	评分标准	扣分	得分
1. 准备	10 分	预习训练内容。		
2. 元件识别	20 分	传感器识别、传感器功能说明。错误每处可酌情扣 2~3 分。		
3. 安装传感器	10 分	按要求进行传感器安装。出错每处可酌情扣 2～3 分。		
4. 传感器调试	20 分	按系统正常检测要求调试传感器。检测位置或分辨不正确每处扣 5 分。		
5. 操作运行	10 分	按模拟通电运行将工件送出到出料台。检测相关信号错误每处可酌情扣 2～3 分。		
6. 记录数据	10 分	记录结果正确、观察速度快。		
7. 安全、文明操作	20 分	1. 违反操作规程，产生不安全因素，可酌情扣 7～10 分。 2. 着装不规范，可酌情扣 3～5 分。 3. 迟到、早退、工作场地不清洁，每次扣 1～2 分。		
总评分=（1～7 项总分）×40%				

签名：__________ ____年___月___日

（二）小组评价（30 分）

再由同一实训小组的同学结合自评的情况进行互评，同样将评分值记录于表 4-12 中。

表 4-12　小组评价表

项 目 内 容	配　分	评　分
1．实训记录与自我评价情况	20 分	
2．对实训室规章制度的学习与掌握情况	20 分	
3．相互帮助与协作能力	20 分	
4．安全、质量意识与责任心	20 分	
5．能否主动参与整理工具、器材与清洁场地	20 分	
	总评分=（1～5 项总分）×30%	

参加评价人员签名：＿＿＿＿＿＿　＿＿＿＿＿＿年＿＿月＿＿日

（三）教师评价（30 分）

最后由指导教师结合自评与互评的结果进行综合评价，并将评价意见与评分值记录于表 4-13 中。

表 4-13　教师评价表

教师总体评价意见：	
教师评分（30 分）	
总评分=自我评分+小组评分+教师评分	

教师签名：＿＿＿＿＿＿　＿＿＿＿＿＿年＿＿月＿＿日

知识拓展

一、电感式接近开关及电容式传感器

1．认识电感式接近开关

（1）电感式接近开关的基本工作原理

电感式接近开关是利用电涡流效应制作的传感器。电涡流效应是指，当金属物体处于一个交变的磁场中，在金属内部会产生交变的电涡流，该涡流又会反作用于产生它的磁场这样一种物理效应。如果这个交变的磁场是由一个电感线圈产生的，则这个电感线圈中的电流就会发生变化，用于平衡涡流产生的磁场。

利用上述原理，以高频振荡器（LC 振荡器）中的电感线圈作为检测元件，当被测金属物体接近电感线圈时产生了涡流效应，引起振荡器振幅或频率的变化，由传感器的信号调理电路（包括检波、放大、整形、输出等电路）将该变化转换成开关量输出，从而达到检测的目的。电感式接近传感器工作原理框图如图 4-57 所示。

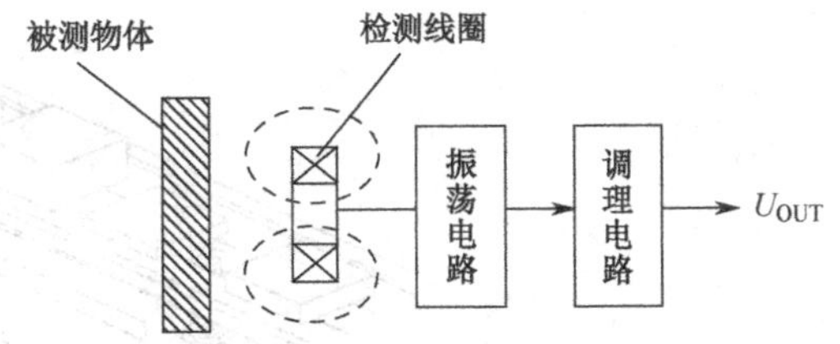

图 4-57　电感式传感器原理框图

（2）电感式接近开关的符号及接线方式

电感式接近开关常用的有三线式，接线方式与光电式接近开关相同。电感式接近开关如图 4-58 所示。

（3）电感式传感器在自动检测中的应用

由于电感式传感只能对金属起作用，因此可以应用在生产线上检测金属工件是否到位，如图 4-59 所示，当工件到位后自动输出一个开关量信号，用以控制计数器计数或下一个加工步骤等。

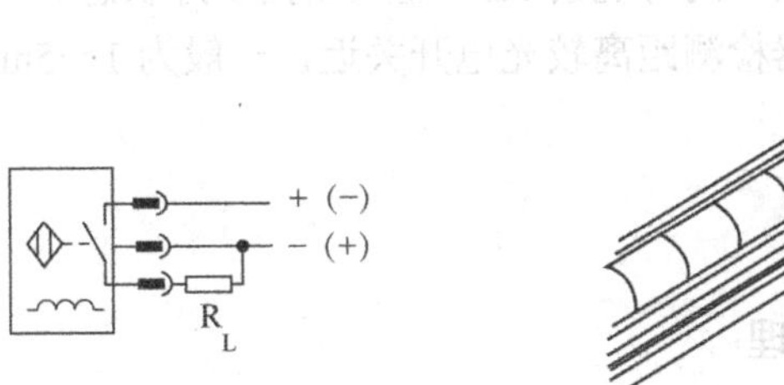

图 4-58　电感式接近开关图形符号

图 4-59　电感式传感器应用

2. 认识电容式传感器

（1）电容式接近开关的基本工作原理

在高频振荡型电容式接近开关中，以高频振荡器（LC 振荡器）中的电容作为检测元件，利用被测物体接近该电容时由于电容器的介质发生变化导致电容量的变化，从而引起振荡器振幅或频率的变化，由传感器的信号调理电路将该变化转换成开关量输出，从而达到检测的目的。电容式接近开关能检测大部分的物质，如金属、橡胶等。

（2）电容式接近开关的符号及接线方式

电容式接近开关外形与电感式接近开关相似，区别在于电容式接近开关有灵敏度调整旋钮，而电感式接近开关无此旋钮。电容式接近开关常用的有三线式，接线方式与光电式接近开关相同。电容式接近开关图形符号如图 4-60 所示。

（3）电容式传感器在自动检测中的应用

由于电容传感器根据其感应灵敏度可以检测不同材质的工件，如图 4-61 所示，因此在自动生产线上可以检测出工件是否是金属或塑料、塑料或瓷器等，用以控制计数器计数或下一个加工步骤等。

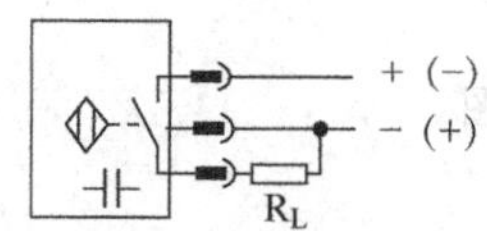

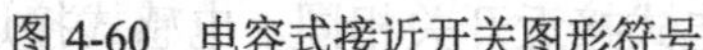

图 4-60　电容式接近开关图形符号

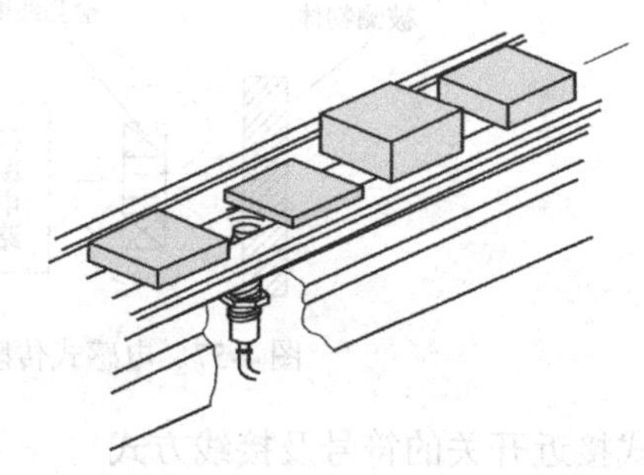

图 4-61　电容式传感器应用

3. 安装调试电容式、电感式传感器

电容式传感器调整其灵敏度可检测不同的物质，调整方法可参考光电开关的调整方法。而电感式传感器由于只能检测金属物质，所以在传感器上无灵敏度调整旋钮，这也是电容式传感器和电感式传感器在外观上最基本的区别。

无论是电容式传感器还是电感式传感器，均有检测指示。安装时，放入被检测物检测指示灯亮，拿开被检测物检测指示灯灭，同时观察 PLC 输入端指示灯状态。

电容式传感器和电感式传感器检测距离较光电开关近，一般为 1～5mm，安装时注意以不触及被检测物体的最近距离为宜。

二、认识光纤传感器

1. 光纤传感器的基本工作原理

光纤传感器是光电传感器的一种，具有抗电磁干扰、可工作于恶劣环境、传输距离远、使用寿命长等优点。此外，由于光纤头具有较小的体积，所以可以安装在很小空间的地方。

光纤传感器由带检测头的光纤、光纤放大器两部分组成，带检测头的光纤和放大器是分离的两个部分。光纤传感器外形如图 4-62 所示。

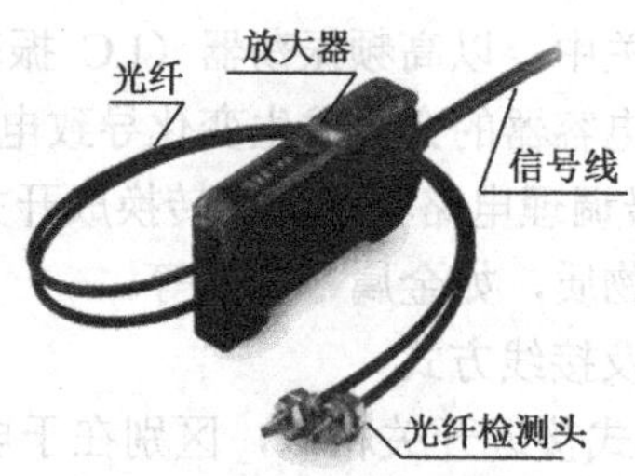

图 4-62　光纤传感器

光纤由一束玻璃纤维或由一条或几条合成纤维组成。光纤的工作原理是通过内部反射介质传递光线，将光从一处传导到另一处。

光纤传感器的灵敏度调节范围较大。当光纤传感器灵敏度调得较小时，反射性较差的黑色物体，光纤传感器无法接收到反射信号。而反射性较好的白色物体，光电探测器就可以接收到反射信号。反之，若调高光纤传感器灵敏度，则即使对反射性较差的黑色物体，光电探测器也可以接收到反射信号。

2. 光纤传感器的符号及接线方式

光纤传感器引出线常用三线制，其图形符号及接线方式与光电开关相同，参见图 4-63 所示。

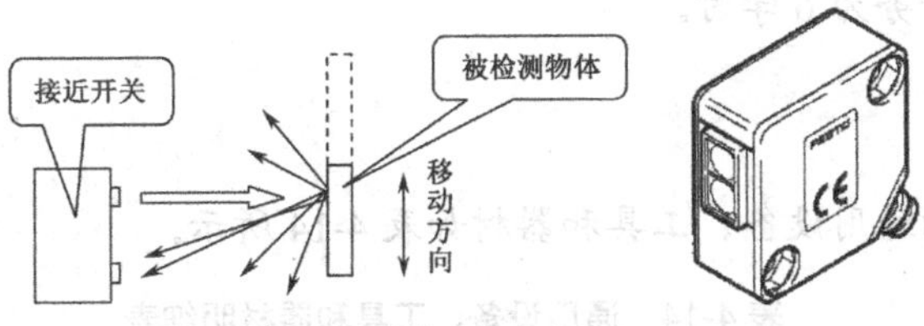

图 4-63 光电式接近开关的图形符号

作业 记录 YL335B 自动生产线应用传感器类型及其功能。

站 号	名 称	型 号	功 能	备 注
第一站				
第二站				
第三站				
第四站				
第五站				

任务 4 组装自动生产线的供料单元

任务目标

了解自动机与自动生产线的气动控制系统的组成及其功能。

学习目标

应知：

（1）了解供料单元的结构和运行要求。

（2）熟悉机械安装的要求和注意事项。

应会：

（1）熟悉正确使用各种工具。

（2）熟悉自动机组装及调试方法。

建议学时

建议完成本学习任务为 6 学时。

器材准备

本学习任务所需的通用设备、工具和器材如表 4-14 所示。

表 4-14　通用设备、工具和器材明细表

序号	名　称	型　号	规　格	单位	数量
1	自动生产线	亚龙 L-335B	如图 4-1 所示	台	1
2	万用表	MG-27 型	0-10-50-250A、0-300-600V、0～300Ω	台	1
3	自动生产线拆装常用工具		双开扳手、内六角扳手、套装螺丝刀、钟表螺丝刀、剪管钳、斜嘴钳、剥线钳、压线鼻子钳等工具，如图 4-2 所示	套	1
4	机械零、配件		螺栓、螺钉、螺母、垫圈等		

相关知识

一、供料单元安装步骤和方法

供料单元组件如图 4-64 所示。首先把供料站各零件组合成整体安装时的组件，然后把组件进行组装。所组合成的组件包括：铝合金型材支撑架组件、出料台及料仓底座组件、推料机构组件。

图 4-64　供料单元组件

各组件装配好后，用螺栓把它们连接为整体，再用橡皮锤把装料管敲入料仓底座。然后将连接好供料站机械部分以及电磁阀组、PLC 和接线端子排固定在底板上，最后固定底板完成供料站的安装。

二、安装过程中的注意事项

① 装配铝合金型材支撑架时，注意调整好各条边的平行及垂直度，锁紧螺栓。

② 气缸安装板和铝合金型材支撑架的连接是靠预先在特定位置的铝型材 T 型槽中放置预留与之相配的螺母，因此在对该部分的铝合金型材进行连接时，一定要在相应的位置放置相应的螺母。如果没有放置螺母或没有放置足够多的螺母，将造成无法安装或安装不可靠。

③ 机械机构固定在底板上的时候，需要将底板移动到操作台的边缘，螺栓从底板的反面

拧入，将底板和机械机构部分的支撑型材连接起来。

三、气路连接和调试

连接步骤：按照图 4-33 连接电磁阀、气缸。连接时注意气管走向应按序排布，均匀美观，不能交叉、打折；气管要在快速接头中插紧，不能有漏气现象。

气路调试包括：①用电磁阀上的手动换向加锁钮验证顶料气缸和推料气缸的初始位置和动作位置是否正确；②调整气缸节流阀以控制活塞杆的往复运动速度，伸出速度以不推倒工件为准。

任务实施

一、设备装调相关注意事项

1. 组装注意事项

（1）拆除铝合金底板上所有零部件后应把铝合金底板清洁干净，拆下的零部件应有序放好，并进行必要的清洁、整理。

（2）零部件应按图纸各元件相应的位置尺寸进行安装。

（3）使用工具应养成良好的放置习惯，工具及材料严禁放置在铝合金底板或地面上。

（4）工具及材料应轻拿轻放，以防损坏。

（5）光导纤维应最后连接，以防折断。

（6）确定没有工件在工作站上后才允许通电试机。

（7）符合装配安装工艺要求：螺钉+螺母+垫片。

2. 机械组装安全规则

（1）所有元件应安全可靠地安装在铝合金底板上。

（2）在安装过程中正确使用工具。

二、供料单元整体拆装过程

（1）拆卸步骤：

① 使用斜口钳剪断扎带，注意不要剪到气管及电线。

② 使用一字螺丝刀拆卸电路。

③ 从走线槽中取出所有气管及电线，气管单独放一起。

④ 使用内六角扳手拆卸元器件。

⑤ 元器件拆卸原则：由小及大，由上往下，先支路后主干，先模块后细分。

⑥ 注意：拆卸前可先拟定拆卸步骤，并可适当做下记录和标记，尤其是气管及电线的布局及相关工艺，重点是正确使用适当的工具，不要损坏元器件。

（2）装配步骤：

① 元器件装配原则：由大及小，由下往上，先主干后支路。

② 先安装机械元器件并固定牢靠，再连接气路和电路，最后再绑线及扎扎带。

③ 传感器的作用范围及调整余量需考虑。

三、按图 4-64 安装供料单元

四、安装完毕后的注意事项

供料站组装完毕后，应检查铝合金面板上是否有遗留工具，并应对面板进行清洁。清洁完毕后应对机械部分进行以下检查，并进行相应地调整。

① 推动进料模块推料双作用气缸把工件推出，检查工件是否推出到位，气缸复位后工件是否自动落入料仓。

②各气缸伸缩或转动过程中运行是否顺畅。

习题

1. 分析供料单元安装步骤？
2. 自动生产线设备安装、调试应注意哪些事项？
3. 说明供料单元拆卸及安装过程。

评价反馈

（一）自我评价（40 分）

先进行自我评价，评分值记录于表 4-15 中。

表 4-15　自我评价表

项目内容	配　分	评 分 标 准	扣　分	得　分
1. 准备	10 分	预习技能训练的内容。		
2. 拆卸	10 分	按照图示顺序拆卸供料单元；顺序错误每次可酌情扣 2～3 分。		
3. 机构安装	20 分	按照图示拆卸顺序的反序安装供料单元；安装顺序出错每次可酌情扣 2～3 分。		
4. 气动回路安装	10 分	按系统运行要求安装气动回路；安装或调试错误酌情扣 1～5 分。		
5. 传感器安装	10 分	按自动检测要求安装和调试传感器；安装或调式错误酌情扣 5～10 分。		
6. 操作过程	10 分	按照规范的工作过程进行操作；出错每处可酌情扣 2～3 分。		
7. 记录数据	10 分	记录结果正确、观察速度快。		
8. 安全、文明操作	20 分	1. 违反操作规程，产生不安全因素，可酌情扣 7～10 分。 2. 着装不规范，可酌情扣 3～5 分。 3. 迟到、早退、工作场地不清洁，每次扣 1～2 分。		
总评分=（1～8 项总分）×40%				

签名：＿＿＿＿＿＿＿＿＿＿＿＿＿年＿＿月＿＿日

（二）小组评价（30 分）

再由同一实训小组的同学结合自评的情况进行互评，同样将评分值记录于表 4-16 中。

表 4-16　小组评价表

项 目 内 容	配　分	评　分
1. 实训记录与自我评价情况	20 分	
2. 对实训室规章制度的学习与掌握情况	20 分	
3. 相互帮助与协作能力	20 分	
4. 安全、质量意识与责任心	20 分	
5. 能否主动参与整理工具、器材与清洁场地	20 分	
总评分=（1～5 项总分）×30%		

参加评价人员签名：__________ __________年__月__日

（三）教师评价（30 分）

最后由指导教师结合自评与互评的结果进行综合评价，并将评价意见与评分值记录于表 4-17 中。

表 4-17　教师评价表

教师总体评价意见：	
教师评分（30 分）	
总评分=自我评分+小组评分+教师评分	

教师签名：__________ __________年__月__日

知识拓展

一、加工单元装配过程

加工单元的装配过程包括两部分，一是加工机构组件装配，二是滑动加工台组件装配。然后进行总装，图 4-65 是加工机构组件装配图，图 4-66 是滑动加工台组件装配图，最后图 4-67 是整个加工单元组装图。

① 加工机构支撑架装配　　② 冲压气缸及冲压头装配　　③ 冲压气缸安装到支撑架上

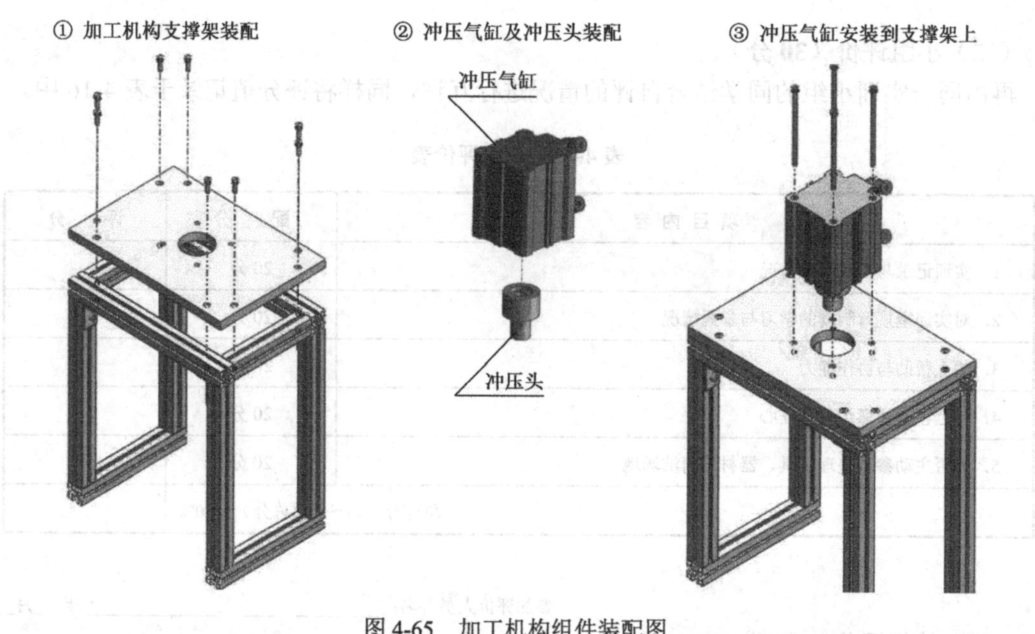

图 4-65　加工机构组件装配图

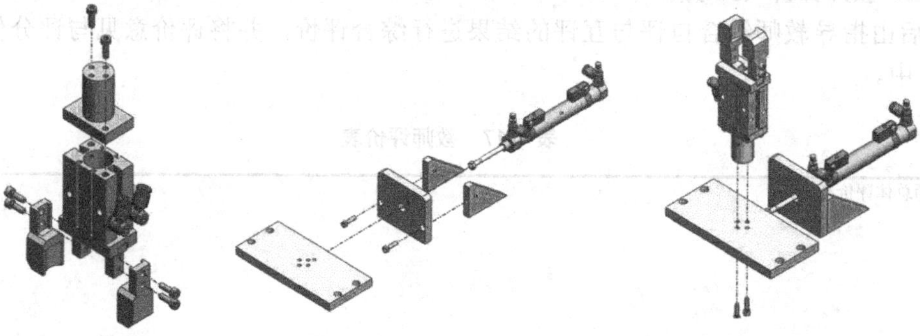

①夹紧机构组装　　②伸缩台组装　　③夹紧机构安装到伸缩台上

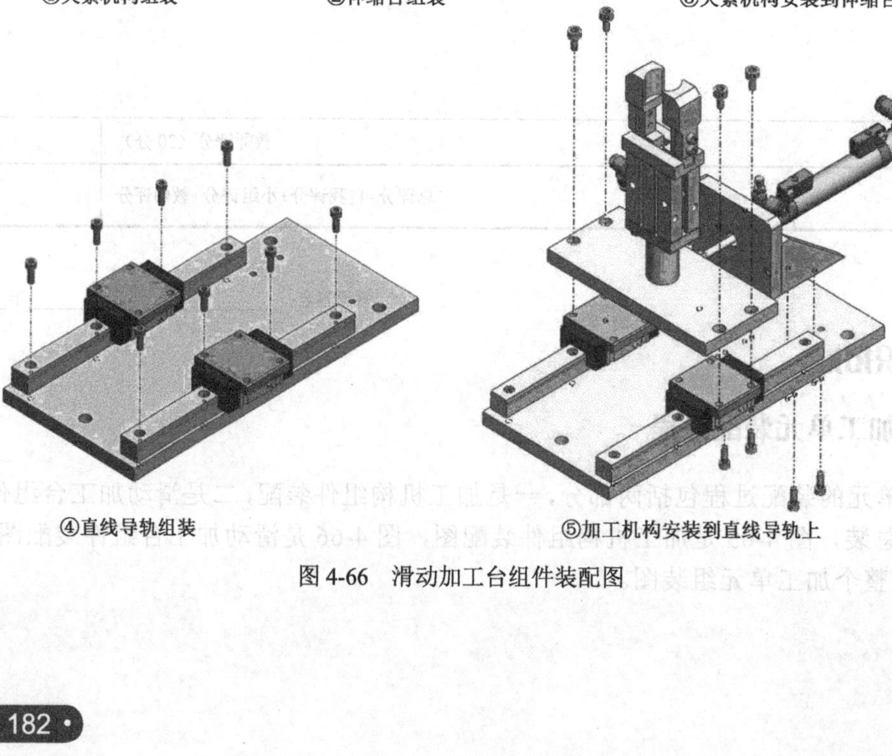

④直线导轨组装　　⑤加工机构安装到直线导轨上

图 4-66　滑动加工台组件装配图

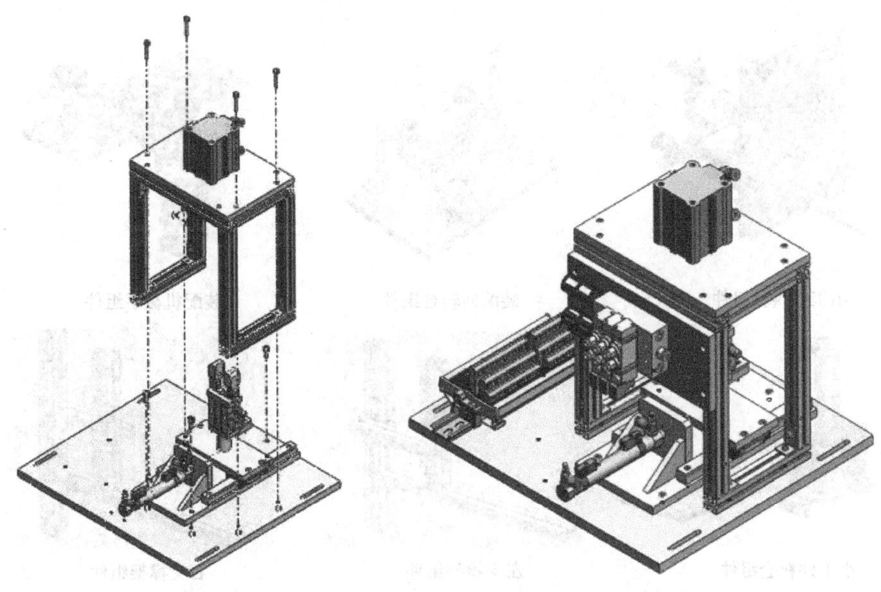

图 4-67 加工单元组装图

在完成以上各组件的装配后，首先将物料夹紧及运动送料部分和整个安装底板连接固定，再将铝合金支撑架安装在大底板上，最后将加工组件部分固定在铝合金支撑架上，完成该单元的装配。

安装时的注意事项：

（1）调整两直线导轨的平行时，要一边移动安装在两导轨上的安装板，一边拧紧固定导轨的螺栓。

（2）如果加工组件部分的冲压头和加工台上的工件的中心没有对正，可以通过调整推料气缸旋入两导轨连接板的深度来进行对正。

二、装配单元装配过程

装配单元是整个 YL-335B 中所包含气动元器件较多、结构较为复杂的单元，为了减小安装的难度和提高安装时的效率，在装配前，应认真分析该结构组成，认真观看录像，参考别人的装配工艺，认真思考，做好记录。遵循先前的思路，先成组件，再进行总装。所装配成的组件如图 4-68 所示。

在完成以上组件的装配后，将与底板接触的型材放置在底板的连接螺纹之上，使用 L 型的连接件和连接螺栓，固定装配站的型材支撑架，如图 4-69 所示。

然后把图 4-68 中的组件逐个安装上去，顺序为：装配回转台组件→小工件料仓组件→小工件供料组件→装配机械手组件。

最后，安装警示灯及其各传感器，从而完成机械部分的装配。

装配注意事项：

（1）装配时要注意摆台的初始位置，以免装配完后摆动角度不到位。

（2）预留螺栓的放置一定要足够，以免造成组件之间不能完成安装。

（3）建议先进行装配，但不要一次拧紧各固定螺栓，待相互位置基本确定后，再依次进行调整固定。

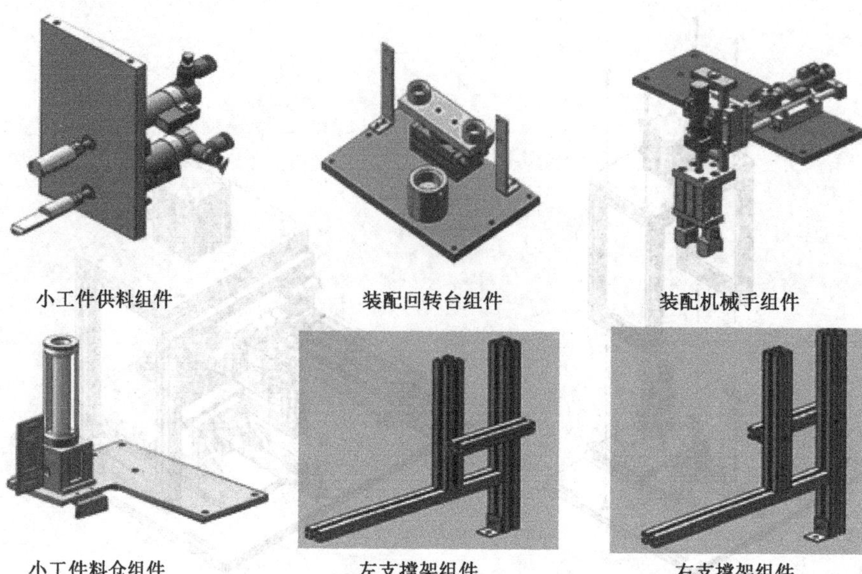

图 4-68 装配单元装配过程的组件

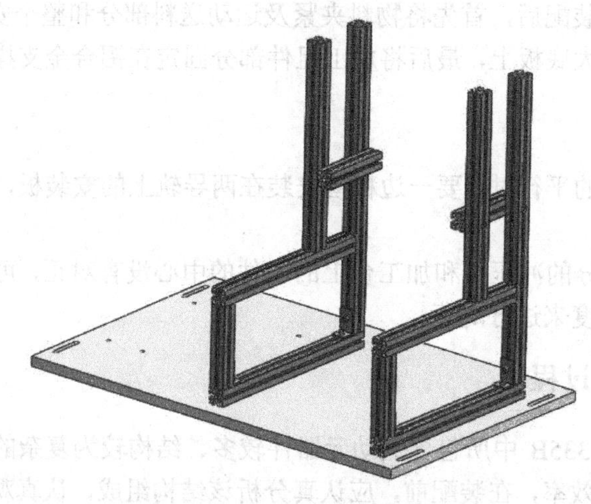

图 4-69 框架组件在底板上的安装

三、分拣单元装配过程

分拣单元机械装配可按如下 4 个阶段进行。

（1）完成传送机构的组装，装配传送带装置及其支座，然后将其安装到底板上，如图 4-70 所示。

（2）完成驱动电动机组件装配，进一步装配联轴器，把驱动电动机组件与传送机构相连接并固定在底板上，如图 4-71 所示。

（3）继续完成推料气缸支架、推料气缸、传感器支架、出料槽及支撑板等装配，如图 4-72 所示。

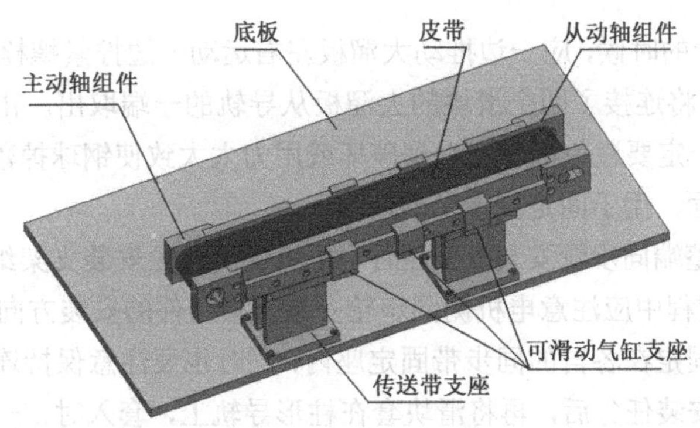

图 4-70　传送机构组件安装

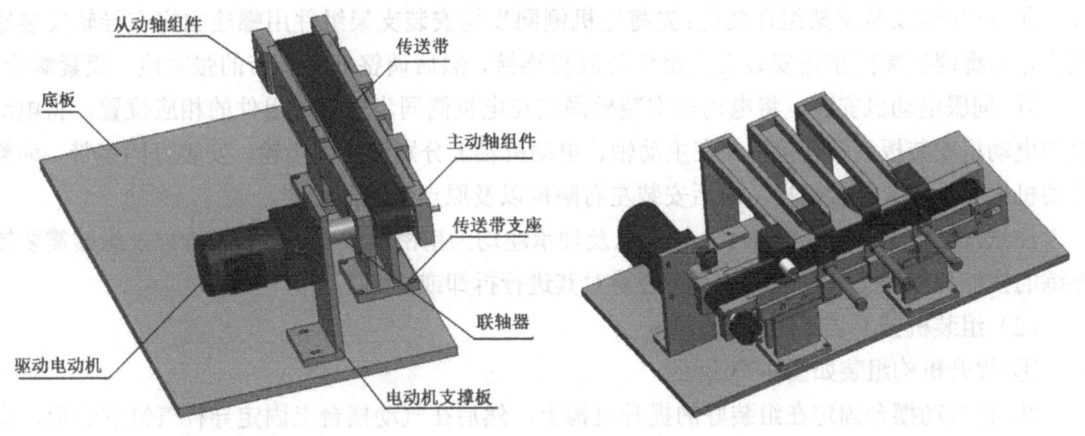

图 4-71　驱动电动机组件安装　　图 4-72　机械部件安装完成时的效果图

（4）最后完成各传感器、电磁阀组件、装置侧接线端口等装配。

安装注意事项：

① 皮带托板与传送带两侧板的固定位置应调整好，以免皮带安装后凹入侧板表面，造成推料被卡住的现象。

② 主动轴和从动轴的安装位置不能错，主动轴和从动轴的安装板的位置不能相互调换。

③ 皮带的张紧度应调整适中。

④ 要保证主动轴和从动轴的平行。

⑤ 为了使传动部分平稳可靠，噪声减小，使用了滚动轴承为动力回转件，但滚动轴承及其安装配合零件均为精密结构件，对其拆装需要一定的技能和专用的工具，建议不要自行拆卸。

四、输送单元装配过程

为了提高安装的速度和准确性，对本单元的安装同样遵循先成组件，再进行总装的原则。

（1）组装直线运动组件的步骤如下。

① 在底板上装配直线导轨。直线导轨是精密机械运动部件，其安装、调整都要遵循一定的方法和步骤，而且该单元中使用的导轨的长度较长，要快速准确地调整好两导轨的相互位置，使其运动平稳、受力均匀、运动噪声小。

② 装配大溜板、四个滑块组件：将大溜板与两直线导轨上的四个滑块的位置找准并进行

固定，在拧紧固定螺栓的时候，应一边推动大溜板左右运动一边拧紧螺栓，直到滑动顺畅为止。

③ 连接同步带：将连接了四个滑块的大溜板从导轨的一端取出。由于用于滚动的钢球嵌在滑块的橡胶套内，一定要避免橡胶套受到破坏或用力太大致使钢球掉落。将两个同步带固定座安装在大溜板的反面，用于固定同步带的两端。

接下来分别将调整端同步轮安装支架组件、电机侧同步轮安装支架组件上的同步轮，套入同步带的两端，在此过程中应注意电机侧同步轮安装支架组件的安装方向、两组件的相对位置，并将同步带两端分别固定在各自的同步带固定座内，同时也要注意保持连接安装好后的同步带平顺一致。完成以上安装任务后，再将滑块套在柱形导轨上，套入时，一定不能损坏滑块内的滑动滚珠以及滚珠的保持架。

④ 同步轮安装支架组件装配：先将电机侧同步轮安装支架组件用螺栓固定在导轨安装底板上，再将调整端同步轮安装支架组件与底板连接，然后调整好同步带的张紧度，锁紧螺栓。

⑤ 伺服电动机安装：将电动机安装板固定在电机侧同步轮支架组件的相应位置，将电动机与电动机安装板活动连接，并在主动轴、电动机轴上分别套接同步轮，安装好同步带，调整电动机位置，锁紧连接螺栓。最后安装左右限位以及原点传感器支架。

注意：在以上各构成零件中，轴承以及轴承座均为精密机械零部件，拆卸以及组装需要较熟练的技能和专用工具，因此，不可轻易对其进行拆卸或修配工作。

（2）组装机械手装置的步骤如下。

① 提升机构组装如图 4-73 所示。

② 把气动摆台固定在组装好的提升机构上，然后在气动摆台上固定导杆气缸安装板，安装时注意要先找好导杆气缸安装板与气动摆台连接的原始位置，以便有足够的回转角度。

③ 连接气动手指和导杆气缸，然后把导杆气缸固定到导杆气缸安装板上。完成抓取机械手装置的装配。

（3）把抓取机械手装置固定到直线运动组件的大溜板上，如图 4-74 所示。最后，检查摆台上的导杆气缸、气动手指组件的回转位置是否满足在其余各工作站上抓取和放下工件的要求，并进行适当的调整。

图 4-73　提升机构组装

图 4-74　装配完成的抓取机械手装置

任务5 安装自动生产线供料单元电气回路

任务目标

了解自动机与自动生产线的电气控制系统的组成。

学习目标

应知：

（1）了解生产线供电电源接入方式。

（2）了解三菱 FX2N 系列 PLC 端口接线方式。

（3）掌握传感器与 PLC 线路安装方式。

应会：

（1）会安装、连接电源、传感器、电磁阀电气回路。

（2）会根据检测工作类型的不同选择、调试不同类型的传感器。

（3）会根据 PLC 输入指示灯判断传感器的检测状态。

建议学时

建议完成本学习任务为 6 学时。

器材准备

本学习任务所需的通用设备、工具和器材如表 4-18 所示。

表 4-18 通用设备、工具和器材明细表

序号	名　称	型　号	规　格	单位	数量
1	自动生产线	亚龙 YL-335B	如图 4-1 所示	台	1
2	万用表	MG-27 型	0-10-50-250A、0-300-600V、0～300Ω	台	1
3	自动生产线拆装常用工具		双开扳手、内六角扳手、套装螺丝刀、钟表螺丝刀、剪管钳、斜嘴钳、剥线钳、压线鼻子钳等工具，如图 4-2 所示	套	1
4	机械零、配件		螺栓、螺钉、螺母、垫圈等		

相关知识

一、系统供电电源方式

YL-335B 要求外部供电电源为三相五线制 AC 380V/220V，图 4-75 为供电电源的一次回路原理图。图中，总电源开关选用 DZ47LE-32/C32 型三相四线漏电开关（3P+N 结构形式）。系统各主要负载通过自动开关单独供电。其中，变频器电源通过 DZ47C16/3P 三相自动开关供电；各工作站 PLC 均采用 DZ47C5/2P 单相自动开关供电。此外，系统配置 4 台 DC 24V6A 开关稳压电源分别用作供料、加工、分拣，及输送单元的直流电源，配电箱设备安装如图 4-76 所示。

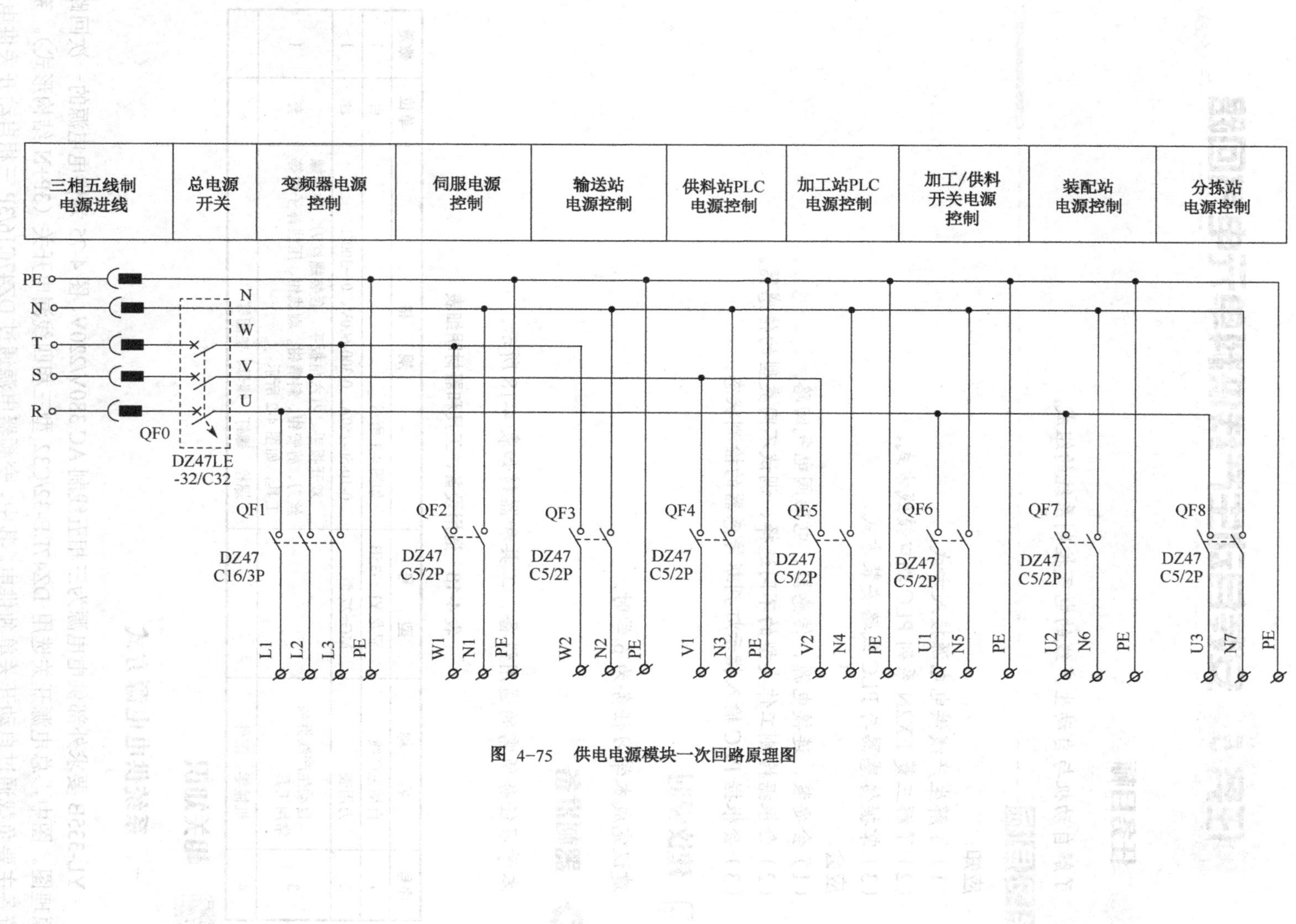

图 4-75　供电电源模块一次回路原理图

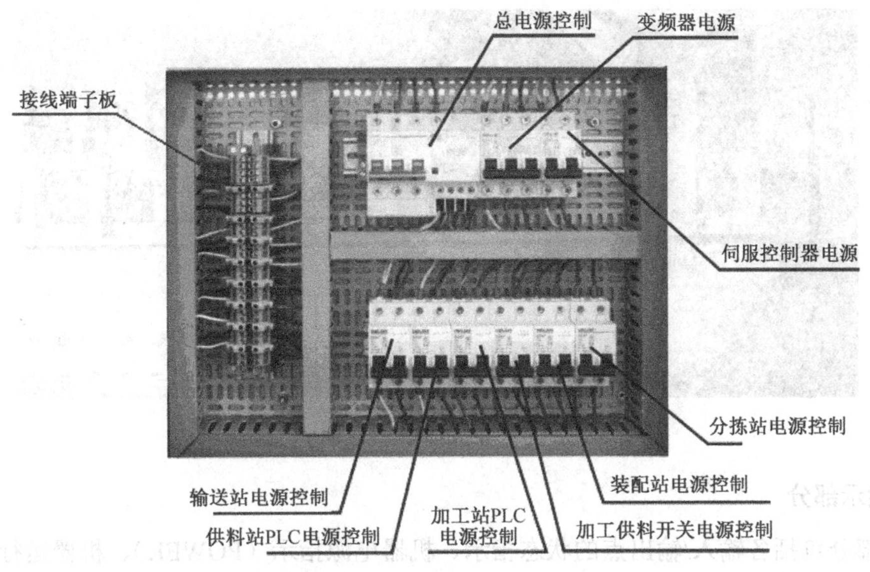

图 4-76　配电箱设备安装图

二、三菱 FX2N 系列 PLC 简介

FX2N 系列 PLC 的外部结构如图 4-77 所示。它主要由三部分组成，即外部接线（输入/输出接线）端子部分、指示部分和接口部分。

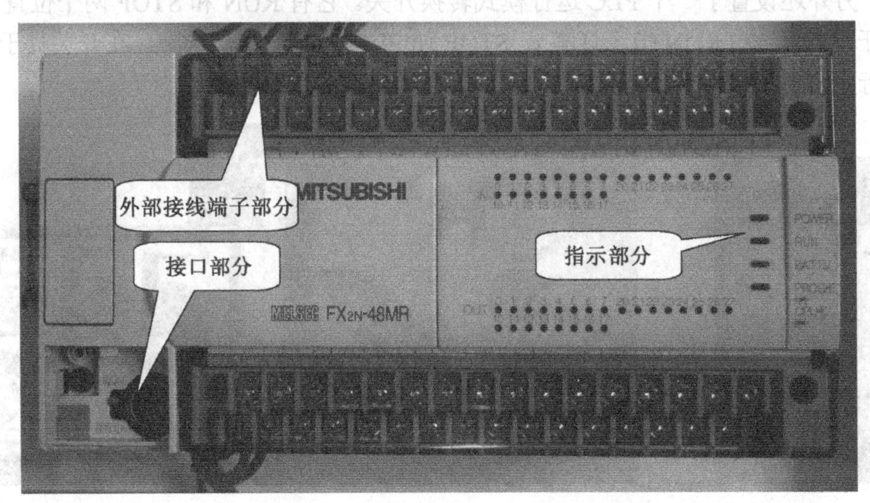

图 4-77　三菱 FX2N 系列 PLC 外部结构

1. 外部接线端子部分

外部接线端子部分包括 PLC 电源（L、N）端子、输入用直流电源（24+、COM）端子、输入端子（X）、输出端子（Y）、运行控制（RUN）和接地端子等。主要完成电源、输入信号和输出信号的连接，如图 4-78 所示。

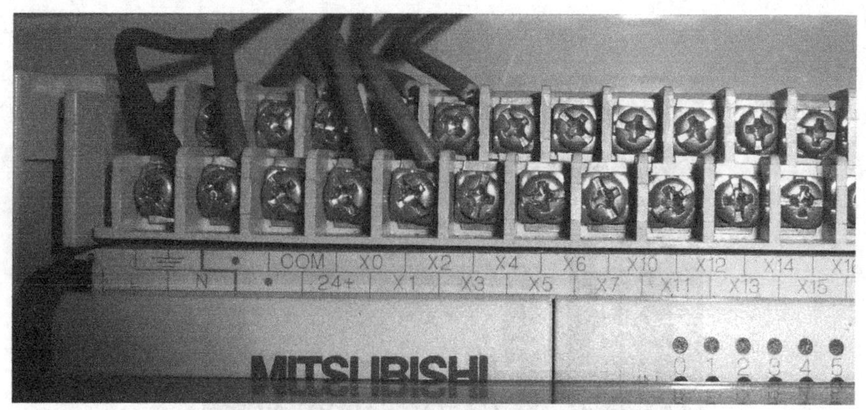

图 4-78　PLC 输入接线端子

2. 指示部分

指示部分包括各输入/输出点的状态指示、机器电源指示（POWER）、机器运行状态指示（RUN）、用户程序存储器后备电池指示（BATT.V）、程序错误指示（PROG-E）以及 CPU 出错指示灯（CPU-E）等，用于反映 I/O 点和机器状态，如图 4-79 所示。

3. 接口部分

FX2N 系列 PLC 有多个接口，主要包括编程器接口、存储器接口、扩展接口、特殊功能模块接口等。另外还设置了一个 PLC 运行模式转换开关。它有 RUN 和 STOP 两个位置，RUN 使 PLC 机处于运行状态（RUN 指示灯亮），STOP 使 PLC 机处于停止状态。在开关处于停止状态时，可执行用户程序的录入、编辑和修改，如图 4-80 所示。

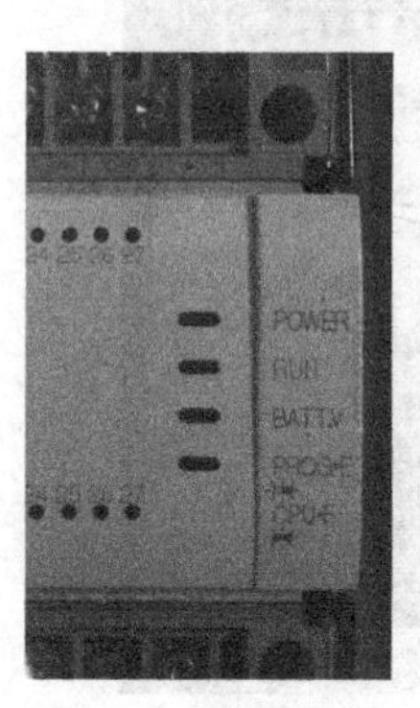

图 4-79　PLC 状态指示灯

图 4-80　PLC 编程口及运行停止选择开关

三、PLC 的 I/O 接线

根据工作单元装置的 I/O 信号分配和工作任务的要求，供料单元 PLC 选用 FX2N-32MR 主单元，共 16 点输入和 16 点继电器输出。PLC 的 I/O 信号分配如表 4-19 所示，接线原理图见图 4-81。

表 4-19 供料单元 PLC 的 I/O 信号表

输入信号				输出信号			
序号	PLC 输入点	信号名称	信号来源	序号	PLC 输出点	信号名称	信号来源
1	X0	顶料气缸伸出到位	装置侧	1	Y0	顶料电磁阀	装置侧
2	X1	顶料气缸缩回到位		2	Y1	推料电磁阀	
3	X2	推料气缸伸出到位		3	Y2		
4	X3	推料气缸缩回到位		4	Y3		
5	X4	出料台物料检测		5	Y4		
6	X5	供料不足检测		6	Y5		
7	X6	缺料检测		7	Y6		
8	X7	金属工件检测		8			
9	X10			9	Y7	正常工作指示	按钮/指示灯模块
10	X11			10	Y10	运行指示	
11	X12	停止按钮	按钮/指示灯模块				
12	X13	启动按钮					
13	X14	急停按钮（未用）					
14	X15	工作方式选择					

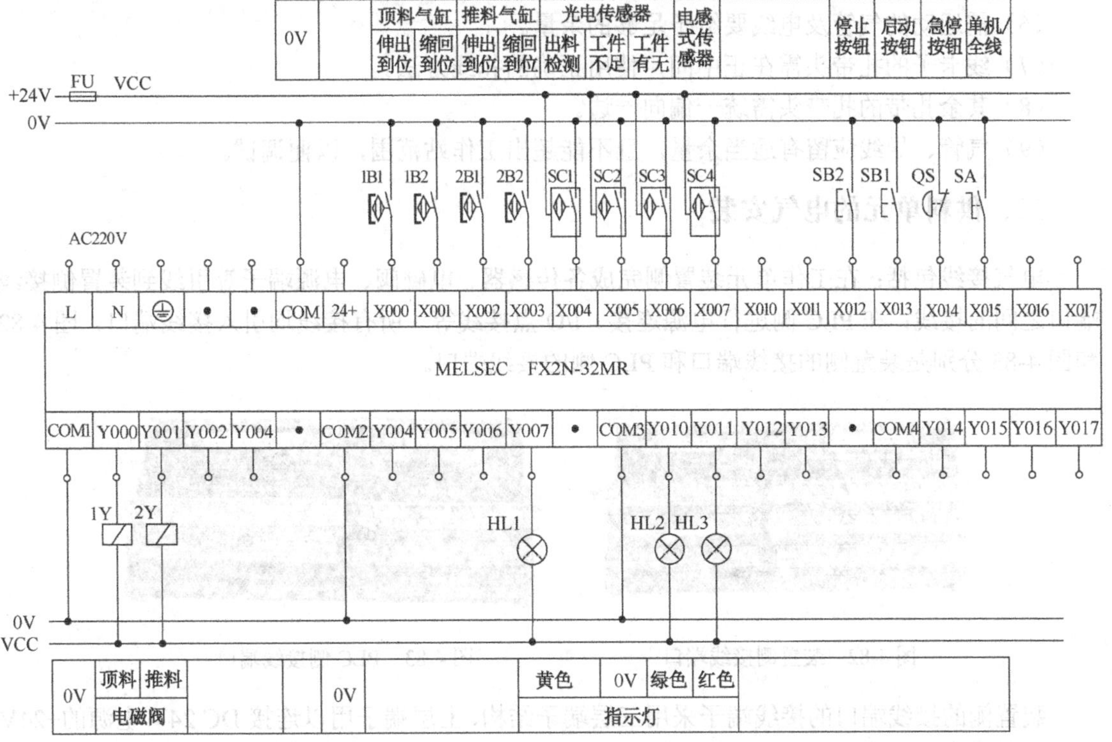

图 4-81 供料单元 PLC 的 I/O 接线原理图

任务实施

一、电气安装注意事项

1. 使用电气设备的注意事项

（1）电气插座不得超负荷。

（2）在修理或调试设备前，应先切断电源。

（3）不使用设备时应切断电源。

（4）所有电气设备必须接地线。

（5）切勿在手湿时接触电气设备。

2. 电气回路连接安全规则

（1）电气连接完成前不能通电。

（2）在安全电压下操作，工作电压 DC 24V。

3. 安装工艺要求

（1）气管和电线不能扎在一起。

（2）气管不能放入走线槽，移动的气管除外。

（3）气管和电线走线要求横平竖直，弯曲需尽量成半圆形。

（4）线卡子间距小于 50mm。

（5）相邻导线和气管间的线扎间隔必须小于 40mm±5mm 公差，且切口在侧面同一方向。

（6）需运动的气管及电线要给予足够的余量。

（7）线卡子的扎带头需在正中间，使用正确的扎线方法。

（8）其余扎带的扎带头需统一偏向一边。

（9）气管、导线应留有适当余量，且不能超出工作站范围，以便调试。

二、供料单元的电气安装

电气接线包括：在工作单元装置侧完成各传感器、电磁阀、电源端子等引线到装置侧接线端口之间的接线；在 PLC 侧进行电源连接、I/O 点接线等。所有接线均引入接线端口，图 4-82 和图 4-83 分别是装置侧的接线端口和 PLC 侧的接线端口。

图 4-82　装置侧接线端口

图 4-83　PLC 侧接线端口

装置侧的接线端口的接线端子采用三层端子结构，上层端子用以连接 DC 24V 电源的+24V 端，底层端子用以连接 DC 24V 电源的 0V 端，中间层端子用以连接各信号线。

PLC 侧的接线端口的接线端子采用两层端子结构，上层端子用以连接各信号线，其端子号与装置侧的接线端口的接线端子相对应。底层端子用以连接 DC 24V 电源的+24V 端和 0V 端。

供料单元装置侧的接线端口上各电磁阀和传感器的引线安排如表 4-20 所示。

表 4-20　供料单元装置侧的接线端口信号端子的分配

输入端口中间层			输出端口中间层		
端子号	设备符号	信号线	端子号	设备符号	信号线
2	1B1	顶料到位	2	1Y	顶料电磁阀
3	1B2	顶料复位	3	2Y	推料电磁阀
4	2B1	推料到位			
5	2B2	推料复位			
6	SC1	出料台物料检测			
7	SC2	物料不足检测			
8	SC3	物料有无检测			
9	SC4	金属材料检测			
10～17 端子没有连接			4～14 端子没有连接		

接线时应注意，装置侧接线端口中，输入信号端子的上层端子（+24V）只能作为传感器的正电源端，切勿用于电磁阀等执行元件的负载。电磁阀等执行元件的正电源端和 0V 端应连接到输出信号端子下层端子的相应端子上。装置侧接线完成后，应用扎带绑扎，力求整齐美观。

PLC 侧的接线，包括电源接线、PLC 的 I/O 点和 PLC 侧接线端口之间的连线、PLC 的 I/O 点与按钮指示灯模块的端子之间的连线。具体接线要求与工作任务有关。

电气接线的工艺应符合国家标准的规定。例如，导线连接到端子时，采用压紧端子压接方法；连接线须有符合规定的标号；每一端子连接的导线不超过 2 根等。

三、供料单元电气系统运行调试

由于只考虑供料单元作为独立设备运行时的情况，单元工作的主令信号和工作状态显示信号来自 PLC 旁边的按钮/指示灯模块。并且，按钮/指示灯模块上的工作方式选择开关 SA 应置于“单站方式”位置。具体的控制要求为：

（1）设备上电和气源接通后，若工作单元的两个气缸均处于缩回位置，且料仓内有足够的待加工工件，则“正常工作”指示灯 HL1 常亮，表示设备准备好。否则，该指示灯以 1Hz 频率闪烁。

（2）若设备准备好，按下启动按钮，工作单元启动，“设备运行”指示灯 HL2 常亮。启动后，若出料台上没有工件，则应把工件推到出料台上。出料台上的工件被人工取出后，若没有停止信号，则进行下一次推出工件操作。

（3）若在运行中按下停止按钮，则在完成本工作周期任务后，各工作单元停止工作，HL2 指示灯熄灭。

（4）若在运行中料仓内工件不足，则工作单元继续工作，但“正常工作”指示灯 HL1 以 1Hz 的频率闪烁，“设备运行”指示灯 HL2 保持常亮。若料仓内没有工件，则 HL1 指示灯和 HL2 指示灯均以 2Hz 频率闪烁。工作站在完成本周期任务后停止。向料仓补充足够的工件，工作站才能再启动。

要求完成如下任务：

（1）规划 PLC 的 I/O 分配及接线端子分配。

（2）进行系统安装接线。

（3）按控制要求编制 PLC 程序。

（4）进行调试与运行。

四、供料单元整机调试与运行

（1）调整气动部分，检查气路是否正确，气压是否合理，气缸的动作速度是否合理。

（2）检查磁性开关的安装位置是否到位，磁性开关工作是否正常。

（3）检查 I/O 接线是否正确。

（4）检查光电传感器安装是否合理，灵敏度是否合适，保证检测的可靠性。

（5）运行程序检查动作是否满足任务要求。

（6）调试各种可能出现的情况，例如在料仓工件不足的情况下，系统能否可靠工作；料仓没有工件的情况下，能否满足控制要求。

习题

1. 说明三菱 FX2N 系列 PLC 外观有由哪些部分组成？
2. 根据供料单元 PLC 的 I/O 接线原理图，说明输入/输出各元件符号作用。
3. 自动生产线电气安装应注意哪些事项？
4. 自动生产线供料单元整机调试与运行应该注意哪些事项？

评价反馈

（一）自我评价（40 分）

先进行自我评价，评分值记录于表 4-21 中。

表 4-21 自我评价表

项 目 内 容	配分	评 分 标 准	扣分	得分
1. 准备	10 分	预习技能训练的内容。		
2. 拆卸	10 分	按照图示顺序拆卸电路。顺序错误每次可酌情扣 2～3 分。		
3. 安装	10 分	按照图示拆卸顺序的反序安装电路。安装顺序出错每次可酌情扣 2～3 分。		
4. PLC 输入	10 分	能通过 PLC 输入指示灯检测传感器检测状态。不会识读和调试酌情扣 1～5 分。		
5. PLC 输出	10 分	能通过 PLC 输出指导灯判断气缸的运行状态。不会判断酌情扣 5～10 分。		
6. 操作过程	20 分	按照规范的工作过程进行操作。出错每处可酌情扣 2～3 分。		
7. 记录数据	10 分	记录结果正确、观察速度快。		
8. 安全、文明操作	20 分	1. 违反操作规程，产生不安全因素，可酌情扣 7～10 分。 2. 着装不规范，可酌情扣 3～5 分。 3. 迟到、早退、工作场地不清洁，每次扣 1～2 分。		
总评分=（1～8 项总分）×40%				

签名：__________ 年___月___日

（二）小组评价（30 分）

再由同一实训小组的同学结合自评的情况进行互评，同样将评分值记录于表 4-22 中。

表 4-22 小组评价表

项 目 内 容	配 分	评 分
1. 实训记录与自我评价情况	20 分	
2. 对实训室规章制度的学习与掌握情况	20 分	
3. 相互帮助与协作能力	20 分	
4. 安全、质量意识与责任心	20 分	
5. 能否主动参与整理工具、器材与清洁场地	20 分	
	总评分=（1～5 项总分）×30%	

参加评价人员签名：＿＿＿＿＿＿ ＿＿＿＿＿＿年＿＿月＿＿日

（三）教师评价（30 分）

最后由指导教师结合自评与互评的结果进行综合评价，并将评价意见与评分值记录于表 4-23 中。

表 4-23 教师评价表

教师总体评价意见：	
教师评分（30 分）	
总评分=自我评分+小组评分+教师评分	

教师签名：＿＿＿＿＿＿ ＿＿＿＿＿＿年＿＿月＿＿日

知识拓展

供料单元单站控制的编程思路

（1）程序结构：程序由两部分组成，一部分是系统状态显示，另一部分是供料控制。主程序在每一扫描周期都调用系统状态显示子程序，仅当在运行状态已经建立才可能调用供料控制子程序。

（2）PLC 上电后应首先进入初始状态检查阶段，确认系统已经准备就绪后，才允许投入运行，这样可及时发现存在问题，避免出现事故。例如，若两个气缸在上电和气源接入时不在初始位置，这是气路连接错误的缘故，显然在这种情况下不允许系统投入运行。通常的 PLC 控制系统往往有这种常规的要求。

（3）供料单元运行的主要过程是供料控制，它是一个步进顺序控制过程。其控制程序流程如图 4-84 所示。图中，初始步 S0 在主程序中，当系统准备就绪且接收到启动脉冲时被置位。

（4）如果没有停止要求，顺控过程将周而复始地不断循环。常见的顺序控制系统正常停止要求是，接收到停止指令后，系统在完成本工作周期任务即返回到初始步后才复位运行状态停止下来。

（5）料仓中最后一个工件被推出后，将发生缺料报警。推料气缸复位到位，亦即完成本工作周期任务返回到初始步后，也应退出运行状态而停止下来。与正常停止不同的是，发生缺料报警而退出运行状态后，必须向供料料仓加入足够的工件，才能再按启动按钮使系统重新启动。

（6）系统的工作状态可通过在每一扫描周期调用“工作状态显示”子程序实现，工作状态包括：是否准备就绪、运行/停止状态、工件不足预报警、缺料报警等状态。

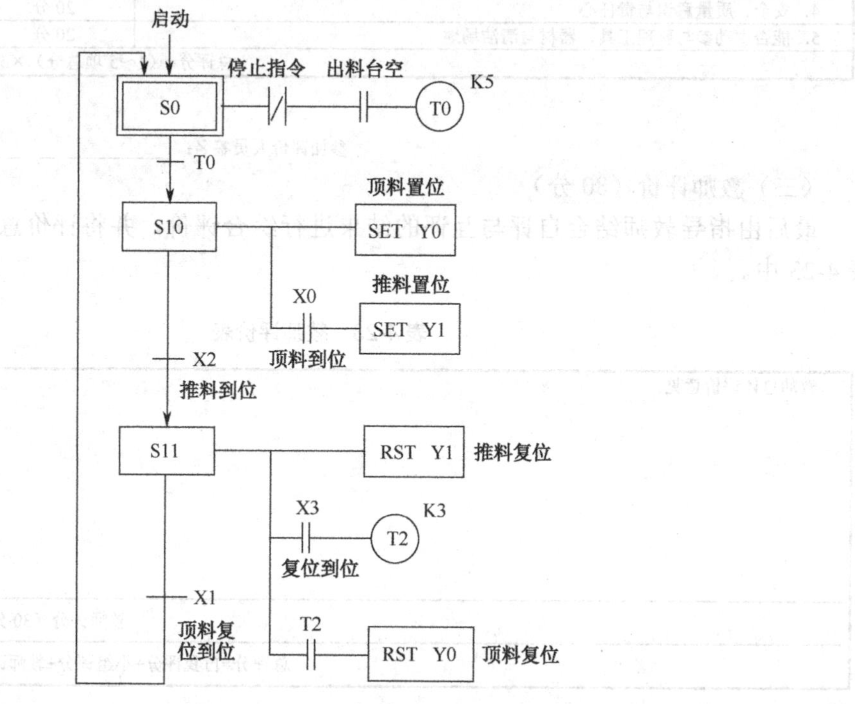

图 4-84 供料控制程序流程

任务 6 联合调试运行自动生产线

任务目标

自动生产线全线运行与控制调试。

学习目标

应知：

（1）了解多工位联机通信运行方式。

（2）了解各工作单元的工作流程。

（3）掌握自动生产线的运行控制要求。

应会：

（1）自动生产线各单元电气运行与气动回路调试。

（2）自动生产线整机电气运行与气动回路调试。

建议学时

建议完成本学习任务为 6 学时。

器材准备

本学习任务所需的通用设备、工具和器材如表 4-24 所示。

表 4-24 通用设备、工具和器材明细表

序号	名 称	型 号	规 格	单位	数量
1	自动生产线	亚龙 L-335B	如图 4-1 所示	台	1
2	万用表	MG-27 型	0-10-50-250A、0-300-600V、0～300Ω	台	1
3	自动生产线拆装常用工具		双开扳手、内六角扳手、套装螺丝刀、钟表螺丝刀、剪管钳、斜嘴钳、剥线钳、压线鼻子钳等工具，如图 4-2 所示	套	1
4	机械零、配件		螺栓、螺钉、螺母、垫圈等		

相关知识

一、YL-335B 自动生产线工作目标

自动生产线整体运行的工作目标是将供料单元料仓内的工件送往加工单元的物料台，加工完成后，把加工好的工件送往装配单元的装配台，然后把装配单元料仓内的白色和黑色两种不同颜色的小圆柱零件嵌入到装配台上的工件中，完成装配后的成品送往分拣单元分拣输出。已完成加工和装配工作的工件如图 4-85 所示。

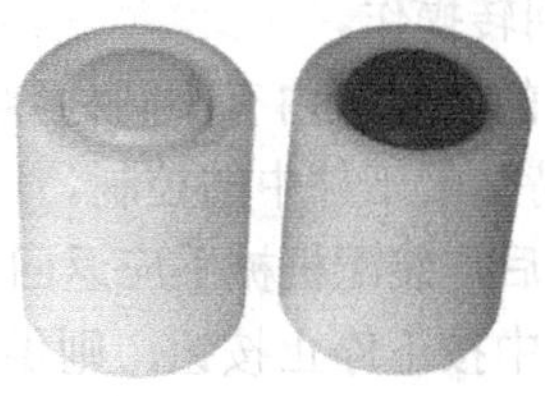

图 4-85 已完成加工和装配工作的工件

二、自动生产线程序运行与调试

系统的工作模式分为单站工作和全线运行模式。

从单站工作模式切换到全线运行方式的条件是：各工作站均处于停止状态，各站的按钮/指示灯模块上的工作方式选择开关置于全线模式，此时若人机界面中选择开关切换到全线运行模式，系统进入全线运行状态。

要从全线运行方式切换到单站工作模式，仅限当前工作周期完成后人机界面中选择开关切换到单站运行模式才有效。

在全线运行方式下，各工作站仅通过网络接受来自人机界面的主令信号，除主站急停按钮外，所有本站主令信号无效。

单站运行模式下，各单元工作的主令信号和工作状态显示信号来自其 PLC 旁边的按钮/指示灯模块。并且，按钮/指示灯模块上的工作方式选择开关 SA 应置于“单站方式”位置。各站

的具体控制要求与前面各项目单独运行要求基本相同。

（1）供料站单站运行工作要求

详见任务 5。

（2）加工站单站运行工作要求

①上电和气源接通后，若各气缸满足初始位置要求，则 “正常工作”指示灯 HL1 常亮，表示设备准备好；否则，该指示灯以 1Hz 频率闪烁。

② 若设备准备好，按下启动按钮，设备启动，“设备运行”指示灯 HL2 常亮。当待加工工件送到加工台上并被检出后，设备执行将工件夹紧，送往加工区域冲压，完成冲压动作后返回待料位置的工件加工工序。如果没有停止信号输入，当再有待加工工件送到加工台上时，加工单元又开始下一周期工作。

③ 在工作过程中，若按下停止按钮，加工单元在完成本周期的动作后停止工作。HL2 指示灯熄灭。

④当待加工工件被检出而加工过程开始后，如果按下急停按钮，本单元所有机构应立即停止运行，HL2 指示灯以 1Hz 频率闪烁。急停按钮复位后，设备从急停前的断点开始继续运行。

（3）装配站单站运行工作要求

① 设备上电和气源接通后，若各气缸满足初始位置要求，料仓上已经有足够的小圆柱零件、工件装配台上没有待装配工件，则“正常工作”指示灯 HL1 常亮，表示设备准备好；否则，该指示灯以 1Hz 频率闪烁。

② 若设备准备好，按下启动按钮，装配单元启动，“设备运行”指示灯 HL2 常亮。如果回转台上的左料盘内没有小圆柱零件，就执行下料操作；如果左料盘内有零件，而右料盘内没有零件，执行回转台回转操作。

③ 如果回转台上的右料盘内有小圆柱零件且装配台上有待装配工件，执行装配机械手抓取小圆柱零件、放入待装配工件中的控制。

④ 完成装配任务后，装配机械手应返回初始位置，等待下一次装配。

⑤ 若在运行过程中按下停止按钮，则供料机构应立即停止供料，在装配条件满足的情况下，装配单元在完成本次装配后停止工作。

⑥ 在运行中发生“零件不足”报警时，指示灯 HL3 以 1Hz 的频率闪烁，HL1 和 HL2 灯常亮；在运行中发生“零件没有”报警时，指示灯 HL3 以亮 1s，灭 0.5s 的方式闪烁，HL2 熄灭，HL1 常亮。

（4）分拣站单站运行工作要求

① 初始状态：设备上电和气源接通后，若工作单元的三个气缸满足初始位置要求，则“正常工作”指示灯 HL1 常亮，表示设备准备好；否则，该指示灯以 1Hz 频率闪烁。

② 若设备准备好，按下启动按钮，系统启动，“设备运行”指示灯 HL2 常亮。当传送带入料口人工放下已装配的工件时，变频器即启动，驱动传动电动机以频率为 30Hz 的速度，把工件带往分拣区。

③ 如果金属工件上的小圆柱工件为白色，则该工件对到达 1 号滑槽中间，传送带停止，工件对被推到 1 号槽中；如果塑料工件上的小圆柱工件为白色，则该工件对到达 2 号滑槽中间，传送带停止，工件对被推到 2 号槽中；如果工件上的小圆柱工件为黑色，则该工件对到达 3 号滑槽中间，传送带停止，工件对被推到 3 号槽中。工件被推出滑槽后，该工作单元的一个工作

周期结束。仅当工件被推出滑槽后，才能再次向传送带下料。

如果在运行期间按下停止按钮，该工作单元在本工作周期结束后停止运行。

（5）输送站单站运行工作要求

单站运行的目标是测试设备传送工件的功能。要求其他各工作单元已经就位，并且在供料单元的出料台上放置了工件。具体测试过程要求如下：

① 输送单元在通电后，按下复位按钮 SB1，执行复位操作，使抓取机械手装置回到原点位置。在复位过程中，“正常工作”指示灯 HL1 以 1Hz 的频率闪烁。

当抓取机械手装置回到原点位置，且输送单元各个气缸满足初始位置的要求时，则复位完成，“正常工作”指示灯 HL1 常亮。按下启动按钮 SB2，设备启动，“设备运行”指示灯 HL2 也常亮，开始功能测试过程。

② 抓取机械手装置从供料站出料台抓取工件，抓取的顺序是：手臂伸出→手爪夹紧抓取工件→提升台上升→手臂缩回。

③ 抓取动作完成后，伺服电动机驱动机械手装置向加工站移动，移动速度不小于 300mm/s。

④ 机械手装置移动到加工站物料台的正前方后，即把工件放到加工站物料台上。抓取机械手装置在加工站放下工件的顺序是：手臂伸出→提升台下降→手爪松开放下工件→手臂缩回。

⑤ 放下工件动作完成 2s 后，抓取机械手装置执行抓取加工站工件的操作。抓取的顺序与供料站抓取工件的顺序相同。

⑥ 抓取动作完成后，伺服电动机驱动机械手装置移动到装配站物料台的正前方，然后把工件放到装配站物料台上。其动作顺序与加工站放下工件的顺序相同。

⑦ 放下工件动作完成 2s 后，抓取机械手装置执行抓取装配站工件的操作。抓取的顺序与供料站抓取工件的顺序相同。

⑧ 机械手手臂缩回后，摆台逆时针旋转 90°，伺服电动机驱动机械手装置从装配站向分拣站运送工件，到达分拣站传送带上方入料口后把工件放下，动作顺序与加工站放下工件的顺序相同。

⑨ 放下工件动作完成后，机械手手臂缩回，然后执行返回原点的操作。伺服电动机驱动动机械手装置以 400mm/s 的速度返回，返回 900mm 后，摆台顺时针旋转 90°，然后以 100mm/s 的速度低速返回原点停止。

当抓取机械手装置返回原点后，一个测试周期结束。当供料单元的出料台上放置了工件时，再按一次启动按钮 SB2，开始新一轮的测试。

任务实施

一、系统正常的全线运行模式测试

1. 全线运行模式测试

全线运行模式下各工作站部件的工作顺序以及对输送站机械手装置运行速度的要求，与单站运行模式一致。全线运行步骤如下：

（1）系统上电，网络正常后开始工作。触摸人机界面上的复位按钮，执行复位操作，在复位过程中，绿色警示灯以 2Hz 的频率闪烁。红色和黄色灯均熄灭。

复位过程包括：使输送站机械手装置回到原点位置和检查各工作站是否处于初始状态。

各工作站初始状态是指：

① 各工作单元气动执行元件均处于初始位置。

② 供料单元料仓内有足够的待加工工件。

③ 装配单元料仓内有足够的小圆柱零件。

④ 输送站的紧急停止按钮未按下。

当输送站机械手装置回到原点位置，且各工作站均处于初始状态，则复位完成，绿色警示灯常亮，表示允许启动系统。这时若触摸人机界面上的启动按钮，系统启动，绿色和黄色警示灯均常亮。

（2）供料站的运行。

系统启动后，若供料站的出料台上没有工件，则应把工件推到出料台上，并向系统发出出料台上有工件信号。若供料站的料仓内没有工件或工件不足，则向系统发出报警或预警信号。出料台上的工件被输送站机械手取出后，若系统仍然需要推出工件进行加工，则进行下一次推出工件操作。

（3）输送站运行 1。

当工件推到供料站出料台后，输送站抓取机械手装置应执行抓取供料站工件的操作。动作完成后，伺服电动机驱动机械手装置移动到加工站加工物料台的正前方，把工件放到加工站的加工台上。

（4）加工站运行。

加工站加工台的工件被检出后，执行加工过程。当加工好的工件重新送回待料位置时，向系统发出冲压加工完成信号。

（5）输送站运行 2。

系统接收到加工完成信号后，输送站机械手应执行抓取已加工工件的操作。抓取动作完成后，伺服电动机驱动机械手装置移动到装配站物料台的正前方，然后把工件放到装配站物料台上。

（6）装配站运行。

装配站物料台的传感器检测到工件到来后，开始执行装配过程。装入动作完成后，向系统发出装配完成信号。

如果装配站的料仓或料槽内没有小圆柱工件或工件不足，应向系统发出报警或预警信号。

（7）输送站运行 3。

系统接收到装配完成信号后，输送站机械手应抓取已装配的工件，然后从装配站向分拣站运送工件，到达分拣站传送带上方入料口后把工件放下，然后执行返回原点的操作。

（8）分拣站运行。

输送站机械手装置放下工件、缩回到位后，分拣站的变频器即启动，驱动传动电动机以80%最高运行频率（由人机界面指定）的速度，把工件带入分拣区进行分拣，工件分拣原则与单站运行相同。当分拣气缸活塞杆推出工件并返回后，应向系统发出分拣完成信号。

（9）仅当分拣站分拣工作完成，并且输送站机械手装置回到原点，系统的一个工作周期才认为结束。如果在工作周期期间没有触摸过停止按钮，系统在延时 1 秒后开始下一周期工作。如果在工作周期期间曾经触摸过停止按钮，系统工作结束，警示灯中黄色灯熄灭，绿色灯仍保持常亮。系统工作结束后若再按下启动按钮，则系统又重新工作。

2. 异常工作状态测试

（1）工件供给状态的信号警示

如果发生来自供料站或装配站的“工件不足够”的预报警信号或“工件没有”的报警信号，则系统动作如下：

① 如果发生“工件不足够”的预报警信号，警示灯中红色灯以 1Hz 的频率闪烁，绿色和黄色灯保持常亮，系统继续工作。

② 如果发生“工件没有”的报警信号，警示灯中红色灯以亮 1s，灭 0.5s 的方式闪烁；黄色灯熄灭，绿色灯保持常亮。

若“工件没有”的报警信号来自供料站，且供料站物料台上已推出工件，系统继续运行，直至完成该工作周期尚未完成的工作。当该工作周期工作结束，系统将停止工作，除非“工件没有”的报警信号消失，系统不能再启动。

若“工件没有”的报警信号来自装配站，且装配站回转台上已落下小圆柱工件，系统继续运行，直至完成该工作周期尚未完成的工作。当该工作周期工作结束，系统将停止工作，除非“工件没有”的报警信号消失，系统不能再启动。

（2）急停与复位

系统工作过程中按下输送站的急停按钮，则输送站立即停车。在急停复位后，应从急停前的断点开始继续运行。但若急停按钮按下时，机械手装置正在向某一目标点移动，则急停复位后输送站机械手装置应首先返回原点位置，然后再向原目标点运动。

二、设备的安装和调整

YL-335B 各工作站的机械安装、气路连接及调整、电气接线等，其工作步骤和注意事项如供料单元。

系统整体安装时，必须确定各工作单元的安装定位，为此首先要确定安装的基准点，即从铝合金桌面右侧边缘算起。基准点到原点距离（*X* 方向）为 310mm，这一点应首先确定。然后根据：①原点位置与供料单元出料台中心沿 *X* 方向重合。②供料单元出料台中心至加工单元加工台中心距离 430mm。③加工单元加工台中心至装配单元装配台中心距离 350mm。④装配单元装配台中心至分拣单元进料口中心距离 560mm。即可确定各工作单元在 *X* 方向的位置。

由于工作台的安装特点，原点位置一旦确定，输送单元的安装位置也就确定了。

在空的工作台上进行系统安装的步骤如下。

（1）完成输送单元装置侧的安装。它包括直线运动组件、抓取机械手装置、拖链装置、电磁阀组件、装置侧电气接口等安装；抓取机械手装置上各传感器引出线、连接到各气缸的气管沿拖链的敷设和绑扎；连接到装置侧电气接口的接线；单元气路的连接等。

（2）供料、加工和装配等工作单元在完成其装置侧的装配后，在工作台上定位安装。它们沿 *Y* 方向的定位，以输送单元机械手在伸出状态时能顺利在它们的物料台上抓取和放下工件为准。

（3）分拣单元在完成其装置侧的装配后，在工作台上定位安装。沿 *Y* 方向的定位，应使传送带上进料口中心点与输送单元直线导轨中心线重合；沿 *X* 方向的定位，应确保输送站机械手运送工件到分拣站时，能准确地把工件放到进料口中心上。

需要指出的是，在安装工作完成后，必须进行必要的检查、局部试验的工作，确保及时发现问题。在投入全线运行前，应清理工作台上残留线头、管线、工具等，养成良好的职业素养。

习题

1. 分析自动生产线各单元独立操作运行过程。
2. 分析自动生产线各单元联合运行操作过程。
3. 分析分拣单元自动分拣原理。
4. 试将自动生产线的生产工艺流程进行改进，提出方案。

评价反馈

（一）自我评价（40 分）

先进行自我评价，评分值记录于表 4-25 中。

表 4-25　自我评价表

项 目 内 容	配分	评 分 标 准	扣分	得分
1．准备	10 分	预习技能训练的内容。		
2．单机运行	10 分	按自动生产线单机自动运行要求自动运行。操作失误或不能自动运行，可酌情扣 1～5 分。		
3．整机运行	10 分	按自动生产整机运行要求自动运行。操作失误或不能自动运行，每次可酌情扣 1～5 分。		
4．整机传感器识别与调试	10 分	能按照自动检测运行要求调试不同种类传感器。每元件达不到要求酌情扣 1～3 分。		
5．整机气动控制回路调试	10 分	能按照整机自动运行调度各气动元件。每元件达不到要求酌情扣 1～3 分。		
6．操作过程	20 分	按照规范的工作过程进行操作；出错每处可酌情扣 2～3 分。		
7．记录数据	10 分	记录结果正确、观察速度快		
8．安全、文明操作	20 分	1．违反操作规程，产生不安全因素，可酌情扣 7～10 分。 2．着装不规范，可酌情扣 3～5 分。 3．迟到、早退、工作场地不清洁，每次扣 1～2 分。		
总评分=（1～8 项总分）×40%				

签名：____________　年___月___日

（二）小组评价（30 分）

再由同一实训小组的同学结合自评的情况进行互评，同样将评分值记录于表 4-26 中。

表 4-26　小组评价表

项 目 内 容	配　分	评　分
1．实训记录与自我评价情况	20 分	
2．对实训室规章制度的学习与掌握情况	20 分	
3．相互帮助与协作能力	20 分	
4．安全、质量意识与责任心	20 分	
5．能否主动参与整理工具、器材与清洁场地	20 分	
总评分=（1～5 项总分）×30%		

参加评价人员签名：____________　年___月___日

（三）教师评价（30 分）

最后由指导教师结合自评与互评的结果进行综合评价，并将评价意见与评分值记录于表 4-27 中。

表 4-27 教师评价表

教师总体评价意见：	
教师评分（30 分）	
总评分=自我评分+小组评分+教师评分	

教师签名：__________ __________年__月__日

项目五

工业机械人系统与控制

任务1 认识工业机械人

任务目标

认识工业机器人在工业生产中的应用。

应知：

（1）了解工业机器人的定义、用途和分类。

（2）了解工业机器人的基本结构。

（3）了解工业机器人的组成。

（4）了解适用于工业机器人的驱动方式、传动类型、减速器种类。

应会：

（1）会识别工业机器人基本结构分类形式。

（2）会识别机器人的驱动方式和传动类型。

（3）了解机器人减速器安装的位置。

（4）了解机器人传感器安装位置、传感器的类型。

建议学时

建议完成本学习任务为 6 学时。

器材准备

本学习任务所需的通用设备、工具和器材见表 5-1。

表 5-1 通用设备、工具和器材明细表

序号	名称	型号	规格	单位	数量
1	爱普生工业机器人实训平台	SCARA 平面关节机器人	如图 5-1 所示	台	1
2	万用表	MG-27 型	0-10-50-250A、0-300-600V、0～300Ω	台	1
3	常用工具		双开扳手、内六角扳手、套装螺丝刀、钟表螺丝刀、剪管钳、斜嘴钳、剥线钳、压线鼻子钳等工具	套	1
4	编程电脑			台	1

图 5-1 爱普生 SCARA 平面关节机器人实训平台

相关知识

一、工业机器人的定义

工业机器人根据 ISO（国际标准化机构）的技术报告，定义为：自动控制、可再编程、多功能、具有多个自由度的机械手功能的机器。即现在工业机器人就是“类似于人的手臂和手的动作功能的，具有多样动作功能的自动机器”。但是， 随着技术的进步，已不单是指类似于人的手臂和手的运动功能的机器了，现指具备感观功能、认识功能，可以自律行动的机械手，但如果作为工业用途进行运用的话，此定义还会发生变化。

工业机器人具有能够进行多样式动作的特性，使一直以来自动机械很难解决的多品种少量生产的自动化变为可能。工业机器人结合制造主机或生产线，可以组成单机或多机自动化系统，在无人参与下，实现搬运、焊接、装配和喷涂等多种生产作业。如图 5-2 所示的是汽车生产线上操作的工业机器人。

图 5-2 汽车生产线操作的工业机器人

二、工业机器人的特点

自20世纪60年代初第一代机器人在美国问世以来，工业机器人的研制和应用有了飞速的发展，但工业机器人最显著的特点可归纳为以下几点。

（1）可编程。生产自动化的进一步发展是柔性自动化。工业机器人可随其工作环境变化的需要而再编程，因此它在小批量多品种具有均衡高效的柔性制造过程中能发挥很好的功用，是柔性制造系统（FMS）中的一个重要组成部分。

（2）拟人化。工业机器人在机械结构上有类似人的行走、腰转、大臂、小臂、手腕、手爪等部分，在控制上有电脑。此外，智能化工业机器人还有许多类似人类的"生物传感器"，如皮肤型接触传感器、力传感器、负载传感器、视觉传感器、声觉传感器、语言功能等。传感器提高了工业机器人对周围环境的自适应能力。

（3）通用性。除了专门设计的专用的工业机器人外，一般工业机器人在执行不同的作业任务时具有较好的通用性。比如，更换工业机器人手部末端操作器（手爪、工具等）便可执行不同的作业任务。

（4）机电一体化。工业机器人技术涉及的学科相当广泛，但是归纳起来是机械学和微电子学的结合——机电一体化技术。第三代智能机器人不仅具有获取外部环境信息的各种传感器，而且还具有记忆能力、语言理解能力、图像识别能力、推理判断能力等人工智能，这些都和微电子技术的应用，特别是计算机技术的应用密切相关。因此，机器人技术的发展必将带动其他技术的发展，机器人技术的发展和应用水平也可以验证一个国家科学技术和工业技术的发展和水平。

三、工业机器人的组成

如图5-3所示，工业机器人系统由三大部分六个子系统组成。三大部分是：机械部分、传感部分、控制部分。六个子系统是：驱动系统、机械结构系统、感觉系统、机器人—环境交互系统、人—机交互系统、控制系统。

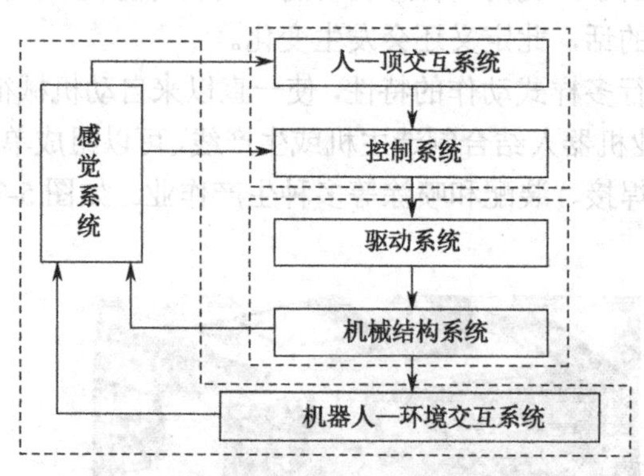

图5-3　工业机器人的基本组成

1. 驱动系统

要使机器人运行起来，就需给各个关节即每个运动自由度安置传动装置，这就是驱动系统。驱动系统可以是液压传动、气动传动、电动传动，或者把它们结合起来应用的综合系统；可以直接驱动或者通过同步带、链条、轮系、谐波齿轮等机械传动机构进行间接驱动。

2. 机械结构系统

工业机器人的机械结构系统是工业机器人为完成各种运动的机械部件。系统由骨骼（杆件）和连接它们的关节（运动副）构成，具有多个自由度，主要包括手部、腕部、臂部、机身等部件，其系统结构如图 5-4 所示。

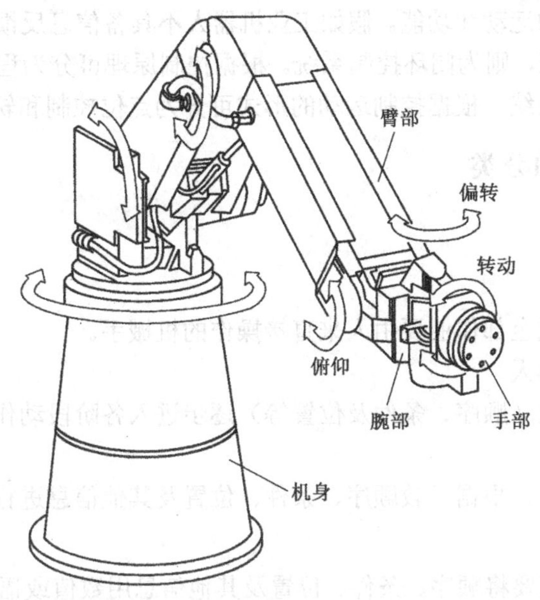

图 5-4 工业机器人机械结构系统

（1）手部。手部又称为末端执行器或夹持器，是工业机器人对目标直接进行操作的部分，在手部可安装专用的工具，如焊枪、喷枪、电钻、电动螺钉（母）拧紧器等。

（2）腕部。腕部是连接手部和臂部的部分，主要功能是调整手部的姿态和方位。

（3）臂部。用以连接机身和腕部，是支撑腕部和手部的部件，由动力关节和连杆组成。用以承受工件或工具的负荷，改变工件或工具的空间位置，并将它们送至预定位置。

（4）机身。它是机器人的支撑部分，有固定式和移动式两种。

3. 感觉系统

它由内部传感器模块和外部传感器模块组成，获取内部和外部环境状态中有意义的信息。智能传感器的使用提高了机器人的机动性、适应性和智能化的水准。人类的感觉系统对感知外部世界信息是极其灵巧的。然而，对于一些特殊的信息，传感器比人类的感觉系统更有效。

4. 机器人—环境交互系统

工业机器人—环境交互系统是实现工业机器人与外部环境中的设备相互联系和协调的系统。工业机器人与外部设备集成为一个功能单元，如加工制造单元、焊接单元、装配单元等。当然，也可以是多台机器人、多台机床或设备、多个零件存储装置等集成一个去执行复杂任务的功能单元。

5. 人—机交互系统

人—机交互系统是使操作人员参与机器人控制与机器人进行联系的装置，如计算机的标准终端、指令控制台、信息显示板、危险信号报警器等。归纳起来为两大类：指令给定装置和信息显示装置。

6. 控制系统

控制系统的任务是根据机器人的作业指令程序以及从传感器反馈回来的信号支配机器人的执行机构去完成规定的运动和功能。假如工业机器人不具备信息反馈特征，则为开环控制系统；若具备信息反馈特征，则为闭环控制系统。根据控制原理可分为程序控制系统、适应性控制系统和人工智能控制系统。根据控制运动的形式可分为点位控制和轨迹控制。

四、工业机器人的分类

1. 按系统功能分类

（1）操纵机器人

机器人进行的部分或全部作业要由人来直接操作的机械手。

（2）可编程控制机器人

根据事先设定的信息（顺序、条件及位置等）逐步进入各阶段动作的机器人。

（3）示教再现机器人

人们通过运转机器人，根据示教顺序、条件、位置及其他信息进行作业的机器人。

（4）数控机器人

不仅运转机器人，还要将顺序、条件、位置及其他信息用数值或语言示教，可以根据此信息进行作业的机器人。

（5）智能机器人

能根据人工智能决定其行动的机器人。人工智能是指人为地实现认识能力、学习能力、抽象思维能力、适应环境能力等。

（6）感控机器人

用感觉信息进行动作控制的机器人。

（7）适应控制机器人

具有适应控制功能的机器人。适应控制功能是指为了根据环境的变化满足所需条件而使控制等特性发生变化的控制功能。

（8）学习控制机器人

具有学习控制功能的机器人。学习控制功能是指反映作业经验、进行正确的作业的控制功能。

2. 按控制方式分类

（1）固定程序控制机器人

采用固定程序的继电器或固定逻辑控制器组成控制系统，按预先设定的顺序、条件和位置，逐次执行各阶段动作，但不能用编程的方法改变已设定的信息。

（2）可编程控制机器人

可利用编程方法改变机器人的动作顺序和位置。控制系统用程序选择环节来调用存储系统中相应的程序。它适用于比较复杂的工作场合，并能随着工作对象的不同需要在较大范围内调整机器人的动作。可以实现点位控制和连续轨迹控制。

3．按结构形式分

（1）直角坐标型机器人

直角坐标型机器人具有三个移动关节，如图 5-5（a）所示，能使手臂末端沿直角坐标系的三个坐标轴作直线移动。

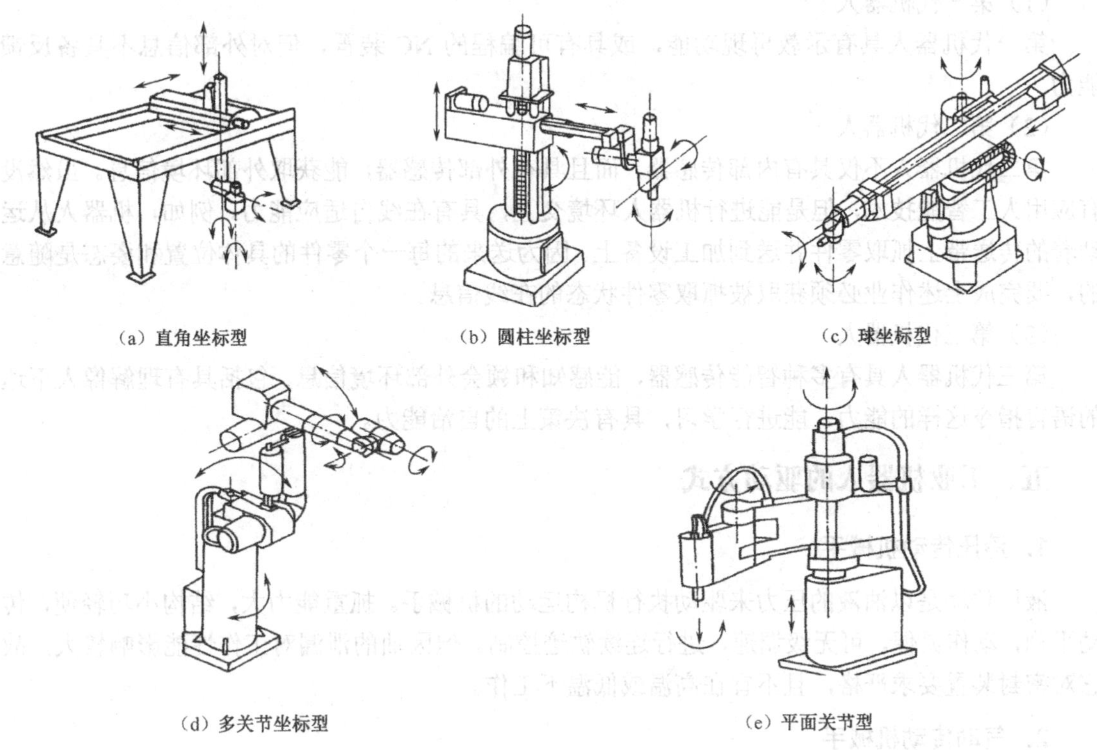

（a）直角坐标型　（b）圆柱坐标型　（c）球坐标型

（d）多关节坐标型　（e）平面关节型

图 5-5　工业机器人的基本结构形式

（2）圆柱坐标型机器人

圆柱坐标型机器人具有一个转动关节和两个移动关节，如图 5-5（b）所示，构成圆柱形状的工作范围。

（3）球坐标型机器人

球坐标型机器人具有两个转动关节和一个移动关节，如图 5-5（c）所示，构成球状的工作范围，其特点是所占空间体积小，机构紧凑。

（4）多关节坐标型机器人

多关节坐标型机器人具有三个转动关节，其中两个关节轴线是平行的，如图 5-5（d）所示，构成较为复杂形状的工作范围，其特点是机构紧凑、动作灵活、工作空间大。

（5）平面关节型机器人

平面关节型机器人可以看成是多关节坐标型机器人的特例，它只有平行的肩关节和肘关节，关节轴线共面，如图 5-5（e）所示。其特点是作业空间与占地面积比很大，使用方便。常用作装配机器人，在垂直平面内具有很好的刚度，在水平面内具有较好的柔顺性，故在装配作业中能获得良好的应用，常常将它专门列为一类。

5．按机器人研究、开发和实用化的进程分类

（1）第一代机器人

第一代机器人具有示教再现功能，或具有可编程的 NC 装置，但对外部信息不具备反馈能力。

（2）第二代机器人

第二代机器人不仅具有内部传感器，而且具有外部传感器，能获取外部环境信息。虽然没有应用人工智能技术，但是能进行机器人环境交互，具有在线自适应能力。例如，机器人从运动着的传送带上抓取零件并送到加工设备上。因为送来的每一个零件的具体位置和姿态是随意的，要完成上述作业必须获取被抓取零件状态的在线信息。

（3）第三代机器人

第三代机器人具有多种智能传感器，能感知和领会外部环境信息，包括具有理解像人下达的语言指令这样的能力。能进行学习，具有决策上的自治能力。

五、工业机器人的驱动方式

1．液压传动机械手

液压传动是以油液的压力来驱动执行机构运动的机械手。抓重能力大，结构小巧轻便，传动平稳，动作灵便，可无级调速，进行连续轨迹控制。但因油的泄漏对工作性能影响较大，故它对密封装置要求严格，且不宜在高温或低温下工作。

2．气动传动机械手

气动传动是利用压缩空气的压力来驱动执行机构运动的机械手。其主要特点是介质空气来源方便，气动动作迅速，结构简单，成本低，能在高温、高速和粉尘等大的环境中工作。但由于空气具有可压缩的特性，工作速度的稳定性较差，且因气源压力低，只宜在轻载下工作。

3．电驱动方式

工业机器人常用的驱动电动机分为三大类：直流伺服电动机、交流伺服电动机、步进电动机。

直流伺服电动机具有良好的启动、制动、机械特性和调速特性，可方便地在宽范围内实现平滑的调速，但由于有换向器和电刷之间的滑动接触，从而使工作性能的稳定性受到影响，同时由于电刷下的火花使换向器需经常维护，所以不能在易燃易爆的地方使用，且产生无线干扰，又因控制电源是直流，使得放大元件变得复杂。

交流伺服电动机结构较简单，无电刷，运行安全可靠，但控制电路较复杂，系统价格较高。

步进电动机是以电脉冲使其转子产生转动，控制电路较简单，也不需要检测反馈环节，因此具有使用维护方便、可靠性高、制造成本低等一系列优点，常被应用于开环结构、精度要求不高的小功能机器人系统。

六、机器人的传动方式

1．齿轮传动

齿轮传动是利用两齿轮的轮齿相互啮合传递动力和运动的机械传动，按齿轮轴线的相对位置分平行轴圆柱齿轮传动、相交轴圆锥齿轮传动和交错轴螺旋齿轮传动，具有结构紧凑、效率高、寿命长等优点。

2．谐波减速机

谐波传动是利用一个可控制的弹性变形来实现机械运动的传递。谐波传动由一个有内齿的刚轮、一个可弹性变形并带有外齿的柔轮和一个装在柔轮内部呈椭圆形外圈带有柔性滚动轴承的波发生器组成。其结构如图 5-6 所示。

其工作原理是柔轮的齿数比钢轮的齿数少两个齿。随着谐波发生器的转动，柔轮与钢轮的齿依次啮合，从转过相同齿数的中心角来说，柔轮比钢轮大，于是柔轮相对于钢轮沿着谐波发生器的反方向做微小的转动。例如，齿数为 100 的钢轮与齿数为 98 的柔轮组合，每一周会产生 2/100 的转动差，从而得到大的减速比。

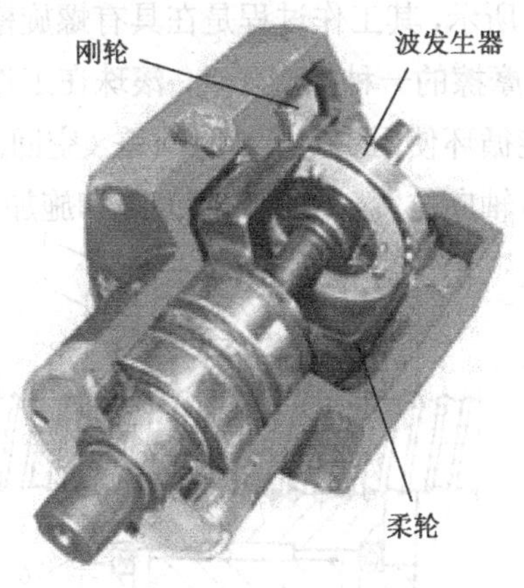

图 5-6　谐波减速机结构

3．摆线针轮减速机

摆线针轮减速机结构如图 5-7 所示。全部传动装置可分为三部分：输入部分、减速部分、输出部分。在输入轴上装有一个错位 180° 的双偏心套，在偏心套上装有两个滚柱轴承，形成 H 机构，两个摆线轮的中心孔即为偏心套上转臂轴承的滚道，并由摆线轮与针齿轮上一组环形排列的针齿轮相啮合，以组成少齿差内啮合减速机构（为了减少摩擦，在速比小的减速机中，针齿上带有针齿套）。当输入轴带着偏心套转动一周时，由于摆线轮上齿廓曲线的特点及其受针齿轮上针齿限制之故，摆线轮的运动成为既有公转又有自转的平面运动，在输入轴正转一周时，偏心套亦转动一周，摆线轮于相反方向上转过一个齿差从而得到减速，再借助 W 输出机构，将摆线轮的低速自转运动通过销轴传递给输出轴，从而获得较低的输出转速。

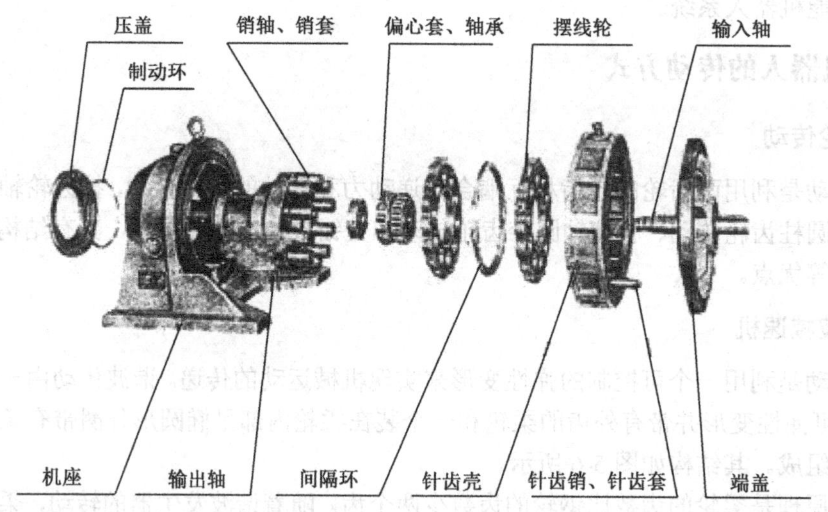

图 5-7 摆线针轮减速机结构

4. 滚动螺旋传动

滚动螺旋传动结构如图 5-8 所示，其工作过程是在具有螺旋槽的丝杠与螺母之间放入适当的滚珠，使其由滑动摩擦变为滚动摩擦的一种螺旋传动。滚珠在工作过程中顺螺旋槽（滚道）滚动，故必须设置滚珠的返回通道才能循环使用。为了消除回差（空回），螺母分成两段，以垫片、双螺母或齿差调整两段螺母的相对轴向位置，从而消除间隙和施加预紧力，使回差为零。

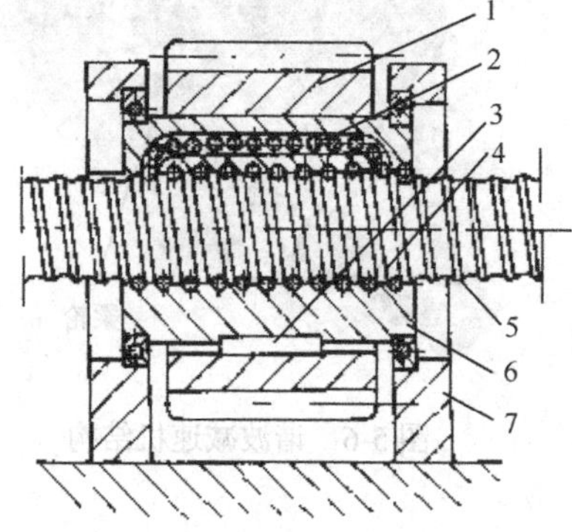

图 5-8 滚动螺旋传动结构

1—齿轮；2—返回装置；3—键；4—滚珠；5—丝杠；6—螺母；7—支座

5. 齿形带传动

带传动是利用张紧在带轮上的柔性带进行运动或动力传递的一种机械传动。根据传动原理不同，有靠带与带轮之间的摩擦力传动的摩擦型带传动，也有靠带与带轮上的齿相互啮合传动的同步带传动。

七、工业机器人常用传感器

目前机器人只具有视觉、听觉、触觉，这些感觉是通过相应的传感器得到的，常用的传感器有电位传感器、测速发电机、光学编码器、触觉传感器、力矩传感器、滑觉传感器、接近传感器、视觉传感器等。工业机器人由于需要准确定位，所使用的传感器为光栅、编码器等。

1. 光栅

光栅分为长光栅（测量直线位移，见图 5-9）、圆光栅（测量角位移，见图 5-10），其工作原理是由一对光栅副中的主光栅（即标尺光栅）和副光栅（即指示光栅）进行相对位移时，在光的干涉与衍射共同作用下产生黑白相间（或明暗相间）的规则条纹图形，称之为莫尔条纹，经过光电器件转换使黑白（或明暗）相同的条纹转换成正弦波变化的电信号，再经过放大器放大，整形电路整形后，得到两路相差为 90° 的正弦波或方波，送入光栅数显表计数显示。

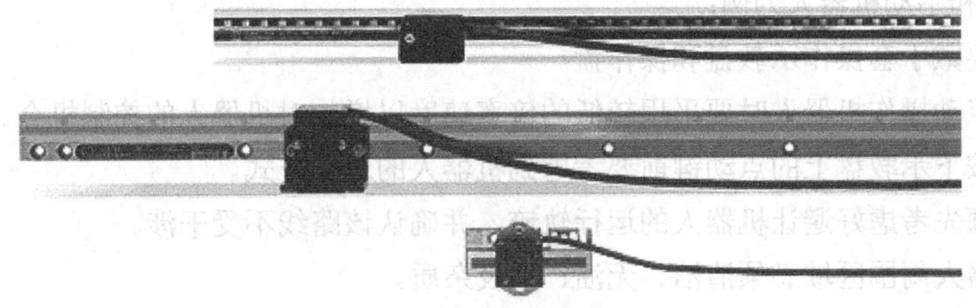

图 5-9 长光栅外形

2. 旋转编码器

旋转编码器外形如图 5-11 所示，是用来测量转速的装置。它应用于速度控制或位置控制系统的检测元件，分为增量式、绝对式、混合式。增量式编码器是将位移转换成周期性的电信号，再把这个电信号转变成计数脉冲，用脉冲的个数表示位移的大小。绝对式编码器的每一个位置对应一个确定的数字码，因此它的示值只与测量的起始和终止位置有关，而与测量的中间过程无关。

图 5-10 圆光栅外形

图 5-11 旋转编码器外形

任务实施

一、使用机器人注意事项

1. 以下场合不可使用机器人

（1）燃烧的环境。

（2）有爆炸可能性的环境。

（3）无线电干扰的环境。

（4）水中或其他液体中。

（5）运送人或动物。

（6）不可攀附。

2. 安全操作规程

以示教和手动机器人为例：

① 不要戴手套操作示教盘和操作盘。

② 在点动操作机器人时要采用较低的倍率速度以增加对机器人的控制机会。

③ 在按下示教盘上的点动键前要考虑到机器人的运动方式。

④ 要预先考虑好避让机器人的运行轨迹，并确认该路线不受干涉。

⑤ 机器人周围区域必须清洁、无油、水及杂质。

3. 生产运行

（1）在开机运行前，须知道机器人根据所编程序将要执行的全部任务。

（2）须知道所有会左右机器人移动的开关、传感器和控制信号的位置和状态。

（3）必须知道机器人控制器和外围控制设备上的紧急停止按钮的位置，准备在紧急情况下按这些按钮。

（4）永远不要认为机器人没有移动其程序就已经完成，因为这时机器人很有可能是在等待让它继续的输入信号。

二、观察图 5-12 所示各机器人的外观，分析回答以下问题

（1）图中机器人属于何种机器人结构。

（2）分析每一台机器人的自由度数目。

（3）上网查找资料，了解机器人在工业中的应用场合。

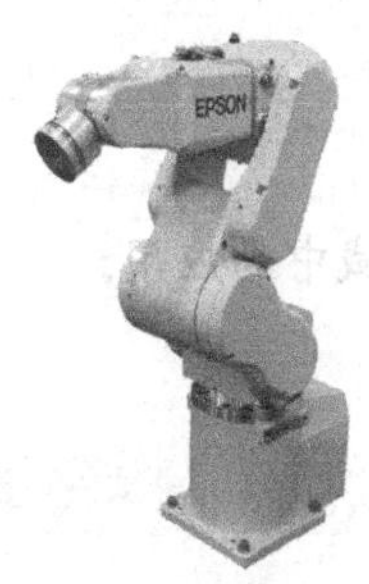

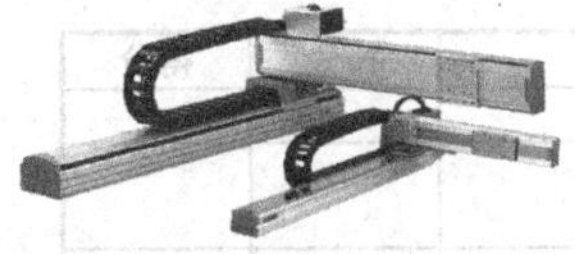

图 5-12 机器人

三、在老师指导下打开控制柜，思考并回答以下问题

（1）机器人控制系统的组成。

（2）教学机器人属于何种机器人结构。

（3）教学机器人使用何种驱动方式，其编码器、减速器的安装位置如何。

（4）丝杠、限位开关等部件及其在系统中的作用。

四、按操作说明书的要求通电，操作各关节独立运动

运行机器人示教程序，注意观察各部分的运动。

习题

1. 工业机器人由哪些部分组成？工业机器人具有什么特点？

2. 工业机器人的驱动系统有哪几种基本类型？各有什么特点？

3. 工业机器人传动有哪些方式？简述基本工作原理怎样。

4. 传感器在工业机器人中有何作用？举例说明工业机器人在机械制造领域中的应用。

评价反馈

（一）自我评价（40分）

先进行自我评价，评分值记录于表5-2中。

表5-2 自我评价表

项目内容	配分	评分标准	扣分	得分
1. 准备	5分	观看机器人生产、运行录像，了解工业机器人的功能。		
2. 识别机器人的种类	5分	能识别机器人的种类。出错每次可酌情扣2～3分。		
3. 识别机器人的驱动方式	10分	能识别机器人的驱动方式。出错每次可酌情扣2～3分。		
4. 识别机器人的传动方式	10分	能识别机器人的传动方式。出错每次可酌情扣2～3分。		
5. 操作过程	20分	通电启动顺序正确。出错每处可酌情扣2～3分。		
6. 记录数据	30分	记录结果正确、观察速度快。		
7. 安全、文明操作	20分	1. 违反操作规程，产生不安全因素，可酌情扣7～10分。 2. 着装不规范，可酌情扣3～5分。 3. 迟到、早退、工作场地不清洁，每次扣1～2分。		
总评分=（1～7项总分）×40%				

签名：__________ __________年___月___日

（二）小组评价（30分）

再由同一实训小组的同学结合自评的情况进行互评，同样将评分值记录于表5-3中。

表5-3 小组评价表

项目内容	配分	评分
1. 实训记录与自我评价情况	20分	
2. 对实训室规章制度的学习与掌握情况	20分	
3. 相互帮助与协作能力	20分	
4. 安全、质量意识与责任心	20分	
5. 能否主动参与整理工具、器材与清洁场地	20分	
总评分=（1～5项总分）×30%		

参加评价人员签名：__________ __________年___月___日

（三）教师评价（30分）

最后由指导教师结合自评与互评的结果进行综合评价，并将评价意见与评分值记录于表5-4中。

表 5-4 教师评价表

教师总体评价意见：	
教师评分（30 分）	
总评分=自我评分+小组评分+教师评分	

教师签名：________ ________年__月__日

知识拓展

一、工业机器人技术参数

尽管各厂商所提供的技术参数项目不完全一样，工业机器人的结构、用途等有所不同，且用户的要求也不同，但是工业机器人的主要技术参数一般都有自由度、重复定位精度、工作范围、最大工作速度、承载能力等。

1. 自由度

自由度是指机器人所具有的独立坐标轴运动的数目，不应包括手爪（末端操作器）的开合自由度。在三维空间中描述一个物体的位置和姿态（简称位姿）需要 6 个自由度。但是，工业机器人的自由度是根据其用途而设计的，可能小于 6 个自由度，也可能大于 6 个自由度。多关节坐标型机器人自由度如图 5-13 所示。

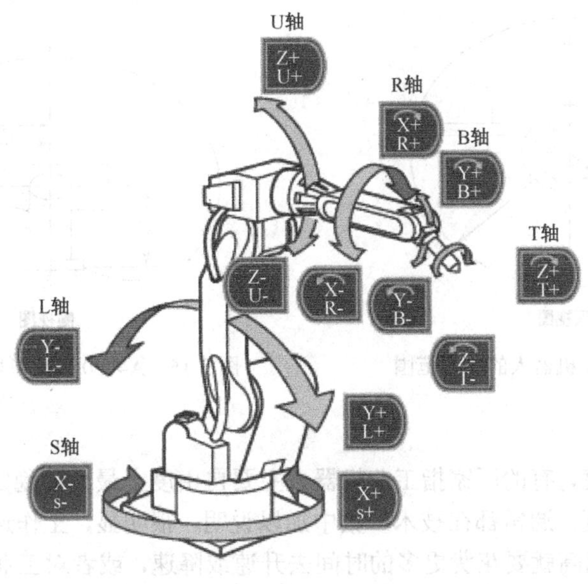

图 5-13 多关节坐标型机器人自由度

2. 重复定位精度

工业机器人精度是指定位精度和重复定位精度。定位精度是指机器人手部实际到达位置与目标位置之间的差异。重复定位精度是指机器人重复定位其手部于同一目标位置的能力，可以用标准偏差这个统计量来表示，它是衡量一列误差值的密集度，即重复度，如图 5-14 所示。

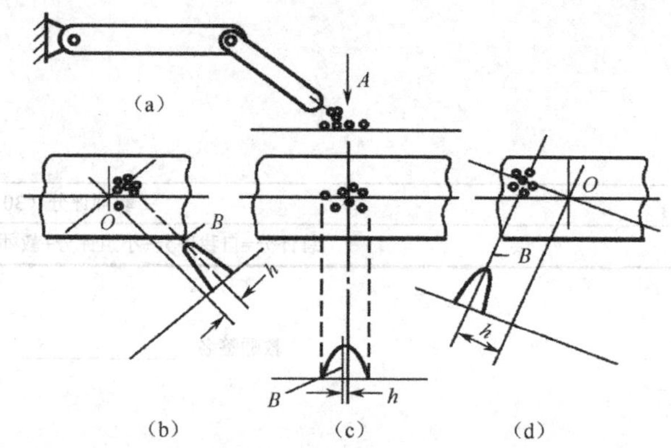

（a）重复定位精度的测定；（b）合理定位精度，良好重复定位精度；
（c）良好定位精度，很差重复定位精度；（d）很差定位精度，良好重复定位精度

图 5-14　工业机器人定位精度和重复定位精度的典型情况

3. 工作范围

工作范围是指机器人手臂末端或手腕中心所能到达的所有点的集合，也叫作工作区域。因为末端操作器的形状和尺寸是多种多样的，为了真实反映机器人的特征参数，所以是指不安装末端操作器时的工作区域。工作范围的形状和大小十分重要，机器人在执行某作业时可能会因为存在手部不能到达的作业死区而不能完成任务。图 5-15 和图 5-16 所示分别为 PUMA 机器人和 A4020 机器人的工作范围。

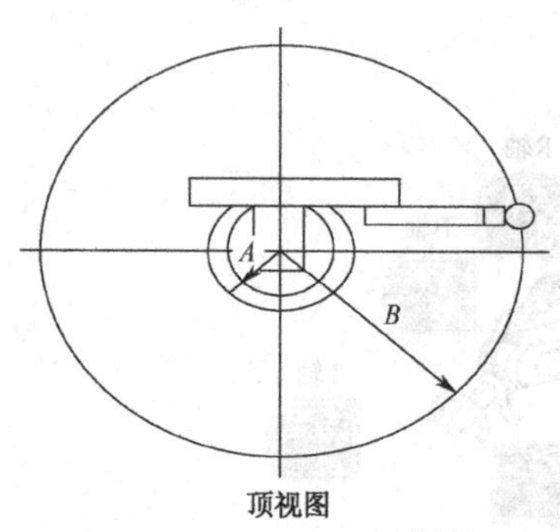

图 5-15　PUMA 机器人的工作范围

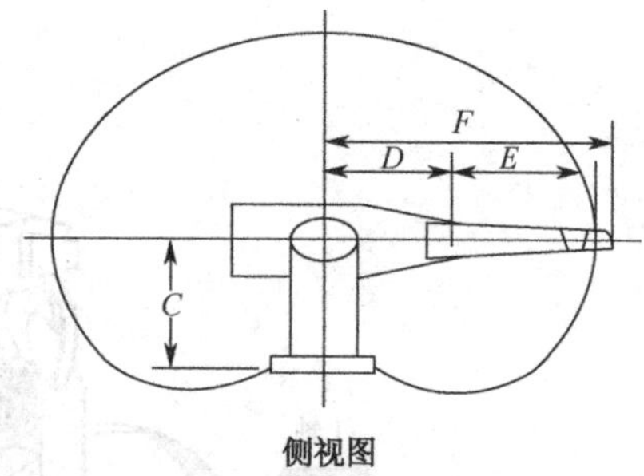

图 5-16　A4020 装配机器人的工作范围

4. 最大工作速度

论及最大工作速度，有的厂家指工业机器人主要自由度上最大的稳定速度，有的厂家指手臂末端最大的合成速度，通常都在技术参数中加以说明。很明显，工作速度越高，工作效率越高。但是，工作速度越高就要花费更多的时间去升速或降速，或者对工业机器人的最大加速度率或最大减速度率的要求更高。

5. 承载能力

承载能力是指机器人在工作范围内的任何位置上所能承受的最大质量。承载能力不仅取决于负载的质量，而且还与机器人运行的速度和加速度的大小和方向有关。为了安全起见，承载能力这一技术指标是指高速运行时的承载能力。通常，承载能力不仅指负载，而且还包括机器人末端操作器的质量。

二、工业机器人的控制系统

1. 机器人控制系统的特点

工业机器人的工作在控制上有如下特点。

(1) 机器人有若干个关节，典型工业机器人有 5～6 个关节。每个关节由一个伺服系统控制，多个关节的运动要求各个伺服系统协同工作。

(2) 机器人的工作任务是要求操作机的末端执行器进行空间点位运动或轨迹运动。对机器人运动的控制，需要进行复杂的坐标变换运算以及矩阵函数的逆运算。

(3) 机器人的数学模型是一个多变量、非线性和变参数的复杂模型，各变量之间还存在着耦合，因此机器人的控制中经常使用前馈、补偿、解耦、自适应等复杂控制技术。

(4) 较高级的机器人要求对环境条件、控制指令进行测定和分析，采用计算机建立庞大的信息库，用人工智能的方法进行控制、决策、管理和操作，按照给定的要求，自动选择最佳控制规律。

2. 机器人控制系统的基本要求

(1) 实现对机器人的位姿、速度、加速度等的控制功能，对于连续轨迹运动的机器人还必须具有轨迹的规划与控制功能。

(2) 方便的人—机交互功能，操作人员采用直接指令代码对机器人进行作业指示。机器人应具有作业知识的记忆、修正和工作程序的跳转功能。

(3) 具有对外部环境（包括作业条件）的检测和感觉功能。为使机器人具有对外部状态变化的适应能力，机器人应具备对有关的信息（如视觉、力觉、触觉等信息）进行检测、识别、判断、理解等功能。在自动生产线中，机器人应有与其他设备交换信息、协调工作的能力。

(4) 具有诊断、故障监视等功能。

3. 机器人控制系统的分类

系统分类的方式有多种，这里主要介绍按控制运动方式的分类方法。

(1) 程序控制系统

程序控制机器人控制系统的框图如图 5-17 所示。图中，输入量 X 表示操作机运动的状态，一般是操作机各关节的转角（或位移）。该系统的控制程序是在机器人进行作业之前就完全确定下来的，这是最简单的工业机器人控制系统。采用这种系统，要求工作条件完全确定和不变。

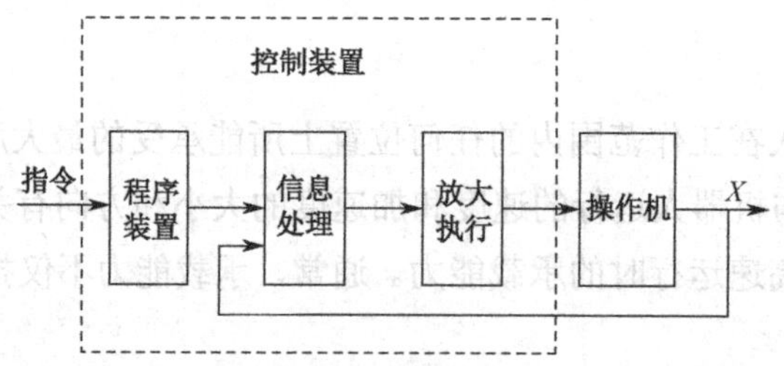

图 5-17　程序控制框图

（2）按照外界状态进行控制的系统

根据给定的任务目标，实现对机器人的控制，不需要事先给定运动程序，而是按照外界环境瞬时的状态实现控制。外界环境状态用相应的传感器来检测。其框图如图 5-18 所示。图中，G 为目标值，F 表示外部作用，代表外界环境变化。

具有这种控制系统的机器人属于第二代工业机器人，即有知觉的机器人。它具有力觉、触觉或视觉等功能。

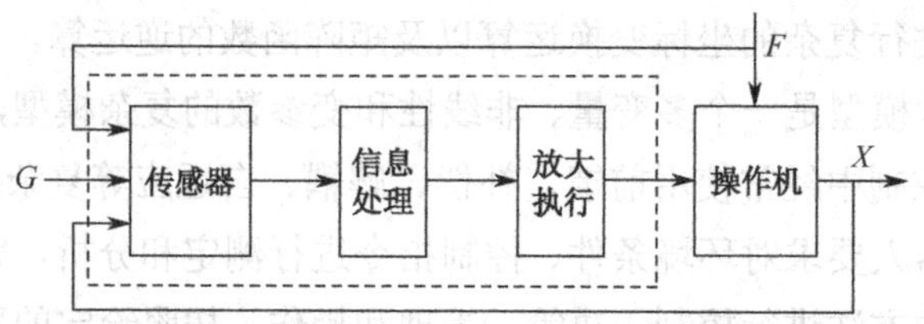

图 5-18　按照外界状态进行控制的系统

（3）适应控制系统

在适应控制系统中，当外界工作条件变化时，为了保证所要求的品质，控制装置的结构和参数能自动改变。其框图如图 5-19 所示。

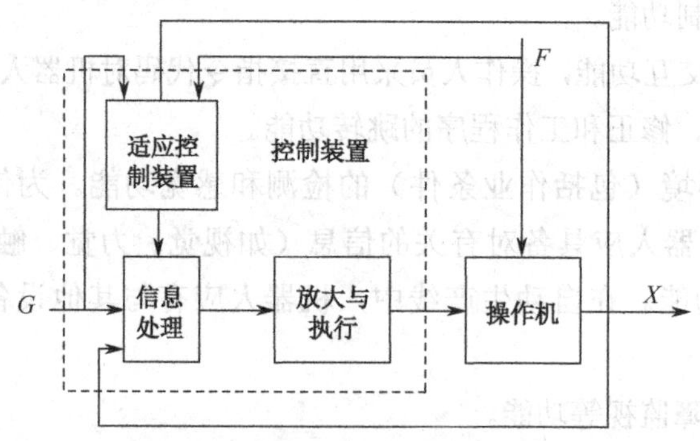

图 5-19　适应控制系统

4. 工业机器人技术的发展趋势

工业机器人技术是一门涉及机械学、电子学、计算机科学、控制技术、传感器技术、仿生学、人工智能甚至生命科学等领域的交叉性学科，机器人技术的发展依赖于这些相关学科技术的发展和进步。

归纳起来，工业机器人技术的发展趋势有以下几个方面。

（1）机器人的智能化

智能化是工业机器人一个重要的发展方向。目前，机器人的智能化研究可以分为两个层次，一是利用模糊控制、神经元网络控制等智能控制策略，利用被控对象对模型依赖性不强的特点来解决机器人的复杂控制问题，或者在此基础上增加轨迹或动作规划等内容，这是智能化的最低层次；二是使机器人具有与人类类似的逻辑推理和问题求解能力，面对非结构性环境能够自主寻求解决方案并加以执行，这是更高层次的智能化。使机器人能够具有复杂的推理和问题求解能力，以便模拟人的思维方式，目前还很难有所突破。智能技术领域有很多的研究热点，如虚拟现实、智能材料（如形状记忆合金）、人工神经网络、专家系统、多传感器集成和信息融合技术等。

（2）机器人的多机协调化

由于生产规模不断扩大，对机器人的多机协调作业要求越来越迫切。在很多大型生产线上，往往要求很多机器人共同完成一个生产过程，因而每个机器人的控制就不单纯是自身的控制问题，需要多机协调动作。此外，随着CAD/CAM/CAPP等技术的发展，更多地把设计、工艺规划、生产制造、零部件储存和配送等有机地结合起来，在线制造、计算机集成制造等现代加工制造系统中，机器人已经不再是一个个独立的作业机械，而是成为了其中的重要组成部分，这些都要求多个机器人之间、机器人和生产系统之间必须协调作业。多机协调也可以认为是智能化的一个分支。

（3）机器人的标准化

机器人的标准化工作是一项十分重要而又艰巨的任务。机器人的标准化有利于制造业的发展，但目前不同厂家的机器人之间很难进行通信和零部件的互换。机器人的标准化问题不是技术层面的问题，而主要是不同企业之间的认同和利益问题。

（4）机器人的模块化

智能机器人和高级机器人的结构力求简单紧凑，其高性能部件甚至全部机构的设计已向模块化方向发展。其驱动采用交流伺服电动机，并向小型和高输出方向发展；其控制装置向小型化和智能化方向发展；其软件编程也在向模块化方向发展。

（5）机器人的微型化

微型机器人是21世纪的尖端技术之一。目前已经开发出手指大小的微型移动机器人，预计将生产出毫米级大小的微型移动机器人和直径为几百微米甚至更小（纳米级）的医疗和军事机器人。微型驱动器、微型传感器等是开发微型机器人的基础和关键技术，它们将对精密机械加工、现代光学仪器、超大规模集成电路、现代生物工程、遗传工程和医学工程等产生重要影响。介于大中型机器人和微型机器人之间的小型机器人也是机器人发展的一个趋势。

任务2 工业机械人运行与监控

任务目标

通过实验使学生学习机器人示教编程与运行。

学习目标

应知：

（1）了解爱普生工业机器人的结构。

（2）了解爱普生 SCARA 平面关节型机器人编程坐标定义。

应会：

（1）会启动运行爱普生工业机器人。

（2）会使用 EASON RC+软件进行简单编程。

（3）会使用机器人示教进行定位。

建议学时

建议完成本学习任务为 6 学时。

器材准备

本学习任务所需的通用设备、工具和器材如表 5-5 所示。

表 5-5 通用设备、工具和器材明细表

序号	名 称	型 号	规 格	单位	数量
1	爱普生工业机器人实训平台	SCARA 平面关节机器人	如图 5-1 所示	台	1
2	万用电表	MG-27 型	0-10-50-250A、0-300-600V、0～300Ω	台	1
3	常用工具		双开扳手、内六角扳手、套装螺丝刀、钟表螺丝刀、剪管钳、斜嘴钳、剥线钳、压线鼻子钳等工具	套	1
4	编程电脑			台	1

相关知识

一、EPSON SCARA 系列工业机器人简介

SCARA 是 Selective Compliance Assembly Robot Arm 的缩写，外形如图 5-20 所示。意思是具有选择顺应性的装配机器人手臂，这种 SCARA 机器人在水平方向具有顺应性，在垂直方向具有很大的刚性。由于各个臂都只沿水平方向旋转，故又称为平面关节型机器人或装配机器人。

图 5-20 爱普生 SCARA 系列平面关节型机器人

二、SCARA 机器人本体结构

SCARA 机器人本体结构主要由以下几部分构成。

（1）操作机：由臂关节和末端执行装置构成，是机器人完成作业的实体，具有和人手臂相似的功能，可在空间抓放物体或进行其他操作。

（2）驱动单元：由驱动器、减速器、检测元件等组成。

（3）控制装置：包括检测（如传感器）和控制（如计算机）两部分，可用来控制驱动单元检测其运动参数是否符合规定要求，并进行反馈控制。

（4）人工智能系统：主要由两部分组成，一部分为感觉系统（硬件），主要靠各类传感器来实现其感觉功能；另一部分为决策—规划智能系统（软件），它包括逻辑判断、模式识别、大容量数据库和规划操作程序等功能。

三、SCARA 机器人坐标系

SCARA 机器人各坐标系如图 5-21 所示。

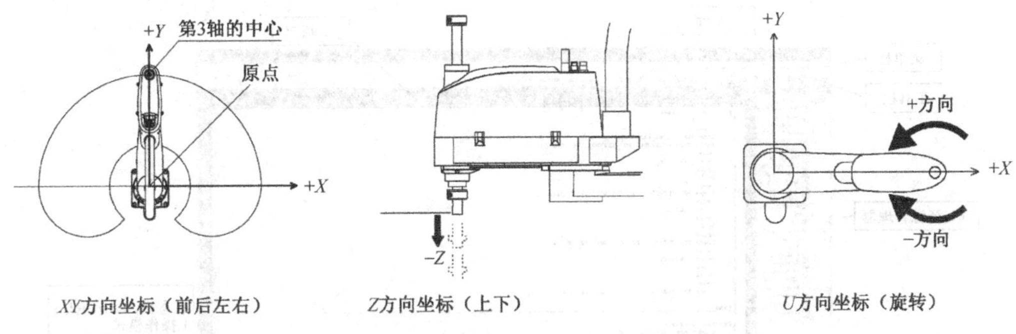

图 5-21　爱普生 SCARA 机器人坐标系

四、水平多关节型机械手的手臂姿势

水平多关节型机械手在其动作范围的大部分位置、姿势中，可以用两种手臂姿势动作。如图 5-22 所示，机械手作业时，有必要使其用示教时的手臂姿势在指定的点上动作。如果不这样做，根据手臂姿势的不同，会产生轻微的位置偏移，或朝着意想不到的路径动作的结果，有干涉周边设备的危险。为了避免这种情况，在点数据中事先登录使其在此点上动作时的手臂姿势。此信息也有可能从程序中变更。

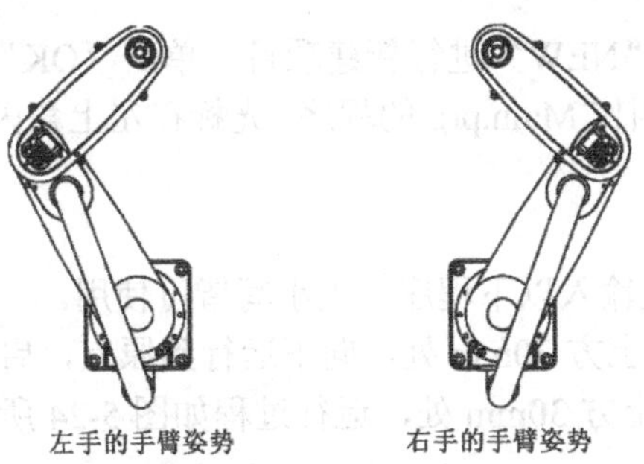

图 5-22　水平多关节型机械手手臂姿势向同一点动作示例图

任务实施

一、操作安全规程要求

由于工业机器人的结构、控制非常复杂、尖端化，即使充分掌握机械手相关的知识，也仍然有可能发生误操作等不安全的行为。另外，还要考虑到因机器人或控制器等装置的异常而做出意想不到的动作。此时，操作员有可能被机器人打到，或被夹在机器人与装置之间。尤其是进行示教作业或检查时，大多在机器人周围作业，发生上述事故的可能性变得很大，操作员经常在危险环境下作业。为了防止这样的事故发生，应充分掌握安全知识。

相关工业机器人操作要求见任务一。

二、运行EPSON SCARA系列平面关节型机器人

（1）单击桌面图标，进入EPSON机器人运行控制软件EPSON RC+，如图5-23所示。软件可以在一个主画面上同时打开多个子画面，主画面中有菜单栏、工具栏、状态栏、项目资源管理器、状态窗口。

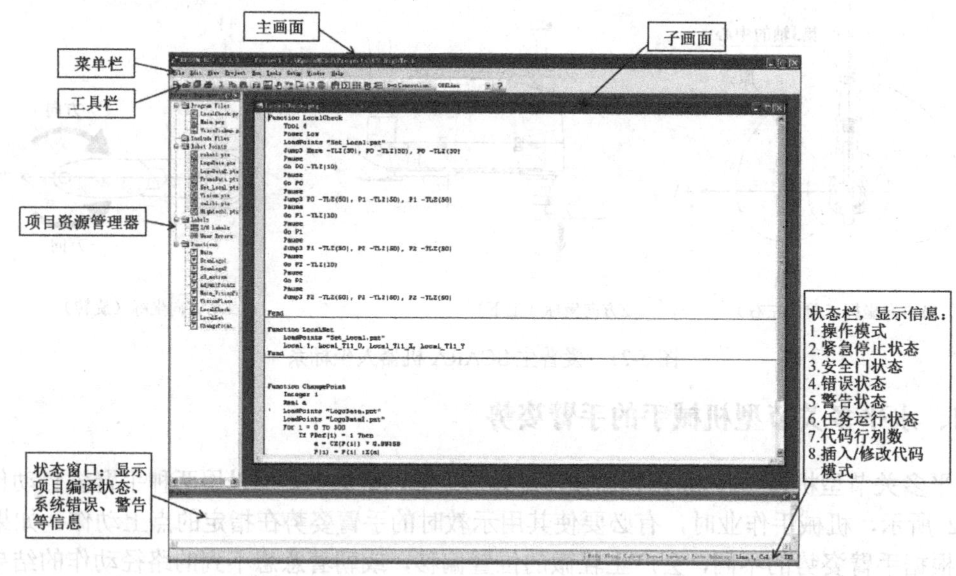

图5-23　EPSON RC+软件操作界面

（2）设置项目名称。

选择“Project”菜单的“NEW”进行新建项目。单击“OK”按钮生成新的项目。生成新的项目的同时，会生成一个叫作Main.prg的程序。光标在左上角闪烁的状态下与标题 Main.prg一起打开画面。

（3）编辑程序。

在Main.prg 编辑画面上输入以下程序。大小写皆可使用。

实训1：机器人从P1点上方30mm处，向下运行到原点，启动真空发生器，将工件吸起，吸起工件2s后，回到P1点上方30mm处，运行过程如图5-24所示。

图5-24　实训1示意图

程序1：

```
Function main
    again
    Move P1+Z(30)        P1向Z方向（向上）运行30mm
    Move P1              返回P1点
    On 3                 接通输出第3点（连接真空发生器，发产吸力）
    Wait 2               延时2秒
    Move P1+Z(30)        返回
    GoTo again
Fend
```

（4）单击程序检查图标，进行程序检查，如果不发生错误，单击图标建立项目，单击图标，启动机器人控制面板，启动机器人电源，控制面板如图5-25所示。

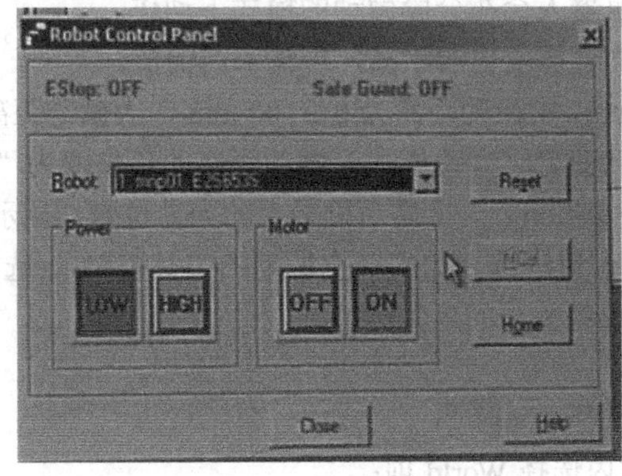

图5-25　控制面板

（5）手动控制机器人各轴运行。

打开Jog&Teach（微动&示教）页面：Tools →Robot Manager →Jog&Teach或单击工具栏图标后，选择Jog&Teach页面，如图5-26所示。

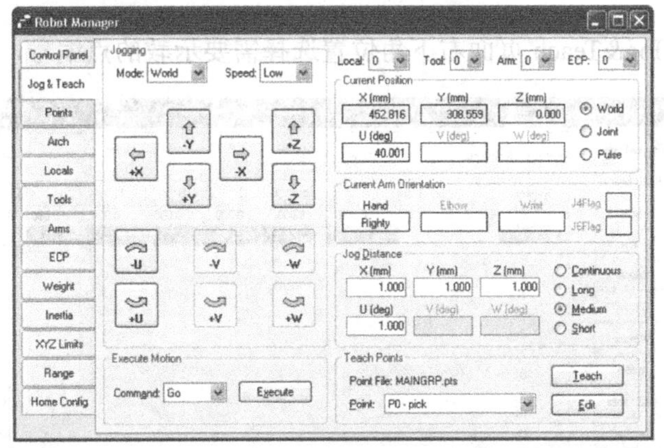

图5-26　微动&示教操作界面

Mode说明：

World:在当前的局部坐标系、工具坐标系、机械手属性、ECP坐标系上，向X、Y、Z轴的方向微动动作。如果是 SCARA 型机械手，也可以向 U 方向微动。如果是垂直 6 轴型机械手，则可以向 U 方向（倾斜）、V 方向（仰卧）、W 方向（偏转）微动。

Tool：向工具定义的坐标系的方向微动移动。

Local: 向定义的局部坐标系的方向微动移动。

Joint ：各机械手的关节单独微动移动。不是直角坐标型的机械手使用 Joint 模式时，显示单独的微动按钮。

ECP：在用当前的外部控制点定义的坐标系上，微动动作。

① 手动设定微动移动机器人各轴参数。

此组中，按下与轴（关节）对应的按钮时，有用于指定移动距离的 4 个文本框。另外，有用于选择“Continuous”、“Long”、“Medium”、“Short”的微动距离的选项按钮。选择“Continuous”，在连续模式下动作，选择“Long”后，在连续微动模式下动作。选择“Long”、“Medium”、“Short”后，机器人会在分段微动的模式下动作。

要变更微动距离，应先选择变更的距离，再输入新的值。

小微动距离为 0～10 mm，中微动距离为 0～100 mm ，大微动距离可以设定为任意值。不可以输入范围外的值。一旦变更了微动模式，微动距离的单位变为“mm”和“度”中合适的单位。当前位置（Current Position）一组显示机械手的当前位置。显示当前位置的方法有三种。选择 World 后显示当前的位置与选择的局部坐标系的工具姿势， 选择 Joint 后显示当前的关节坐标，选择 Pulse 后显示各关节的当前脉冲数。

② 手动运行机器人。

- Jog Distance 方框内选择 Long 项；
- Current Position 方框内选择 World 项；
- 分别单击“+X”、“-X”、“+Y”、“-Y”、“+Z”、“-Z”，运行机器人各轴。

三、示教点步骤

（1）步骤 1：在 Points 页面 Point File 下拉菜单中选择需要示教点的点文件，如图 5-27 所示。

（2）步骤 2：在 Jog&Teach 页面右下角位置选择需要示教的点编号，如图 5-28 所示。

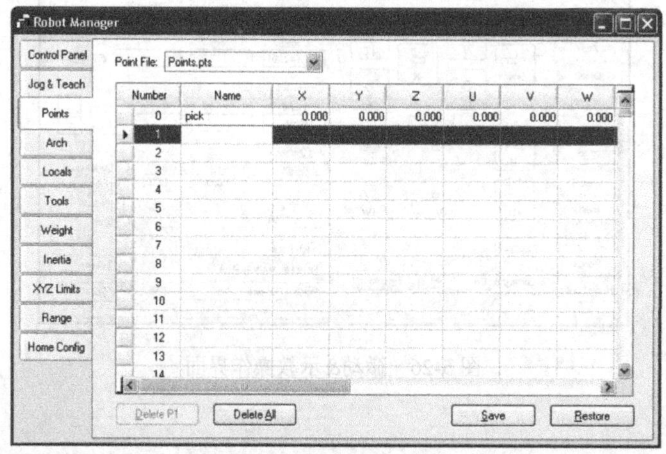

图 5-27　步骤 1

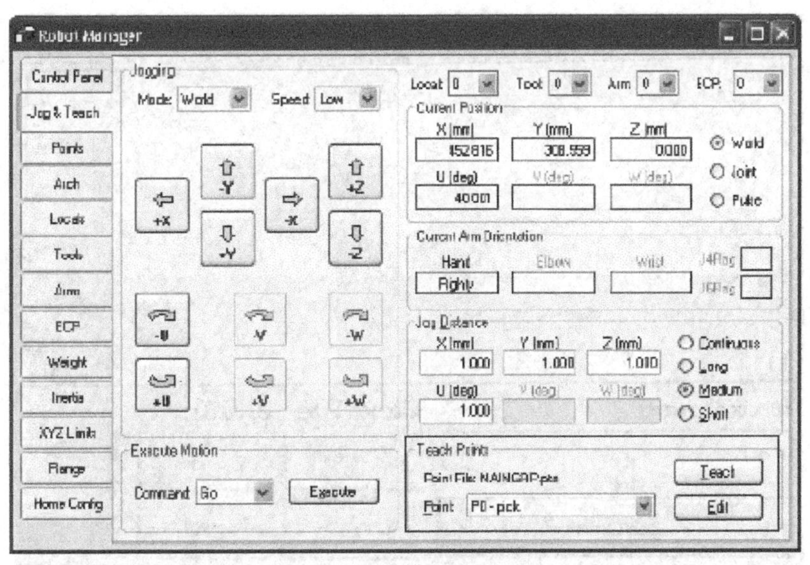

图 5-28 步骤 2

（3）步骤 3：微动将机械手移动的需要示教点的位置。如果是 SCARA 机械手，Motor On 情况下，可以在 Control Panel 页面 Free All 释放所要轴后，手动将机械手移动需要示教点的位置后，Lock ALL 锁定所有轴。

（4）步骤 4：单击 Teach 按钮，系统自动记录下示教点在当前坐标系的具体数值。如果需要示教的点为新增点，将弹出如图 5-29 所示对话框，用户可根据需要对该点编辑标签及说明。

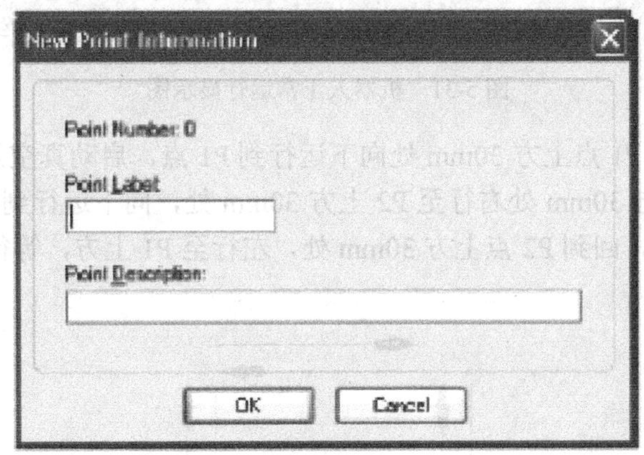

图 5-29 步骤 4

（5）在 Robot Manager Points 界面单击 Save 按钮，完成示教点。

（6）运行程序。

单击“”或“F5”键，出现图 5-30 所示的运行显示图，单击“Start main”运行程序，机器人自动运行一周，机器人从 P1 点上方 30mm 处向下运行到原点，吸起工件 2s 后，回到 P1 点上方 30mm 处。

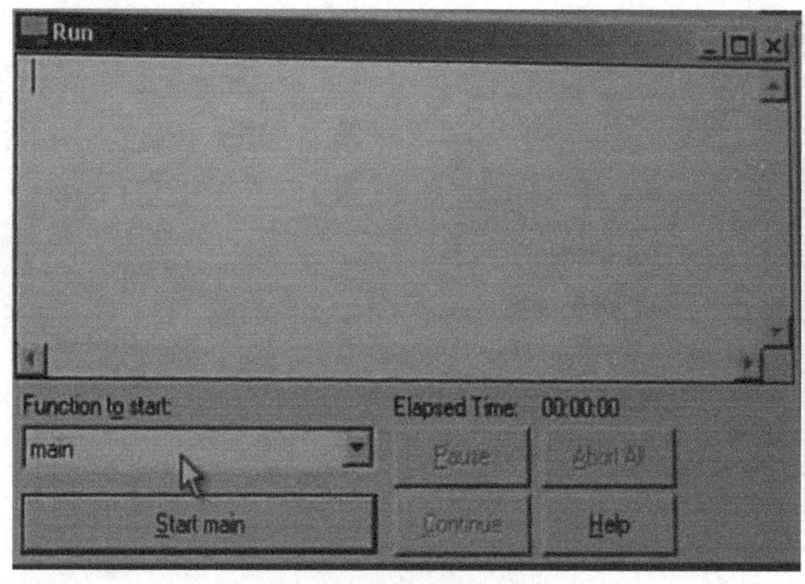

图 5-30　正常运行显示图

如果程序正常运行，运行显示图中显示如图 5-31 所示内容。

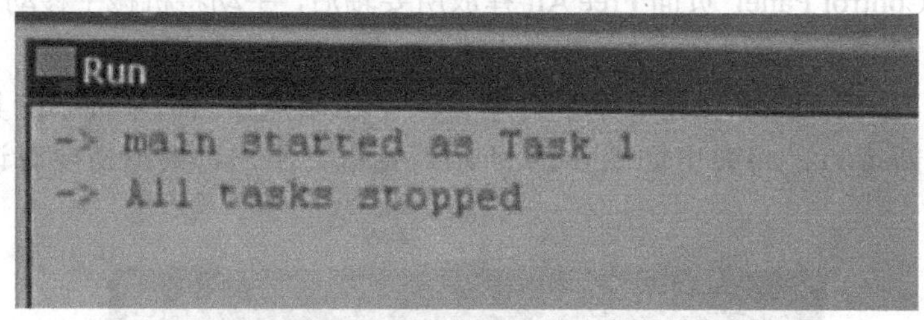

图 5-31　机器人正常运行显示图

实训 2：机器人从 P1 点上方 30mm 处向下运行到 P1 点，启动真空发生器，将工件吸起，2 秒后，回到 P1 点上方 30mm 处右行至 P2 上方 30mm 处，向下运行到 P2 点，停止真空发生器，释放工件，2 秒后，回到 P2 点上方 30mm 处，左行至 P1 上方，等待下一次启动运行。运行过程如图 5-32 所示。

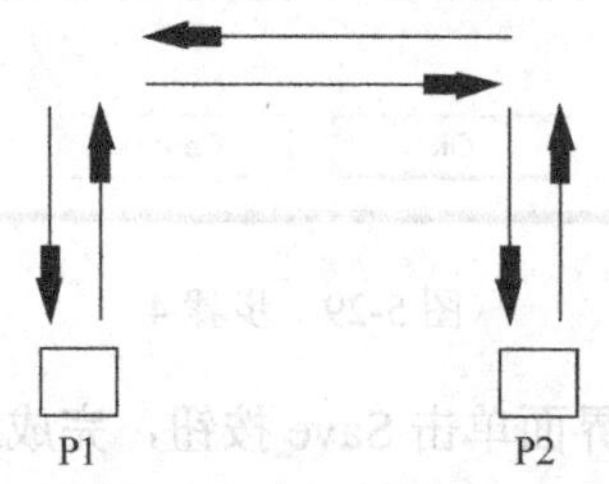

图 5-32　实训 2 运行要求图

程序 2：

```
Function main
    again
    Move P1+Z(30)          P1 向上运行 30mm
```

```
    Move P1
    On 3
    Wait 2
    Move P1+Z(30)
    Wait SW(1)
    Move P2+Z(30)
    Move P2
    Off 3
    Wait 2
    Move P2+Z(30)
    GoTo again
Fend
```

实训 3：如图 5-33 矩阵搬运示意图所示，将第一矩阵（a）中的元件按排列顺序放置于第二矩阵（b）中。

```
Function main
    Integer i
    Pallet 1,P1,P2,P3,3,4      P1、P2 间有 3 位，P1、P3 间有 4 位
    Pallet 2,P4,p5,p6,4,3      P4、P5 间有 4 位，P4、P6 间有 3 位
    For i=1To12
            Jump Pallet(1,i)   第一矩阵
            On 3
            Wait 2
            Jump Pallet(2,i)   第二矩阵
            Off 3
            Wait 2
Fend
```

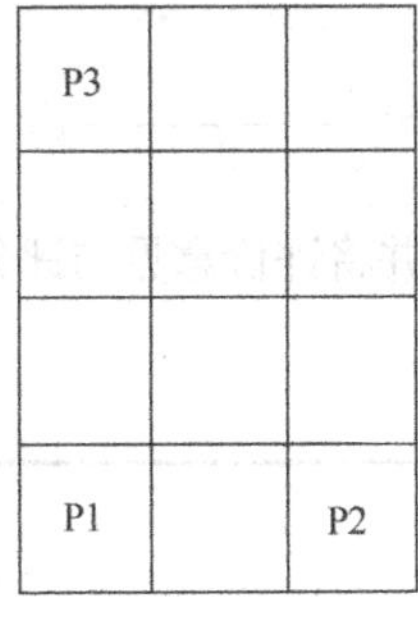

（a）

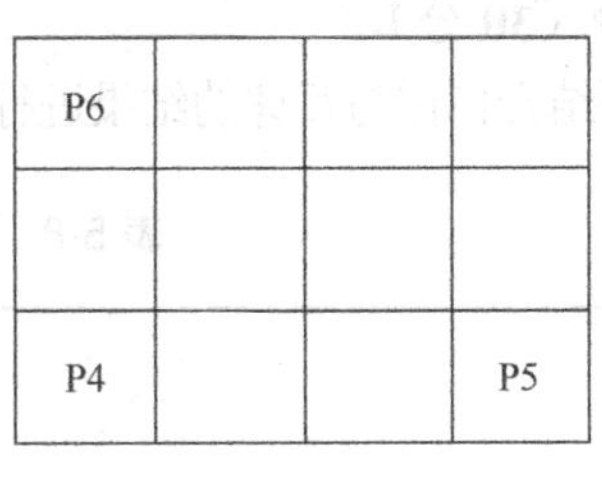

（b）

图 5-33　矩阵搬运示意图

习题

1. 说明 EPSON SCARA 系列工业机器人的功能，并分析其适用于何种工作场所。
2. 分析 EPSON SCARA 系列工业机器人本体结构由哪几部分组成。

评价反馈

（一）自我评价（40 分）

先进行自我评价，评分值记录于表 5-6 中。

表 5-6　自我评价表

项 目 内 容	配分	评 分 标 准	扣分	得分
1．准备	10 分	预习技能训练的内容。		
2．软件编程	10 分	按自动生产线单机自动运行要求自动运行。操作失误或不能自动运行，可酌情扣 1～5 分。		
3．程序输入	10 分	按使用 ESPON RC+软件输入程序并下载到机器人。不能输入程序扣 5 分，不能下载至机器人扣 5 分。		
4．示教运行	10 分	能准确对各定位点进行示教运行。每点元件达不到精度要求酌情扣 1～3 分，不能手动运行每轴扣 1～3 分。		
5．自动运行	10 分	能按照自动运行要求运行。达不到要求酌情扣 5～10 分。		
6．操作过程	20 分	按照规范的工作过程进行操作。出错每处可酌情扣 2～3 分。		
7．记录数据	10 分	记录结果正确、观察速度快。		
8．安全、文明操作	20 分	1．违反操作规程，产生不安全因素，可酌情扣 7～10 分。 2．着装不规范，可酌情扣 3～5 分。 3．迟到、早退、工作场地不清洁，每次扣 1～2 分。		
		总评分=（1～8 项总分）×40%		

签名：＿＿＿＿＿＿ ＿＿＿＿＿＿年＿＿月＿＿日

（二）小组评价（30 分）

再由同一实训小组的同学结合自评的情况进行互评，同样将评分值记录于表 5-7 中。

表 5-7　小组评价表

项 目 内 容	配　分	评　分
1．实训记录与自我评价情况	20 分	
2．对实训室规章制度的学习与掌握情况	20 分	
3．相互帮助与协作能力	20 分	
4．安全、质量意识与责任心	20 分	
5．能否主动参与整理工具、器材与清洁场地	20 分	
总评分=（1～5 项总分）×30%		

参加评价人员签名：＿＿＿＿＿＿ ＿＿＿＿＿＿年＿＿月＿＿日

（三）教师评价（30 分）

最后由指导教师结合自评与互评的结果进行综合评价，并将评价意见与评分值记录于表 5-8 中。

表 5-8　教师评价表

教师总体评价意见：	
教师评分（30 分）	
总评分=自我评分+小组评分+教师评分	

教师签名：＿＿＿＿＿＿ ＿＿＿＿＿＿年＿＿月＿＿日

知识拓展

工业机器人动作指令

1．动作指令分类

使机械手动作的指令叫作动作指令。动作指令可分为PTP动作指令、CP动作指令、Curves动作指令、Joint动作指令。其中PTP和CP指令如表5-9所示。

表5-9 PTP和CP指令

类　型	指　　令	说　　明
PTP	Go、Jump、BGo、TGo	是经过机械手结构上最容易活动的路径到达目标位置的动作命令
CP	Move、Arc、Arc3、Jump3/Jump3CP、 Bmove、TMove、CVMove	指定机械手到达目标位置运动轨迹的指令

注解：

* CP模式，即Continuous Path 连续路径模式。

* 指定PTP动作指令和Joint动作指令的速度和加/减速度时，使用SPEED指令和ACCEL指令；指定CP模式动作指令时，使用SPEEDS指令和ACCELS指令。

2．PTP指令

PTP（Pose To Pose）动作，是与其动作轨迹无关，以机械手的工具顶端为目标位置使其动作的动作方法。PTP动作使用各关节上配置的电动机，使机械手通过最短的路径到达目标位置。

PTP指令的优点是运动速度快，缺点是运动轨迹无法预测。指定PTP动作速度和加/减速，使用SPEED指令和ACCEl指令。

（1）Go指令

功能：全轴同时的PTP动作，动作的轨迹是各关节分别对从当前的点到目标坐标进行插补。

格式：Go 目标坐标

示例：

① Go P1　　　　′机械手动作到P1点

② Go XY(50, 400, 0, 0) ′机械手动作到X=50，Y=400，Z=0，U=0

③ Go P1+X(50)　′机械手动作到P1点X坐标值偏移量为+50的位置

④ Go P1:X(50)　′机械手动作到P1点对应X坐标值为50的位置

（2）Jump指令

功能：通过“门形动作”使手臂从当前位置移动至目标坐标。

格式：Jump 目标坐标

示例：

① Jump P1′机械手以“门形动作”动作到P1点

② Jump P1 LimZ−10′以限定第三轴目标坐标Z=−10的门形动作移动到P1点，如图5-34

所示。

③ Jump P1：Z（-10）LimZ-10′以限定第三轴目标坐标 Z=-10 的门形动作移动到 P1 点位置 Z 坐标值为-10 的位置。

注解：

Go 与 Jump 的区别：Jump 与 Go 都是使机械手手臂用 PTP 动作移动的命令。但是 Jump 具有一个 Go 所不具备的功能。Jump 将机械手的手部先抬起至 LimZ 值，然后使手臂水平移动，快要到目标坐标上空的时候使其下降移动，动作过程如图 5-34 所示。此动作除了可以更准确地避开障碍物这一点处，更重要的是通过吸附、配置动作，提高作业的周期时间。

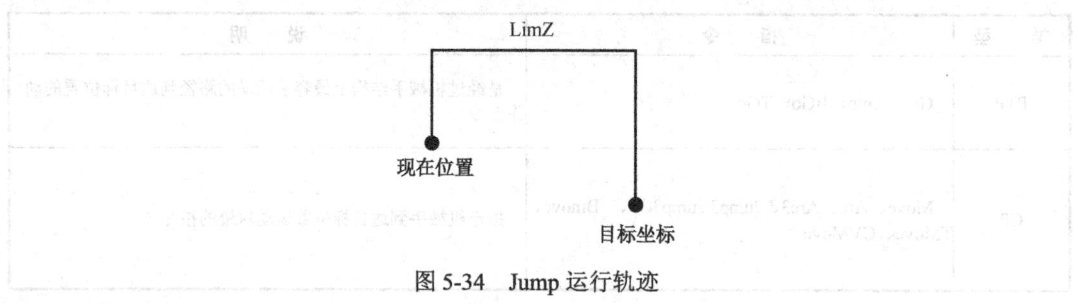

图 5-34　Jump 运行轨迹

3．CP 指令

CP（Continuous Path）指令可以指定机械手到达目标位置的运动轨迹。

优点：轨迹可以控制，匀速动作。缺点：速度慢。

指定 Linear 动作速度和加/减速度，使用 SPEEDS 指令和 ACCELS 指令。

（1）Move 指令

功能：以直线轨迹将机械手从当前位置移动到指定目标位置。全关节同时启动，同时停止。

格式：Move 目标坐标

示例：Move P1′机械手以直线轨迹动作到 P1 点

注解：

Move 与 Go 的区别：到达目标点时手臂的姿势重要时使用 Go 命令，但是比控制动作中的手臂的轨迹重要时使用 Move 命令。在 SCARA 机械手只有 Z 轴上下动作时，Go 与 Move 的轨迹一样。

（2）Arc 和 Arc3 指令

功能：Arc　在 XY 平面上以圆弧插补动作。

　　　Arc3 在 3D 空间里以圆弧插补动作。

格式：Arc　经过坐标，目标坐标

说明：将机械手从当前位置到目标坐标，通过经过坐标用圆弧插补动作活动时使用。从所给的 3 点（当前坐标、经过坐标、目标坐标）自动演算圆弧插补轨道，并沿着此轨道移动机械手直至目标坐标为止。

示例：Arc P2，P3，运行过程如图 5-35 所示。

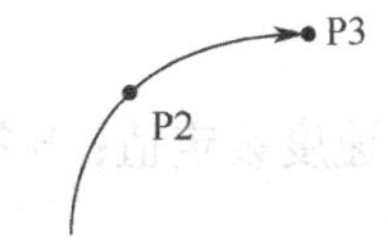

图 5-35　Arc 运行轨迹

注解：

即使目标坐标在机械手的动作范围内，一旦在 Move 或 Arc 运动轨迹超过允许动作范围外，机械手会突然停止，给伺服电动机带来撞击，有产生故障的危险。为了防止这样的事情发生，请在高速执行之前先以低速进行动作范围确认。

（3）Jump3/Jump3CP 指令

功能是将手臂用三维门形动作移动。Jump3 是两个 CP 动作与一个 PTP 动作的组合。

格式：Jump3 退避坐标，接近开始坐标，目标坐标

示例：Jump3 P1，P2，P3′从当前位置经过退避坐标 P1、接近开始坐标 P2，最终运动到目标坐标 P3，如图 5-36 所示。

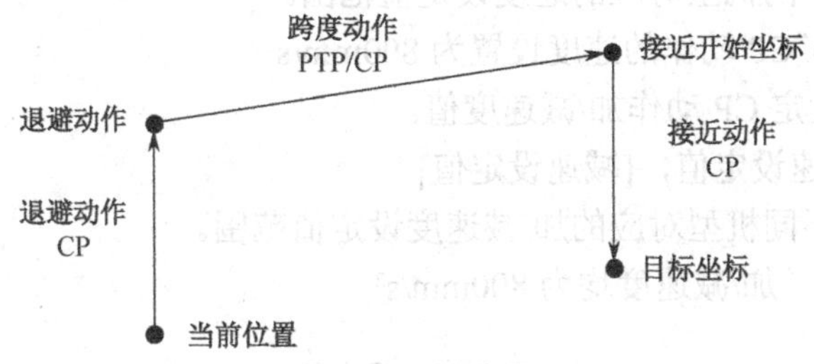

图 5-36　Jump3 运行轨迹

注解：

① Jump 不能用于 6 轴机械手，6 轴机械手只能使用 Jump3 和 Jump3 CP 指令。

② Jump3CP 指令用法与 Jump3 类似，不同在于 Jump3CP 是 3 个 CP 动作的组合。

③ SCARA 机械手 Z 轴上升或下降动作时，使用 Jump 指令可以提高运动速度。

（4）BMove 、TMove、CVMove 指令

BMove 在指定的局部坐标系（Local）上执行偏移直线插补动作。没有指定局部坐标系时，以局部 0（基准坐标系）为基准，进行偏移 PTP 动作。

TMove 在当前的工具坐标系上执行偏移直线插补动作。

CVMove 用 Curve 命令执行定义的自由曲线 CP 动作。CVMove 执行设定控制器硬盘上的文件名的文件数据的自由曲线 CP 动作。此文件必须事先用 Curve 命令制作。

> Curve “mycurve”, O, 0, 4, P1, P2, On 2, P(3:7) ′设定自由曲线

> Jump P1 ′用直线将手臂移动至 P1

>CVMove “mycurve” ′用定义的自由曲线“mycurve”移动手臂

4．速度设定指令

（1）PTP 指令的速度设定

设定值如表 5-10 所示。

Speed 功能用于设定 PTP 动作速度的百分比。

格式：Speed s，[a，b]

说明：s 速度设定值；a 第三轴上升速度设定值；b 第三轴下降速度设定值。

示例：1．Speed 80

2．Speed 80，40，30

Accel 功能用于设定 PTP 动作加/减速度的百分比。

格式：Accel a，b，[c，d，e，f]

说明：a/b 加/减速度设定值；c/d 第三轴上升加/减速度设定值；e/f 第三轴下降加/减速度设定值。

示例：1．Accel 80，80

2．Accel 80，80，30，30，60，60

（2）CP 指令的速度设定

Speed S 功能用于设定 CP 动作速度值。

格式：Speed S 速度设定值

说明：表 5-10 为不同机型对应的速度设定值范围。

示例：Speed S 800′CP 动作的速度设置为 800mm/s

AccelS 功能用于设定 CP 动作加/减速度值。

格式：Accel S 加速设定值，[减速设定值]

说明：表 5-10 为不同机型对应的加/减速度设定值范围。

示例：Accel S 800 ′加/减速度均为 800mm/s²

表 5-10 设定值

机械手型号	Speed S 值范围（mm/s）	Accel S 值范围（mm/s²）
E2 系列	1～1120	0.1～5000
G 系列	1～2000	0.1～15000
PS 系列	1～2000	0.1～15000
RS 系列	1～2000	0.1～15000

（3）Power 指令

功能：电源模式的设定。

格式：Power High|Low

说明：默认值为 Low。低功率模式下电动机输出被限制，实际动作速度变为默认初始值的范围内。低功率模式设定时，从监控窗口或程序中即使出现设为高速的指示，也会按初始值速度动作。如果需要用更高的速度动作时，必须设定为 Power High。

（4）Weight 指令

功能：进行补偿 PTP 动作时的速度/加/减速度的参数设定

格式：Weight 手部重量

说明：手部重量指指定手臂上垂挂的夹具和其他工件的重量。由设定值计算出的等价搬运重量超过最大可搬运重量时，会出现错误。

5. Jump 指令的修饰

（1）拱形动作

在 Jump 指令后通过指定门形参数 Cn（n=0～7），可以改变拱形的形状。运行轨迹如图 5-37 所示。

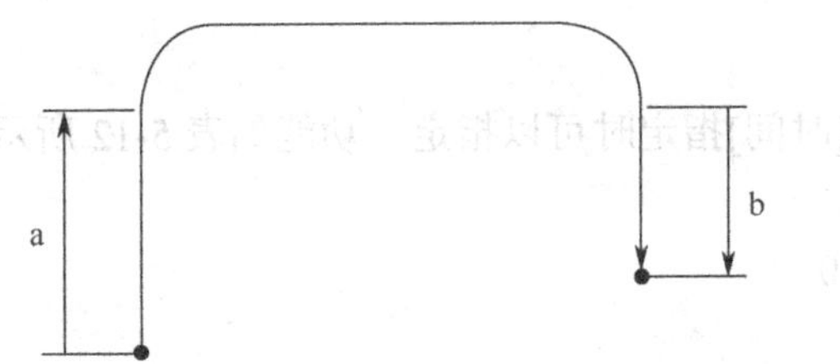

（例）JUMP P1 C0

JUMP P5 C3

图 5-37 拱形动作运行轨迹

图 5-37 中 a、b 的值与 C0～C6 默认初始值（单位：mm）如表 5-11 所示，C7 为门形动作。要改变 C0～C6 对应的 a、b 的值，使用 Arch 指令。也可以在 Tools|Robot Manager|Arch 选项卡中修改。修改值如表 5-11 所示。

表 5-11 Jump 指令修饰设定表

拱形编号	0	1	2	3	4	5	6	7
a	30	40	50	60	70	80	90	门形运动
b	30	40	50	60	70	80	90	

（2）Arch 指令

功能：用于设定 Jump 动作拱形参数。

设定格式 Arch 拱形编号、垂直上升距离、垂直下降距离说明设定值比垂直移动距离大时变为门形动作。设定值即使掉电也会被保持。运动轨迹根据运动速度、机械手的动作方式而改变，所以动作前请先确认动作轨迹。

示例：Arch 0，10，40

6. I/O 控制指令

（1）On 输出指令

功能：打开指定输出位。

格式：On 输出位编号，[时间]，[非同步指定]

输出位编号：可使用的输出位编号；时间：以秒（s）为单位，最小有效位为 0.01s；非同步指定：0 或 1。

说明：[非同步指定]在[时间]指定时可以指定，功能如表 5-12 所示。

示例：1．On 1

2．On 1，0.5，0

表 5-12 I/O 控制指令指定功能表

指定 1 时	指定时间打开后关闭，执行下一个命令
指定 0 时	On 命令开始执行的同时，执行下一个命令
省略时	与指定 1 时限同

（2）Off 输出指令

功能：关闭指定输出位。

格式：Off 输出位编号，[时间]，[非同步指定]

输出位编号：可使用的输出位编号；时间：以秒（s）为单位，最小有效位为 0.01s；非同步指定：0 或 1。

说明：[非同步指定]在[时间]指定时可以指定，功能如表 5-12 所示。

示例：1. Off 1

2. Off 1，0.5，0

（3）Out 输出指令

功能：同时设定输出 8 个输出位。

格式：Out　端口编号，输出数据

端口编号：构成可使用输出位的组；输出数据：用端口编号指定的组的输出模式。

说明：端口编号与输出数据组合后同时设定 8 个输出位。输出位 8 位 1 组。首先在用端口编号指定的组中指定输出数据参数中特定的输出模式。输出数据参数用十进制数（0～255）或十六进制数（&H0～&HFF）指定。端口编号如下与位编号对应。

端口编号	位编号
0	0～7
1	8～15
2	16～23
⋮	⋮
63	504～511

示例：

```
Out  0,   0′将 0～7 位全部关闭
Out  1,   255′将 8～15 位全部打开
Out  0,   100′将 2，5，6 位全部关闭
Out  0,   &H64′将 2，5，6 位全部关闭
```

（4）Wait 输入指令

功能：时间等待或输入位等待。

格式：Wait 时间

Wait　输入条件，[时间]

时间：0～2147483，最小有效位为 0.01 秒；输入条件：记述待机条件。

说明：只指定时间时，指定时间待机后执行下一个命令。只指定输入条件式时，待机至条件成立。指定输入条件与时间时，条件式成立或指定时间到都会执行下一个命令。使用 Sw 函数，可以确认输入条件式是否成立，或指定时间是否已到。

示例：
```
Wait   1.5          ′待机 1.5s 后，继续执行程序
Wait   Sw(3)=On     ′待机直到输入位 3 开启
```

（5）Sw 函数

功能：返回指定的输入位状态。

格式：Sw（输入位编号）

输入位编号：可以使用的输入位编号。

说明：进行 I/O 输入的状态确认。指定的输入打开时返回 1，关闭时返回 0。

示例：
```
Print  Sw(3)                   ′打印输入位 3 的状态
Wait   Sw(1)=On and Sw(2)=On   ′待机直到输入位 1 和 2 开启
Wait   Sw(1)=On or Sw(2)=On    ′待机直到输入位 1 或 2 开启
```

（6）In 函数

功能：返回指定的输入位端口。

格式：In（端口编号）

端口编号：构成可以使用输入位的组。

说明：可同时确认 8 个输入位的值。可以使其待机直到两个以上的 I/O 位的状态在特定的条件下一致。

返回值为 0～255 范围的整数值。

示例：Print　In(0)　′打印输入位 3 的状态

Wait　In(0)=0　′待机到 0～7 位全部关闭

Wait　In(0)=255　′待机到 0～7 位全部开启

（7）Pallet

格式：Pallet [Outside,] [Pallet 编号, Pi, Pj, Pk[,Pm], 列数, 行数。]

参数：

Outside：创建在指定的行及列的范围外可以访问的 Pallet。指定范围：-32768～32767。可省略。

Pallet：编号用 0～15 的整数指定 Pallet 编号。

Pi,Pj,Pk：指定使用在 Pallet 定义（标准的 3 点定义）中的点变量。

Pm 与 Pi,Pj,Pk 一起使用定义 Pallet 的点变量。可省略。

列数：用整数指定 Pi 与 Pj 的列数。范围为 1～32767（行数×列数<32767）。

行数：用整数指定 Pi 与 Pk 的行数。范围为 1～32767（行数×列数<32767）。

说明：在机械手上至少必须示教 Pi, Pj, Pk 这 3 点，并指定 Pi 与 Pj 的分割数及 Pi 与 Pk 的分割数，才能定义 pallet。

Pallet 如果是高精度的四方形，则只要指定角上 4 点中的 3 个点就足够了，但是还是建议指定全角 4 的位置后进行 pallet 定义。

定义 pallet 时，首先要示教角的 3 或 4 个点，4 点定义时：如图 5-38 所示表示 P1、P2、P3 及 P4。P1～P2 间有 3 点，P1～P3 间有 4 点，总计使用 12 点用如图 5-38 所示格式定义。表示 Pallet 的分割的各点自动地分配分割编号（1～12）。

示教 P1、P2、P3 时，尽量使三点的姿势一致，如图 5-38 所示。

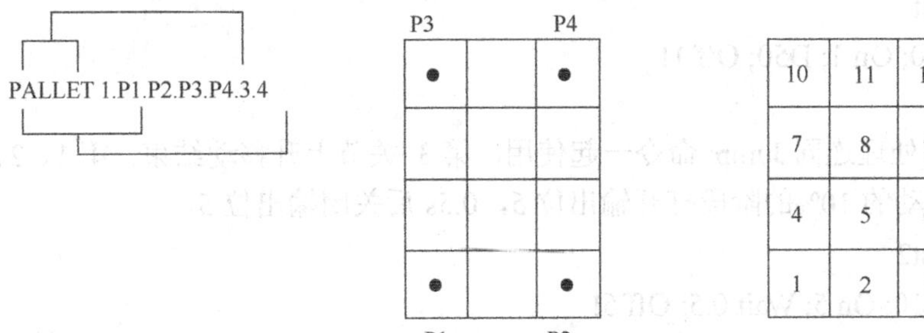

图 5-38　设定三点行、列矩阵图

注解：

不正确的 Pallet 的定义：如果搞错了点的顺序或点间的分割数，会出现错误的 Pallet 顺序。

Pallet 面的定义：用角上3点的Z坐标值定义Pallet平面的高度。所以，也可以定义垂直方向的pallet。

1列pallet 的pallet 定义：

通过3点指定的Pallet 命令，也可以定义1列的Pallet。如果是1列，应示教两端的2点，并按照如下输入并执行。

同一编号方向的分割数为1。

Pallet 2, P20, P21, P20, 5, 1 '定义一个 5x1 的Pallet

Pallet 使用示例：

以下是从监控窗口设定用P1、P2、P3 定义的Pallet 的示例。Pallet 而平均配置15点，P1～P2间排列。

```
pallet   1, P1, P2, P3, 3, 5
jump     pallet(1, 2)     'Jump to position on pallet
```

此设定创建的pallet如图5-39所示。

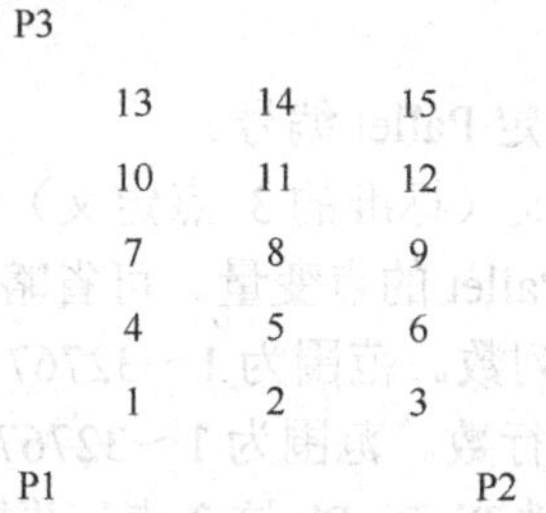

P3

13	14	15
10	11	12
7	8	9
4	5	6
1	2	3

P1　　　　　　　　P2

图5-39　设定pallet创建图

7. 并列处理

动作中并列进行I/O等的输入/输出处理。

使用示例：

（1）将并列处理连同Jump命令同时使用。第3 关节上升移动结束，第1、2、4关节开始动作的阶段打开输出位1。输出位1在Jump动作完成50%的阶段再次关闭。

```
Function test
Jump P1 !D0; On 1; D50; Off 1!
Fend
```

（2）将并列处理连同Jump 命令一起使用。第3 关节上升移动结束，第1、2、4关节各自完成到P1 的移动的10%的阶段打开输出位5，0.5s后关闭输出位5。

```
Function test2
Jump P1 !D10; On 5; Wait 0.5; Off 5!
Fend
```

8. 多任务处理

多重任务是多个作业同时执行，这样可以大幅度缩短任务时间（作业时间）。也可以同时控制周边设备，从而使系统整体效率得以提高。作业分为多个任务后，程序会变得易懂，而且可以对各任务分别进行维修，要新增作业时只需添加任务就可以了。可以同时执行的任务最多是 16 个。

格式：Xqt [任务编号,] 函数名[（自变量一览表）] [,Normal | NoPause | NoEmgAbort]

动作 任务 1：重复 P1～P4 的 Jump 动作

任务 2：每 5s 打开/关闭 1 次 I/O

程序：

```
Function test9
   Integer i
   Xqt IO
   Do
   For i= 1 To 4
        Jump P(i)
   Next
   Loop
FEND
   FUNCTION IO
   Do
   On 1; Wait 0.5
   Off 1; Wait 0.5
   Loop
Fend
```

项目六

数控机床应用

任务1 认识数控机床

任务目标

区分不同种类的数控机床。

学习目标

应知：

了解数控机床的组成、工作原理和分类。

应会：

（1）了解数控机床的组成。

（2）了解数控机床的工作原理。

（3）了解数控机床的分类。

建议学时

建议完成本学习任务为4学时。

器材准备

本学习任务所需的通用设备、工具和器材如表6-1所示。

表6-1　通用设备、工具和器材明细表

序号	名　称	型　号	规　格	单位	数量
1	数控车床	G-210		台	1
2	数控铣床	VMCL-850		台	1
3	加工中心	VMC-1000		台	1
4	数控线切割机床	DK7732		台	1
5	数控电火花机床	EDM350ZNC		台	1

相关知识

一、数控机床的概念和特点

（1）数控机床是指采用数字控制技术对机床的加工过程进行自动控制的一类机床。

（2）数控机床与传统机床比较，具有以下特点。

① 具有高度柔性。在数控机床上加工零件，主要取决于加工程序，它与普通机床不同，不必制造、更换许多模具、夹具，不需要经常重新调整机床。因此，数控机床适用于所加工的零件频繁更换的场合，即适合单件、小批量产品的生产及新产品的开发，从而缩短了生产准备周期，节省了大量工艺装备的费用。

② 加工精度高。数控机床的加工精度一般可达0.005～0.1mm。数控机床是按数字信号形式控制的，数控装置每输出一个脉冲信号，则机床移动部件移动一个脉冲当量（一般为0.001mm），而且机床进给传动链的反向间隙与丝杠螺距平均误差可由数控装置进行补偿，因此数控机床定位精度比较高。

③ 加工质量稳定、可靠。加工同一批零件，在同一机床上和相同加工条件下，使用相同刀具和加工程序，刀具的走刀轨迹完全相同，零件的一致性好，质量稳定。

④ 生产率高。数控机床可有效地减少零件的加工时间和辅助时间，数控机床的主轴转速和进给量的范围大，允许机床进行大切削量的强力切削。数控机床目前正进入高速加工时代，数控机床对部件的快速移动和定位及高速切削加工，极大地提高了生产率。另外，与加工中心的刀库配合使用，可实现在一台机床上进行多道工序的连续加工，减少了半成品的工序间周转时间，提高了生产率。

⑤ 改善劳动条件。数控机床加工前经调整好后，输入程序并启动，机床就能自动连续地进行加工，直至加工结束。操作者要做的只是输入程序、零件装卸、刀具准备、加工状态的观测、零件的检验等工作，劳动强度大大降低，机床操作者的劳动趋于智力型工作。另外，机床一般是封闭加工的，既清洁，又安全。

⑥ 利于生产管理现代化。数控机床的加工，可预先精确估计加工时间，对所使用的刀具、夹具可进行规范化、现代化管理，易于实现加工信息的标准化，目前已与计算机辅助设计与制造（CAD/CAM）有机地结合起来，是现代工业化集成制造技术的基础。

二、数控机床的组成

数控机床按照事先编制好的程序，由数控系统控制完成预定的运动轨迹和辅助动作。它一般由程序载体、输入装置、CNC单元、伺服系统、位置反馈系统和机床本体组成，如图6-1所示。

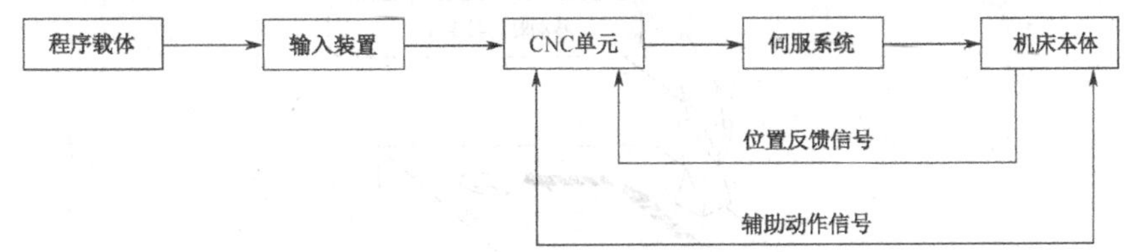

图6-1 数控机床的组成

（1）程序载体：用于记录数控机床加工零件所需的程序。

（2）输入装置：将程序载体上的程序完整、正确地读入数控机床的CNC中。

（3）CNC单元：数控机床的核心 。

（4）伺服系统：伺服系统用于完成坐标轴的驱动。它直接影响数控机床加工的速度、位置精度及加工的形状精度。

（5）位置反馈系统：包括闭环控制系统和半闭环控制系统。

（6）机床本体：数控机床的机械结构部分。

三、数控机床的工作原理

数控机床加工工件的过程如图6-2所示。数控机床加工零件时，首先必须将工件的几何数据和工艺数据等加工信息按规定的代码和格式编制成零件的数控加工程序，这是数控机床的工作指令。将加工程序用适当的方法输入到数控系统，数控系统对输入的加工程序进行数据处理，输出各种信息和指令，控制机床主运动的变速、启停、进给的方向、速度和位移量，以及其他如刀具选择交换、工件的夹紧松开、冷却润滑的开关等动作，使刀具与工件及其他辅助装置严格地按照加工程序规定的顺序、轨迹和参数进行工作。数控机床的运动处于不断地计算、输出、反馈等控制过程中，以保证刀具和工件之间相对位置的准确性，从而加工出符合要求的零件。

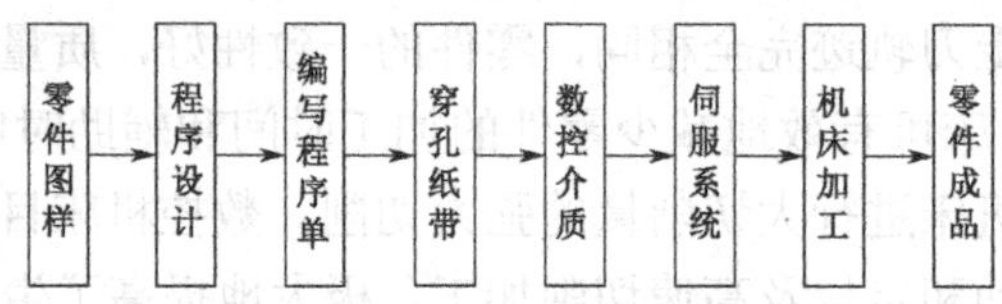

图6-2 数控机床加工过程

四、数控机床的分类

1. 按机床工艺用途分类

（1）金属切削类：数控车床、车削中心、数控铣床、加工中心。

（2）金属成型类：数控旋压机、数控折弯机等。

（3）特种加工类：数控电火花成型机、数控线切割机等。

（4）测量、绘图类：三坐标测量仪、数控对刀仪等。

2. 按机床控制运动的轨迹分类

（1）点位控制数控机床：是指数控系统只控制刀具或工作台从一点移至另一点的准确定位，然后进行定点加工，而点与点之间按什么轨迹移动则没有要求，如图6-3所示。采用这类控制的有数控钻床、数控镗床和数控坐标镗床等。

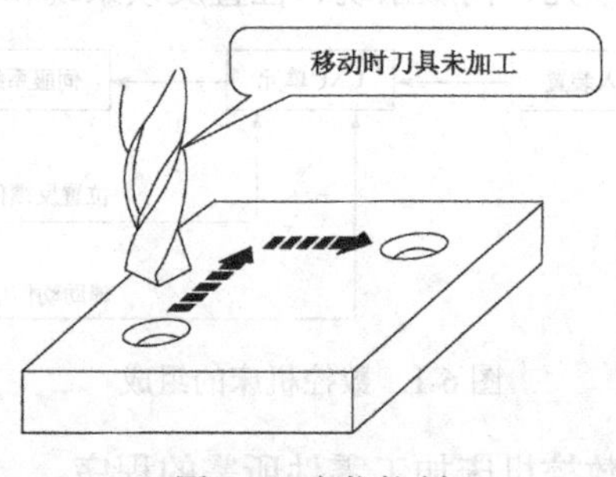

图6-3 点位控制

（2）点位直线控制数控机床：是指数控系统除控制直线轨迹的起点和终点的准确定位外，还要控制在这两点之间以指定的进给速度进行直线切削，如图 6-4 所示。采用这类控制的有数控铣床、数控车床和数控磨床等。

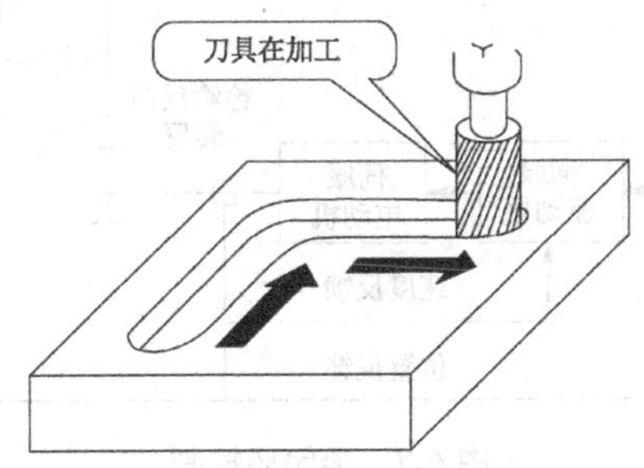

图 6-4 点位直线控制

（3）轮廓控制数控机床：能够连续控制两个或两个以上坐标方向的联合运动，如图 6-5 所示。为了使刀具按规定的轨迹加工工件的曲线轮廓，数控装置具有插补运算的功能，使刀具的运动轨迹以最小的误差逼近规定的轮廓曲线，并协调各坐标方向的运动速度，以便在切削过程中始终保持规定的进给速度。采用这类控制的有数控铣床、数控车床、数控磨床和加工中心等。

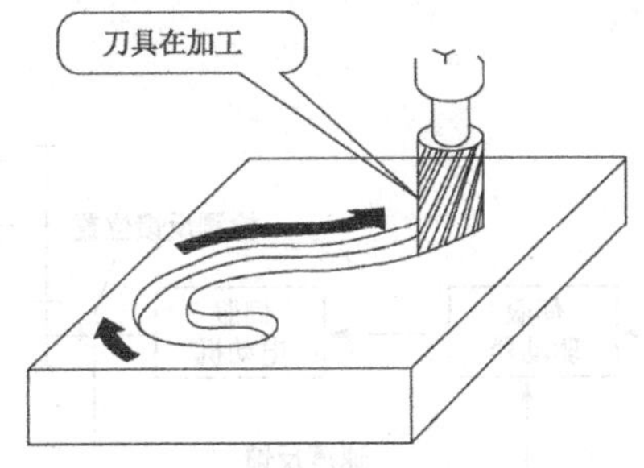

图 6-5 轮廓控制

3．按机床伺服控制方式分类

（1）开环控制数控机床：不带反馈装置的控制系统，由步进电动机驱动线路和步进电动机组成，控制过程如图 6-6 所示。数控装置经过控制运算发出脉冲信号，每一脉冲信号使步进电动机转动一定的角度，通过滚珠丝杠推动工作台移动一定的距离。这种伺服机构比较简单，工作稳定，容易掌握和使用，但精度和速度的提高受到限制。

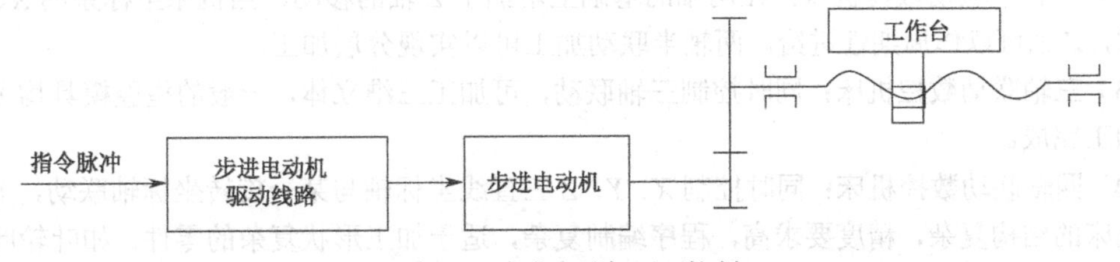

图 6-6 步进电动机开环控制

（2）半闭环控制数控机床：是在开环控制系统的伺服机构中装有角位移检测装置，通过检测伺服机构的滚珠丝杠转角间接检测移动部件的位移，然后反馈到数控装置的比较器中，与输入原指令位移值进行比较，用比较后的差值进行控制，使移动部件补充位移，直到差值消除为止的控制系统。控制过程如图 6-7 所示。这种伺服机构所能达到的精度、速度和动态特性优于开环伺服机构，为大多数中小型数控机床所采用。

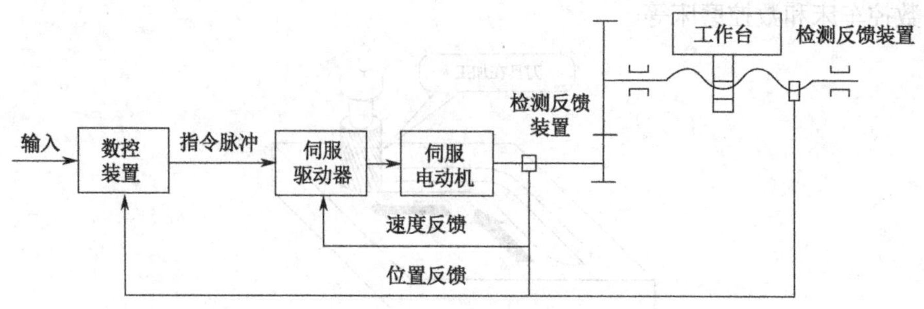

图 6-7　半闭环控制

（3）闭环控制数控机床：是在机床移动部件位置上直接装有直线位置检测装置，将检测到的实际位移反馈到数控装置的比较器中，与输入的原指令位移值进行比较，用比较后的差值控制移动部件作补充位移，直到差值消除时才停止移动，达到精确定位的控制系统。控制过程如图 6-8 所示。闭环控制系统的定位精度高于半闭环控制，但结构比较复杂，调试维修的难度较大，常用于高精度和大型数控机床。

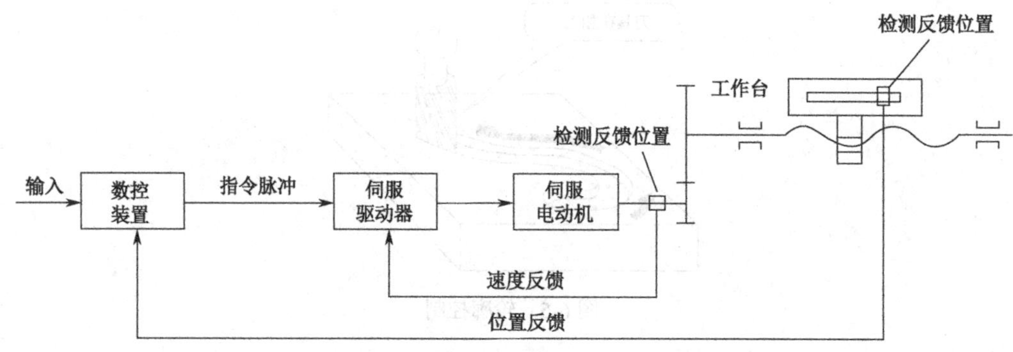

图 6-8　闭环控制

4．按机床控制联动的坐标轴数不同分类

（1）二轴联动数控机床：同时控制 *X*、*Y*、*Z* 三轴中的两轴联动，加工曲线柱面，适于数控车床加工旋转曲面或数控铣床铣削平面轮廓。

（2）二轴半联动数控机床：在两轴的基础上增加了 *Z* 轴的移动，当机床坐标系的 *X*、*Y* 轴固定时，*Z* 轴可以作周期性进给。两轴半联动加工可以实现分层加工。

（3）三轴联动数控机床：同时控制三轴联动，可加工三维立体，一般的型腔模具均可以用三轴加工完成。

（4）四轴联动数控机床：同时控制 *X*、*Y*、*Z* 三直线坐标轴与某一旋转坐标轴联动，多坐标数控机床的结构复杂，精度要求高，程序编制复杂，适于加工形状复杂的零件，如叶轮叶片类零件。

（5）五轴联动数控机床：除可以同时控制 *X*、*Y*、*Z* 三个直线坐标轴联动外，还同时控制两个旋转坐标轴，同样适用于形状复杂的零件加工，与四轴联动对比功能显得更强。

五、常用数控车床、数控铣床、加工中心、线切割机床、电火花机床的机械结构及功能

1．数控车床

它主要用于完成车削轴类、盘类、孔类、螺纹零件的加工。数控车床机械结构如图 6-9 所示。

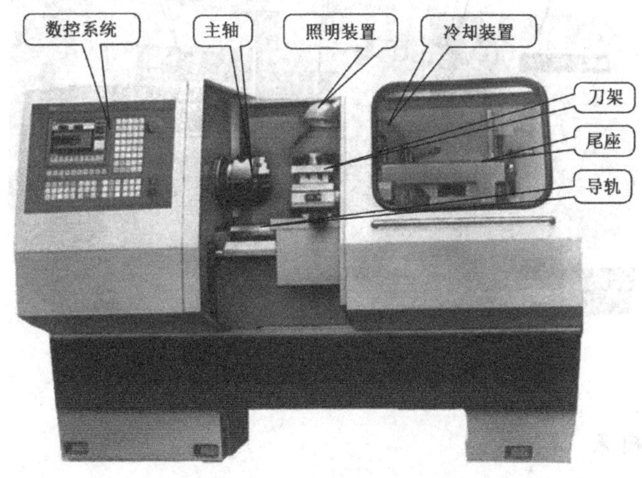

图 6-9　数控车床机械结构

2．数控铣床

它可进行镗、铣、扩、铰等多种工序的加工，主要适用于板类、盘类、壳体类等复杂零件的加工，特别适用于汽车制造业和模具业。数控铣床机械结构如图 6-10 所示。

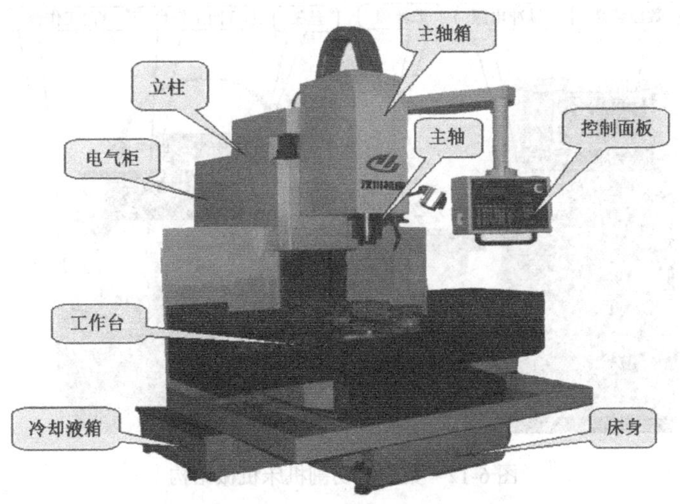

图 6-10　数控铣床机械结构

3．加工中心

它是在数控铣床的基础上，增设有自动换刀装置和刀库，可在一次安装工件后，数控系统控制机床按不同工序自动选择和更换刀具，自动改变机床主轴转速、进给量和刀具相对工件的

运动轨迹及其他辅助功能；依次完成多面和多工序的端平面、孔隙、内外倒角、环形槽及攻螺纹等加工。加工中心机械结构如图6-11所示。

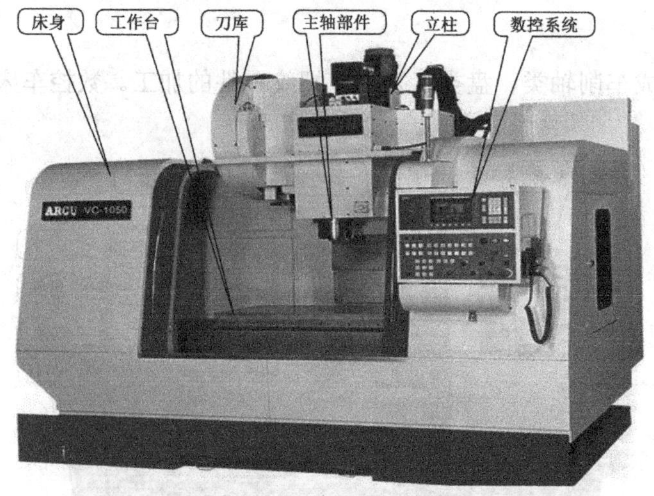

图6-11　加工中心机械结构

4．数控线切割机床

它是利用绕在运丝筒上的电极丝沿运丝筒的回转方向以一定的速度移动，装在机床工作台上的工件由工作台按预定控制轨迹相对于电极丝做成型运动。脉冲电源的一极接工件，另一极接电极丝。在工件与电极丝之间总是保持一定的放电间隙且喷洒工作液，电极之间的火花电蚀出一定的缝隙，连续不断的脉冲放电切出所需形状和尺寸的工件的加工。数控线切割机床机械结构如图6-12所示。

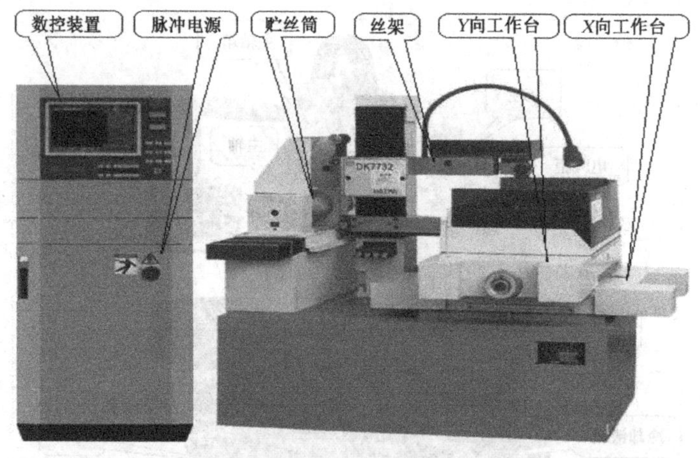

图6-12　数控线切割机床机械结构

5．数控电火花机床

它是利用工件和工具电极分别与脉冲电源的两个不同极性输出端相连接，自动进给调节装置使工件和电极间保持一定的放电间隙。两极间加上脉冲电压后，在间隙最小处或绝缘强度最低处将工作液介质击穿，产生火花放电。放电通道中等离子瞬时高温使工件和电极表面都被蚀除掉一小块材料，使各自形成一个微小的放电凹坑。脉冲放电结束后，经过脉冲间隙时间，使工作液恢复绝缘后，第二个脉冲电压又加到两极上，又会在当时间隙相对最小处或绝缘强度最低处击穿放电，电蚀出另外一个小凹坑。当这种过程以相当高的频率重复进行时，电极不断地调整与工件的相对位置，其轮廓尺寸就被精确地“复印”在工件上，达到成型加工的目的，加工出所需要的零件。数控电火花机床机械结构如图 6-13 所示。

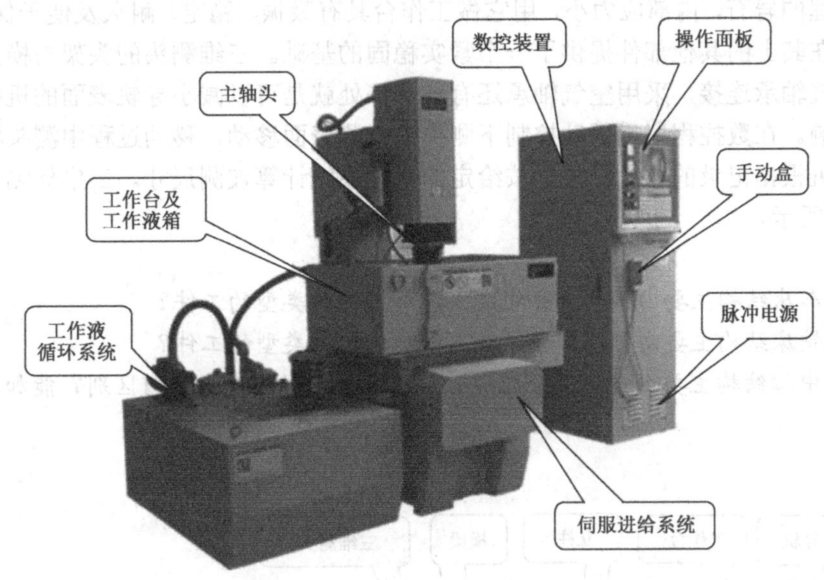

图 6-13　数控电火花机床机械结构

任务实施

一、实施准备

准备数控车床、数控铣床、加工中心、数控线切割机床、数控电火花机床和各机床的使用说明书。

二、实施步骤

（1）感性认识所提供的五台不同数控机床的组成部分。

（2）对照机床实物并详细阅读使用说明书，按四种分类方式准确说出每台机床各归属于哪类数控机床（见表 6-2）。

表 6-2　区别不同种类的数控机床

机床名称	按工艺用途分类	按控制运动的轨迹分类	按伺服控制方式分类	按控制联动的坐标轴数不同分类

知识拓展

数控三坐标测量仪的组成及图示

三坐标测量仪由安装工件的工作台、立柱、横梁、导轨、三维测头、坐标位移测量装置和计算机数控装置组成。三坐标测量仪的工作台一般由花岗岩制成，花岗岩是经过了长时间自然时效处理的岩石，内部应力小，用它做工作台具有吸振、稳定、耐久及便于保养等特点，从而为安装在其上的其他部件提供了一个紧实稳固的基础。三维测头的头架与横梁之间采用低摩擦的空气轴承连接，采用空气轴承还有一个好处就是可以减小导轨表面的机械缺陷对运动精度的影响。在数控程序或手动控制下测头沿被测表面移动，移动过程中测头将记录测量数据，计算机根据记录的测量结果，按给定的坐标系统计算被测尺寸。三坐标测量仪机械结构如图 6-14 所示。

习题

1. 数控车床结构主要由哪些部分组成？能加工何种类型的工件？

2. 数控铣床结构主要由哪些部分组成？能加工何种类型的工件？

3. 加工中心结构主要由哪些部分组成？加工中心与数控铣床有何区别？能加工何种类型的工件？

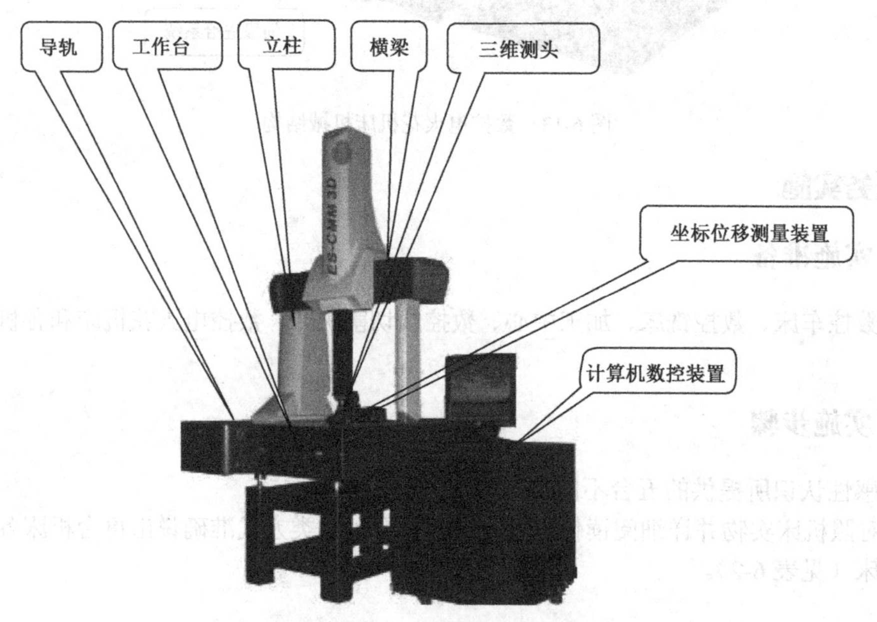

图 6-14　数控三坐标测量仪机械结构

评价反馈

（一）自我评价（40 分）

先进行自我评价，评分值记录于表 6-3 中。

表 6-3 自我评价表

项目内容	配 分	评分标准	扣分	得分
1. 准备	10 分	观看数控生产加工视频，了解不同数控机床的实际应用。		
2. 阅读	10 分	对数控机床组成结构、工作原理、分类等内容表述不清扣 2～3 分。		
3. 操作过程	30 分	通过观察数控机床实体了解结构、工作原理，正确进行分类。出错每处可酌情扣 2～3 分。		
4. 记录数据	30 分	按每台数控机床的区分内容进行详细记录。出错每处可酌情扣 2～3 分。		
5. 安全、文明操作	20 分	1. 违反操作规程，产生不安全因素，可酌情扣 7～10 分。 2. 着装不规范，可酌情扣 3～5 分。 3. 迟到、早退、工作场地不清洁，每次扣 1～2 分。		
			总评分=（1～5 项总分）×40%	

签名：__________ __________年__月__日

（二）小组评价（30 分）

再由同一实训小组的同学结合自评的情况进行互评，同样将评分值记录于表 6-4 中。

表 6-4 小组评价表

项目内容	配 分	评 分
1. 实训记录与自我评价情况	20 分	
2. 对实训室规章制度的学习与掌握情况	20 分	
3. 相互帮助与协作能力	20 分	
4. 安全、质量意识与责任心	20 分	
5. 能否主动参与整理工具、器材与清洁场地	20 分	
总评分=（1～5 项总分）×30%		

参加评价人员签名：__________ __________年__月__日

（三）教师评价（30 分）

最后由指导教师结合自评与互评的结果进行综合评价，并将评价意见与评分值记录于表 6-5 中。

表 6-5 教师评价表

教师总体评价意见：	
教师评分（30 分）	
总评分=自我评分+小组评分+教师评分	

教师签名：__________ __________年__月__日

任务 2　制作阶梯零件

任务目标

使用数控车床进行阶梯零件的车削加工。

学习目标

应知：

阶梯零件加工编程基础、FANUC-oi TC 系统数控车床操作基础。

应会：

（1）读零件图、制定加工工艺。

（2）合理选用加工材料、工具、刀具，手工编写加工程序。

（3）操作车床完成加工及测量、控制加工质量。

建议学时

建议完成本学习任务为 18 学时。

器材准备

本学习任务所需的通用设备、工具和器材如表 6-6 所示。

表 6-6　通用设备、工具和器材明细表

序号	名　称	型　号	规　格	单位	数量
1	材料	45 钢	ϕ35×100	条	1
2	数控车床	G-210	ϕ450	台	1
3	直钢尺		300	把	1
4	游标卡尺		0～150	把	1
5	外径千分尺		0～25	把	1
6	外径千分尺		25～50	把	1
7	外圆机夹刀	WTJNR2020K16	90°	把	1

相关知识

一、数控车床坐标系基础

数控车床的坐标系符合右手直角笛卡儿坐标系。如图 6-15 所示只有 X、Z 两个移动坐标（没有 Y 轴）的数控车床的坐标系及其运动方向。其中 X 轴规定为水平平行于工件装夹表面，它是刀具或工件定位平面内运动的主要坐标，对于工件旋转的车床，取横向离开旋转中心的方向为 X 轴的正方向；规定与主轴线平行的坐标轴为 Z 坐标（Z 轴），并取刀具离开工件（夹头）的方向为 Z 轴的正方向。

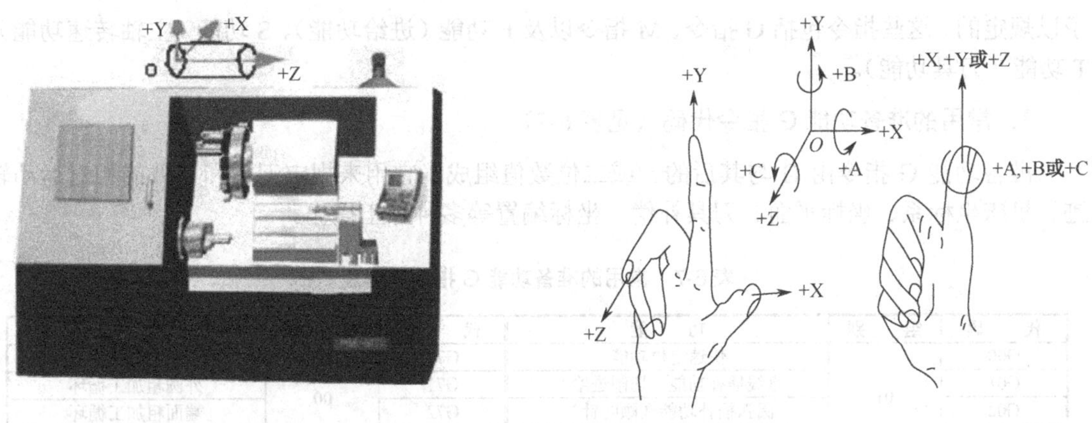

图 6-15　数控车床的坐标系及运动方向

二、制定加工方案

数控车床的加工方案包括制定工序、工步及走刀路线等。制定加工方案的一般原则为先粗后精，先近后远，先内后外，程序段最少，走刀路线最短，特殊情况特殊处理。

三、坐标值的确定

根据零件加工图（见图 6-19），按如图 6-16 所示把工件编程的坐标原点建立在工件的右端面与 Z 相交的中心点 O 上，精加工路线及各基点坐标绝对值（X 取直径值）为：A"（37，2）—A'（18，2）—A（18，0）—B（20，-1）—C（20，-9）—D（26，-9）—E（28，-10）—F（28，-25）—G（37，-25）。

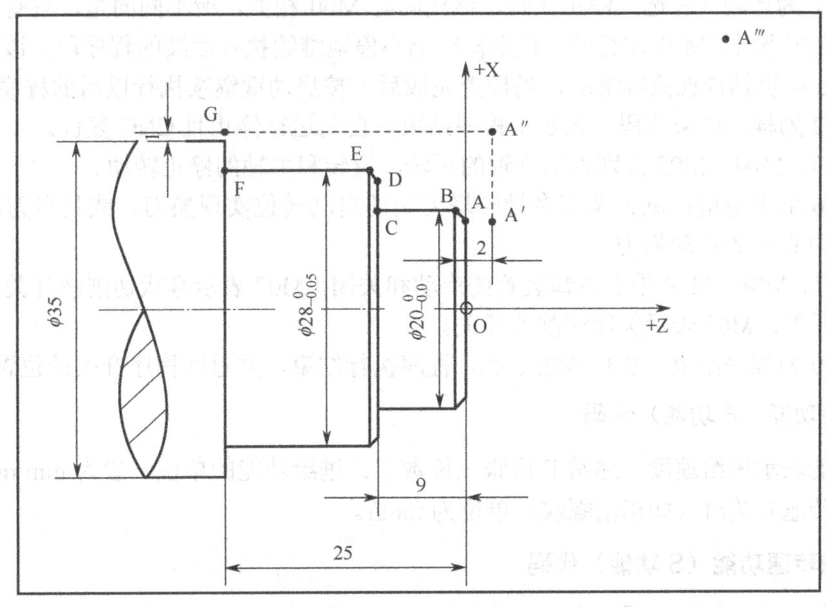

图 6-16　精车路线及各基点

四、数控加工常用的功能指令及编程方法

在数控机床上进行工件加工过程中的各种操作和运动特性是在加工程序中用指令的方式

予以规定的。这些指令包括G指令、M指令以及F功能（进给功能）、S功能（主轴转速功能）、T功能（刀具功能）。

1．常用的准备功能G指令代码（见表6-7）

准备功能G指令由G与其后的一或二位数值组成，它用来规定刀具和工件的相对运动轨迹、机床坐标系、坐标平面、刀具补偿、坐标编置等多种加工操作。

表6-7 常用的准备功能G指令代码表

代码	组别	功能	代码	组别	功能
G00	01	快速定位功能	G70	00	精加工循环
G01		直线插补功能（切削进给）	G71		外圆粗加工循环
G02		圆弧插补功能（顺时针）	G72		端面粗加工循环
G03		圆弧插补功能（逆时针）	G73		多重车削循环
G04	00	暂停	G90	01	外径/内径车削循环
G20	06	英制输入	G92		螺纹切削循环
G21		公制输入	G94		端面车削循环
G28	00	参考点返回	G98	05	每分进给速度
G32	01	螺纹切削	G99		每转进给速度
G50	00	工件坐标系设定			

2．常用的辅助功能M代码

这种指令主要用于机床加工操作时的工艺指令。其含义如下：

（1）M00为程序停止。在执行完含有M00的程序段后，机床的主轴、进给及切削液都会自动停止。该指令用于加工过程中进行测量工件的尺寸、命令工件调头、手动变速等固定操作。当程序运行停止时，全部现存的模态信息保持不变，固定操作完成，重按“启动”键，便可继续执行后续程序。

（2）M01为计划（任选）停止代码。该代码与M00相似，所不同的是，只有在“任选、停止”按键被按下时，M01才有效，否则机床仍不停地继续执行后续的程序段。该代码常用于工件关键尺寸停机抽样检查等情况，当检查完成后，按启动键继续执行以后的程序。

（3）M02为程序结束代码。表示主程序结束，自动运行停止且CNC复位。

（4）M03、M04、M05分别表示主轴的正转、反转和主轴的停止转动。

（5）M06用于电动控制刀架或多轴转塔刀架的自动转位实现换刀，或具有刀库的数控机床（如加工中心）的自动换刀。

（6）M07、M08、M09用于冷却装置的启动和关闭。M07表示雾状切削液开关；M08表示液状切削液开关；M09表示关闭切削液开关。

（7）M30为程序结束。执行该指令后，程序执行结束，并返回程序开关的位置。

3．进给功能（F功能）代码

进给功能表示进给速度，通常F后跟三位数字。进给功能的单位一般为mm/min，当进给速度与主轴转速有关时（如车削螺纹）单位为mm/r。

4．主轴转速功能（S功能）代码

主轴功能表示主轴转速或速度，其单位为r/min或m/min。通常使用r/min，如S800，表示主轴的转速为每分钟800转。

5．刀具功能（T 功能）代码

刀具功能表示刀具和刀补号，一般具有自动换刀的数控机床才有此功能。指令由地址 T 及后面的四位数字构成。

格式：T × × × ×

地址 T 后面前两位指刀具号，后两位指刀具补偿号。如 T0101，刀具号为 1 号，刀具补偿号也为 1 号。

6．程序段的格式

格式：N___G___X___Z___F___S___T___M___;

例如：N40 G01 X25 Z-15 F100 S300 T0202 M03;

（1）N40 表示语句号 40。

（2）G01 表示直线切削进给。

（3）X25 Z-15 表示定位地址。

（4）F100 表示进给速度为 100mm/min。

（5）S300 表示主轴转速为 300r/min。

（6）T0202 表示第二号刀，带第二号刀具补偿。

（7）M03 表示主轴正转。

（8）“;”表示程序结束。

五、G71 外圆、内圆粗车循环指令的实际应用

结合图 6-16 所示的走刀路线编写程序段（绝对值编程），程序如表 6-8 所示。

表 6-8　外圆、内圆加工参考程序

G00 X37 Z2;	（粗车快速定位）
G71 U2 R1 F0.2;	（粗车背吃刀量 2mm，退刀量 1mm，进给量 0.2mm/r）
G71 P1 Q2 U0.3 W0;	（X 向留精车余量ϕ0.3mm）
N1 G00 X18;	（精加工初始段，仅有 X 值，不能出现 Z 值，仅可出现 G00、G01）
G01 Z0;	（注：P1 与 N1 对应，Q2 与 N2 对应）
X20 Z-1;	
Z-9;	
X26;	
X28 Z-10;	
Z-25;	
N2 X37;	（精加工结束段）

六、90° 外圆机夹车刀的选用

（1）90° 外圆机夹车刀（见图 6-17）：结合切削材料为 45 钢、切削形状为单一台阶单调性变化的外圆，便能满足切削加工。

图 6-17　90° 外圆机夹车刀

（2）90° 外圆机夹车刀安装（见图 6-18）：安装过程中注意保证主偏角为 93° 左右，为保证刀具的刚性，避免切削过程中易产生振纹，刀头伸出长度不能过长。

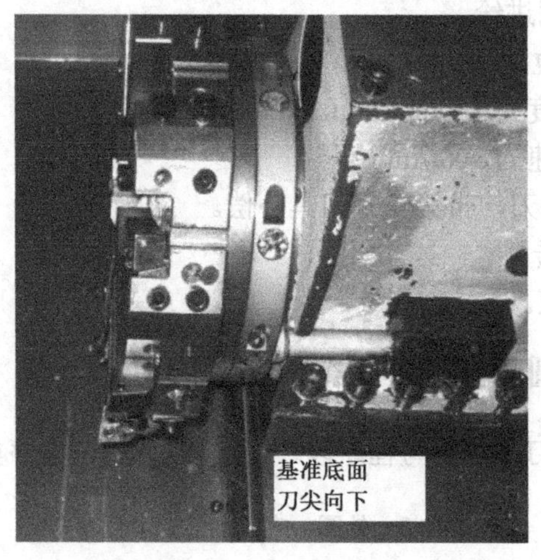

图 6-18　90° 外圆机夹车刀安装

七、切削参数选取

结合切削材料为 45 钢、切削形状为单一台阶单调性变化的外圆，通过机械手册切削用量参数表可得，所选用 90° 外圆机夹车刀的切削参数选择可参考表 6-9。

表 6-9　切削参数

刀具名称	加工类型	切削速度 v_c(m/min)	背吃刀量 a_p(mm)	进给量 f(mm/r)
90° 外圆机夹车刀	粗车	75～80	1～3	0.2～0.4
	精车	100～120	0.2～0.5	0.08～0.15

任务实施

一、实施准备

准备加工材料、工具、量具、各机夹车刀、G-210 数控车床（包括使用说明书）、CAXA 数控车（辅助用）、机械制图、机械加工工艺学、加工图纸（见图 6-19）。

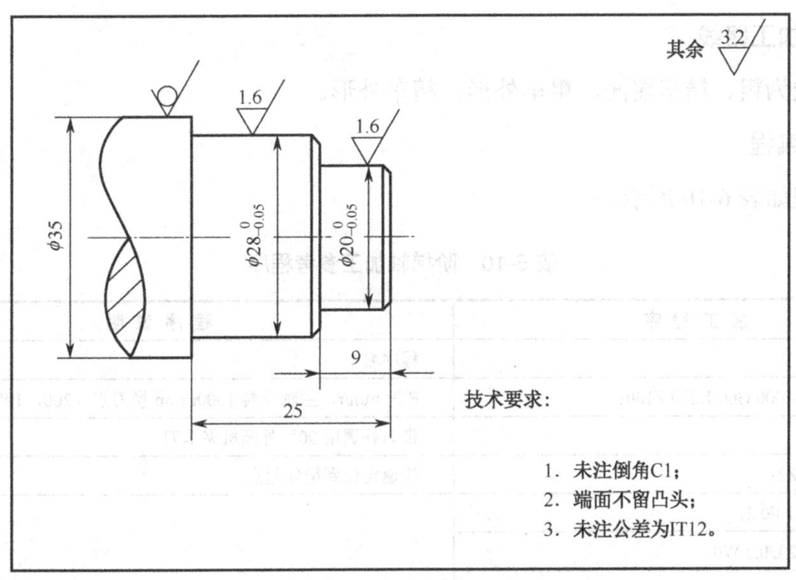

图 6-19 阶梯图加工（材料：45 钢）

二、实施步骤

1. 图样分析

零件特点（见图 6-19），主要有二级台阶外圆和右端面，外圆表面粗糙度 *Ra*1.6，有公差要求，需要粗、精车加工。

2. 设置工件坐标系

选择长棒料宜设在右端面（见图 6-20），有利于对刀及各坐标点的计算。

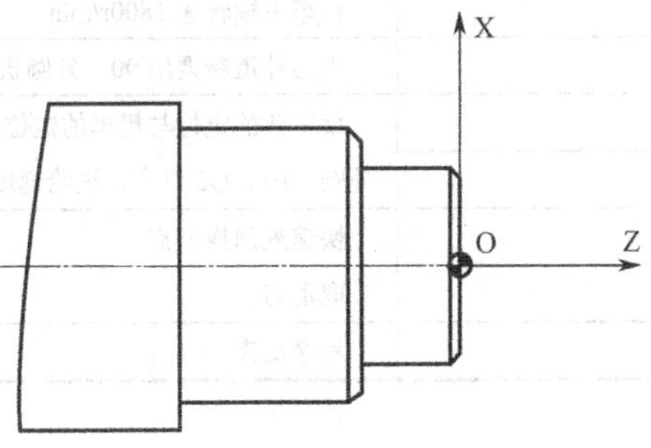

图 6-20 建立工件坐标系

3. 确定装夹方法

台阶轴的材料是 45 钢圆棒，使用三爪自定心卡盘夹持。

4. 确定工量具

90° 外圆机夹车刀、0～150mm 游标卡尺、0～25mm 外径千分尺、25～50mm 外径千分尺、适配刀塔用内六角匙。

5．确定加工路线

加工路线为粗、精车端面，粗车外形，精车外形。

6．手工编程

手工编程如表6-10所示。

表6-10　阶梯轴加工参考程序

加工程序	程序说明
O0001；	程序名
G99 M4 S1000 G00 X200 Z100；	F为mm/r，主轴反转1000r/min,换刀点（200，100）
T0202；	带刀补调用90°外圆机夹车刀
G00 X37 Z2；	快速定位到循环起点
G71 U2 R1 F0.2；	采用G71轴向粗车循环指令完成ϕ20、ϕ28、外圆柱面的粗车加工
G71 P1 Q2 U0.3 W0；	
N1 G00 X18；	
G01 Z0；	
X20 Z-1；	
Z-9；	
X26；	
X28 Z-10；	
Z-25；	
N2 X37；	
G00 X200 Z100 M5；	快速返回换刀点，主轴停转，程序暂停，检测工件
M00；	
M4 S1800；	精车主轴转速1800r/min
T0202；	带刀补重新调用90°外圆机夹车刀
G00 X37 Z2；	精车前的定位与粗车的定位一致，用G70指令进行精车ϕ20、ϕ28外圆，P1、Q2对应，进给速度为0.1mm/r
G70 P1 Q2 F0.1；	
G00 X200 Z100；	快速返回换刀点
T0200；	取消刀补
M30；	程序结束

7．加工操作

（1）安全、文明生产要求

① 进入车间，必须穿好工作服，女生须戴工作帽，并把长发盘入帽内，严禁佩戴手饰，操作车床须戴防护眼镜，严禁戴手套。

② 开机前检查机床各机构是否完好，数控系统及各电器附件的插头、插座连接是否可靠，液压缸是否有足够的液压油，润滑缸是否有足够的润滑油，开机后检查电柜空调器是否正常工作。

③ 启动面板电源后，首先启动液压系统，检查卡盘、刀塔、尾座是否有足够的压力，并通过手动方式检查刀塔能否正常换刀。

④ 严格根据图纸和技术要求，编制正确的程序，“自动”加工时要检查刀具位置是否正确，以避免发生撞刀或其他事故。

⑤ 自动加工时，应关好安全门，观察车削过程，尽量避免正对工件位置，不得随意离开岗位。

⑥ 加工结束做好以下保养工作：关机、切断电源，清扫铁屑、杂物，用气枪吹干卡盘、刀塔、导轨的积水，并加润滑油防止机床生锈，并保持设备场地干净整洁。

（2）操作步骤

① 步聚一：打开机床总电源（ON 位置为开）→打开操作面板电源→松开紧急按钮（顺时针旋转，消除报警）→按[液压启动]键，启动液压系统（检查液压卡盘、尾座、刀塔三个位置的液压表显示压力正常，消除报警）→选[手动]或[手轮]方式移动刀塔靠近卡盘→按[机械回零]键，选择 X 轴，再选择 Z 轴进行机械回零操作，同时消除报警。

② 步聚二：按[编辑]键→[程序]编辑页面—按程序单输入程序，并检查是否输入正确→按[复位]键，光标回到程序开头→按[自动运行]键—按[机床锁]键→按[辅助功能锁]键—按[空运行]键进行空运行检查程序是否输入正确及切削走刀路线是否正确。

③ 步聚三：调整卡爪（根据毛坯直径选择正确的位置）→用三爪卡盘夹持ϕ35 毛坯外圆并校正，伸出加工部位的长度约为 45mm（避免伸出过短，引导车削时超程报警）→踩[脚踏器]夹紧工件。

④ 步聚四：按[MDI]键→按[程序]键，打开输入页面→输入“T0200”调用 2 号刀位→正确安装 90°外圆机夹车刀。

⑤ 步聚五：选择[手动]或[手轮]方式，车好右端面，打开“刀补”→“形状”页面，把光标移至 02 刀位，输入 Z0、按软件“测量”，车一段外圆（背吃刀量不能太大），输入 X 测量值，按软件“测量”完成对刀。

⑥ 步聚六：按“自动”方式→按“运行”键，开始进行粗车加工，加工过程中不能离开岗位。

⑦ 步聚七：粗车完毕，程序暂停，测量各级外圆尺寸，并与预留余量进行对比，同时打开“刀补”→修改“磨损”值，再按“运行”键进行精车。

⑧ 步聚八：精车完毕，程序暂停，测量各级外圆尺寸是否已达到图纸要求，如仍有余量，可再次修改“磨损”值，光标移回精车位置，再次启动“自动加工”进行精车，最后加工尺寸达到图样要求，完成整个二级阶梯的加工。

（3）检验：选取 0～25mm、25～50mm 的外径千分尺分别对ϕ20、ϕ28 的外圆进行测量，用游标卡尺测量长度 9mm、25mm。

知识拓展

一、坐标值的确定

在编制加工程序时，为了准确描述刀具运动轨迹，除正确使用准备功能字外，还要有符合图纸轮廓的地址及坐标值。要正确识读零件图纸中各坐标点的坐标值，首先就要确定工件编程的坐标原点，以此建立一个直角坐标系，来进行各坐标点的坐标值的确定。一般将工件编程原点设在零件的轴心线和零件两边端面的交点上，如图 6-21 所示。

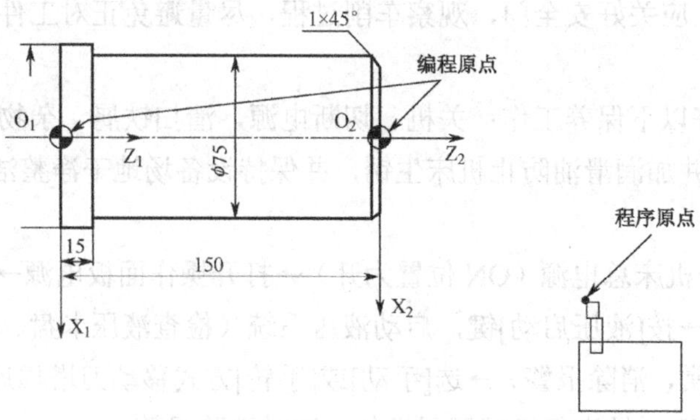

图 6-21 编程原点与程序原点

二、相对坐标值的确定

相对坐标值指在坐标系中，运动轨迹的终点坐标是以起点计量的，各坐标点的坐标值是相对前点所在的位置之间的距离，径向用 U 表示，轴向用 W 表示。根据零件加工图（见图 6-19），如图 6-16 所示把工件编程的坐标原点建立在工件的右端面与 Z 相交的中心点 O 上，精加工路线及各基点坐标相对值（X 取直径值）为：A"（-163，-98）—A'（-19，0）—A（0，-2）—B（2，-1）—C（0，-8）—D（6，0）—E（2，-1）—F（0，-15）—G（9，0）。

三、G71 外圆、内圆粗车循环指令的实际应用

结合图 6-16 所示的走刀路线编写程序段（混合编程），如表 6-11 所示。

表 6-11 图 6-6 部分走刀路线程序内容

G00 X37 Z2;	（粗车快速定位）
G71 U2 R1 F0.2;	（粗车背吃刀量 2mm，退刀量 1mm，进给量 0.2mm/r）
G71 P1 Q2 U0.3 W0;	（X 向留精车余量 ϕ0.3mm）
N1 G00 X18;	（精加工初始段，仅有 X 值，不能出现 Z 值，仅可出现 G00、G01）
G01 W-2;	
U2 W-1;	
W-8;	（注：P1 与 N1 对应，Q2 与 N2 对应）
X26;	
U2 W-1;	
W-15;	
N2 X37;	（精加工结束段）

习题

1. 进入加工实训室应注意哪些操作规程？
2. 试将图 6-19 用相对坐标系进行编程，写出相应程序。
3. 试将图 6-19 用半径进行编程，写出相应程序。

评价反馈

（一）自我评价（40 分）

先进行自我评价，评分值记录于表 6-12 中。

表 6-12 自我评价表

项 目 内 容	配 分	评 分 标 准	扣分	得分
1. 实训准备	10 分	不能正确准备工具、量具可酌情扣 2～3 分。		
2. 编写程序	20 分	正确编写加工程序。错的可酌情扣 5～10 分。		
3. 数控车床操作	20 分	正确操作数控车床。错的每次可酌情扣 5～10 分。		
4. 自动加工	20 分	正确操作数控车床完成自动加工。错的可酌情扣 5～10 分。		
5. 尺寸测量	10 分	不能正确选用量具、测量方法错误，可酌情扣 5~10 分。		
6. 记录数据	10 分	记录结果正确、观察速度快。视记录情况给分。		
7. 安全、文明操作	10 分	1. 违反操作规程，产生不安全因素，可酌情扣 7～10 分。 2. 着装不规范，可酌情扣 3～5 分。 3. 迟到、早退、工作场地不清洁，每次扣 1～2 分。		
			总评分=（1～7 项总分）×40%	

签名：__________ __________年___月___日

（二）小组评价（30 分）

再由同一实训小组的同学结合自评的情况进行互评，同样将评分值记录于表 6-13 中。

表 6-13 小组评价表

项 目 内 容	配 分	评 分
1. 实训记录与自我评价情况	20 分	
2. 对实训室规章制度的学习与掌握情况	20 分	
3. 相互帮助与协作能力	20 分	
4. 安全、质量意识与责任心	20 分	
5. 能否主动参与整理工具、器材与清洁场地	20 分	
	总评分=（1～5 项总分）×30%	

参加评价人员签名：__________ __________年___月___日

（三）教师评价（30 分）

最后由指导教师结合自评与互评的结果进行综合评价，并将评价意见与评分值记录于表 6-14 中。

表 6-14 教师评价表

教师总体评价意见：	
教师评分（30 分）	
总评分=自我评分+小组评分+教师评分	

教师签名：__________ __________年___月___日

任务3　检修数控机床刀架

任务目标

（1）学会数控车床刀架的拆装方法。
（2）学会排除数控机床刀架的机械故障和电气故障。

学习目标

应知：
了解数控车床刀架的特点、用途和分类。
应会：
（1）了解数控车床刀架组成与结构。
（2）掌握数控车床刀架的拆装步骤和技巧。
（3）掌握检测和排除数控机床刀架的常见机械故障的方法。
（4）掌握检测和排除数控机床刀架的常见电气故障的方法。

建议学时

建议完成本学习任务为18学时。

器材准备

本学习任务所需的通用设备、工具和器材如表6-15所示。

表6-15　通用设备、工具和器材明细表

序号	名　称	型　号	规　格	单位	数量
1	数控车床四工位电动刀架			套	1
2	万用电表	MF-47型	0-10-50-250A、0-300-600V、0～300Ω	台	1
3	兆欧表	ZC11-8型	500V、0～100MΩ	台	1
4	机床检修实训常用工具		电工钳、尖嘴钳、铁锤、试电笔、扳手、锉刀、电烙铁、一字和十字形螺丝刀、内六角扳手等工具	套	1

相关知识

一、数控车床刀架的结构和工作原理

数控车床上使用的回转刀架换刀是一种常见的自动换刀装置，其功能是储备一定数量的刀具以提高数控加工产品质量和劳动生产率。

1．数控车床四工位电动回转刀架的工作原理

数控车床上使用的回转刀架常用的有四工位（装有四把刀具）或六工位，四工位刀架外形如图6-22所示。工作时由数控机床发出脉冲指令进行回转和换刀，换刀时刀架的动作顺序是：

刀架抬起、刀架转位、刀架定位和夹紧。

图 6-22 四工位数控车床刀架外形图

2. 回转刀架的工作过程

回转刀架的结构如图 6-23 所示。该刀架可以安装 4 把不同的刀具，转位信号由加工程序指定。

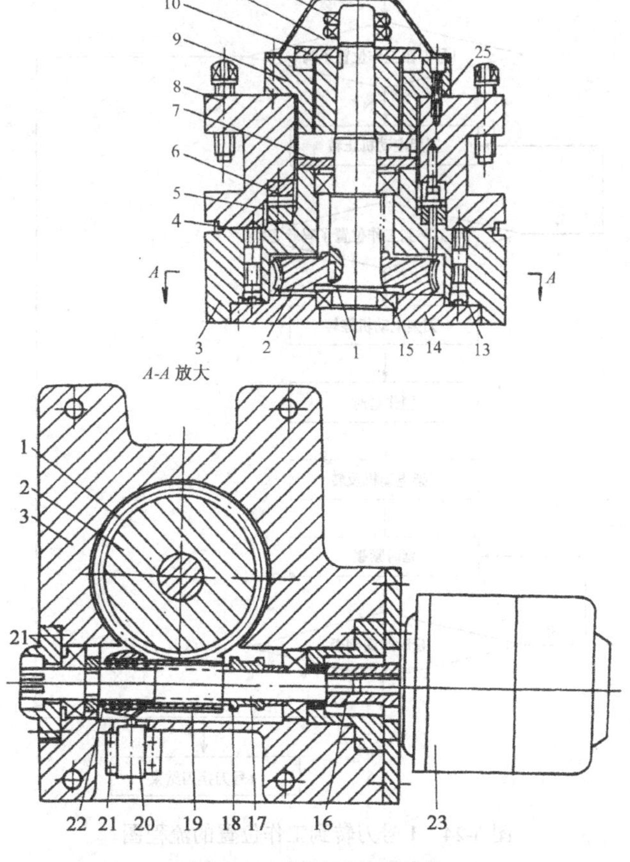

图 6-23 回转刀架的结构

1，2—蜗轮；3—刀座；4—密封圈；5，6—齿盘；7, 24—压盖；
8—刀架；9, 21—套筒；10—轴套；11—垫圈；12—螺母；13—销；14—底盘；
15—轴承；16—联轴套；17—轴；18—套；19—蜗杆；20，25—开关；22—弹簧；23—电动机

对于四工位自动回转刀架来说，它最多装有 4 把刀具，数控系统控制的任务，就是选中任

意一把刀具，让其回转到工作位置。现以 1 号刀位为例简述刀架换刀的过程。

（1）按下换刀键或输入换刀指令后，刀架电动机正转，并经联轴器，由滑键带动蜗杆、蜗轮、轴、轴套转动。轴套的外圆上有两处凸起，可在套筒内孔中的螺旋槽内滑动，从而举起与套筒相连的刀架及上端齿盘，使齿盘与下端齿盘分开，完成刀架抬起动作。

（2）刀架抬起后，轴套仍在继续转动，同时带动刀架转过 90°（如不到位，刀架还可继续转位 180°、270°、360°），转位过程中，由刀架发信盘（霍尔传感器）发出位置定位信号给数控系统（CNC）。

（3）刀架转到位后，由数控系统发出指令，控制刀架电动机反转继电器得电，使电动机反转，利用销使刀架定位而不再随轴套回转，于是刀架向下移动，上下端齿盘合拢压紧。蜗杆继续转动并产生轴向位移，压缩弹簧，套筒的外圆曲面压缩开关使电动机停止旋转，从而完成一次转位。

1 号刀转到工作位置的流程如图 6-24 所示。

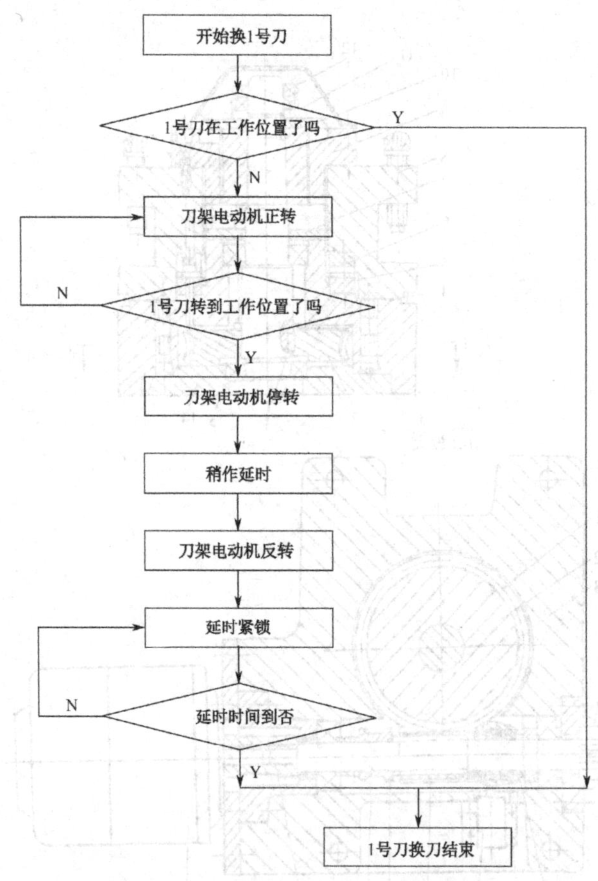

图 6-24　1 号刀转到工作位置的流程图

3. 刀架发信盘的结构和工作原理

电动刀架发信盘是固定在刀架内部中心固定轴上由尼龙材料作为封装的圆盘部件。发信盘的内部根据刀架工位数设有相应的霍尔元件，刀架安装有磁钢，发信盘结构如图 6-25 所示。

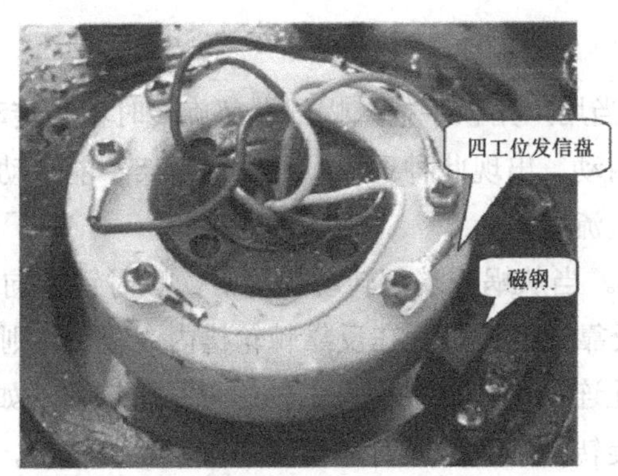

图 6-25　四工位电动刀架发信盘结构

四工位发信盘共有六个接线端子，接线图如图 6-26 所示。每个霍尔元件的两个端子并连接入直流电源端，其余四个端子按顺序接通 4 个刀位所对应的霍尔元件与 CNC 系统刀架位置控制端口。

刀架运行控制过程中，根据发信盘相应霍尔元件的输出信号来识别和感知刀具的位置状态。例如需更换 2 号刀时，CNC 系统按发信盘刀位信号检测刀架是否在 2 号刀位，如不是，CNC 系统将发出刀架电动机驱动信号，令刀架旋转，从而带动磁钢转到发信盘 2 号刀位置，对应刀位霍尔元件就会发出开关信号，通过 CNC 系统刀架位置控制接口，由 CNC 系统确认刀具已到达确定位置，使刀架锁定。

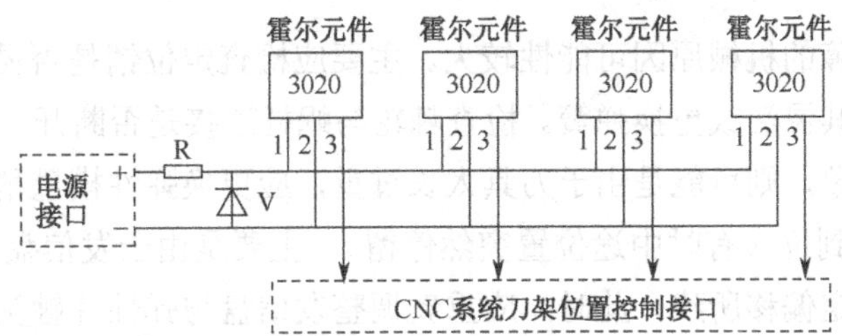

图 6-26　电动刀架发信盘电路原理图

4．霍尔元件检测

（1）将霍尔元件的 1、2 引脚接直流稳压电源（可选 20V）。

（2）使用指针式万用表并设置在电阻挡（×10 挡），黑表笔接 3 引脚，红表笔接 2 引脚。

（3）根据电阻阻值判断霍尔元件是否正常，正常状态如下：

①无磁钢靠近时，电阻值约为无穷大；

②有磁钢靠近时，电阻值明显减小。

二、数控机床刀架常见的故障

1．刀架不能启动

刀架不能启动，故障原因有机械和电气两个方面。

（1）机械方面

① 刀架预紧力过大。当用六角扳手插入蜗杆端部旋转时不易转动，而用力时，可以转动，但下次夹紧后刀架仍不能启动。出现此种现象，可确定刀架不能启动的原因是预紧力过大，可通过调小刀架电动机夹紧电流即可。

② 刀架内部机械卡死。当从蜗杆端部转动蜗杆时，顺时针方向转不动，其原因是机械卡死。首先，检查夹紧装置反靠定位销是否在反靠棘轮槽内，若在，则需将反靠棘轮与螺杆连接销孔回转一个角度重新打孔连接；其次，检查主轴螺母是否锁死，如螺母锁死，应重新调整；最后，由于润滑不良造成旋转件卡死，此时应拆开，观察实际情况，加以润滑处理。

（2）电气方面

① 电源不通、电动机不转。检查溶芯是否完好、电源开关是否良好接通、开关位置是否正确。当用万用表测量电容时，电压值是否在规定范围内，可通过更换保险、调整开关位置、使接通部位接触良好等相应措施来排除。除此以外，电源不通的原因还可考虑刀架至控制器断线、刀架内部断线、电刷式霍尔元件位置变化导致不能正常通断等情况。

② 电源通，电动机反转。可确定为电动机相序接反。通过检查线路，变换相序排除之。

③ 手动换刀正常、机控不换刀。此时应重点检查微机与刀架控制器引线、微机 I/O 接口及刀架到位回答信号。

2. 刀架越位或转不到位

刀架越位过冲故障的机械原因可能性较大。主要应检查定位销是否灵活，弹簧是否疲劳。此时应修复定位销使其灵活或更换弹簧。检查棘轮与蜗杆连接是否断开，若断开，需更换连接销。若仍出现过冲现象，则可能是由于刀具太长过重，应更换弹性模量稍大的定位销弹簧。

出现刀架运转不到位（有时中途位置突然停留），主要是由于发信盘触点与弹性片触点错位，即发信盘位置固定偏移所致。此时，应重新调整发信盘与弹性片触头位置并固定牢靠。

3. 刀架不能正常夹紧

出现刀架不能加紧的故障时，应当检查夹紧开关位置是否固定不当，并调整至正常位置。用万用表检查其相应线路继电器是否能正常工作，触点接触是否可靠。若仍不能排除，则应考虑刀架内部机械配合是否松动。有时会出现由于内齿盘上有碎屑造成夹紧不牢而使定位不准，此时，应调整其机械装置并清洁齿轮。

4. 刀架连续运转、到位不停

由于刀架能够连续运转，所以机械方面出现故障的可能性较小，主要从电气方面检查。首先排除程序错误，再观察刀架上的磁钢位置是否正确，然后检查通往发信盘的电源和通信线路，检查刀架到位信号是否发出，若没有到位信号，则是发信盘故障。此时可检查：发信盘弹性触头是否磨坏、发信盘地线是否断路或接触不良或漏接，是否需要更换弹性片触头或重修，针对其线路中的继电器接触情况、到位开关接触情况、线路连接情况相应地进行线路故障排除。

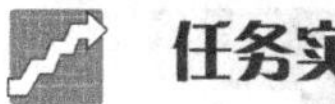

任务实施

一、拆装数控车床刀架

1. 数控车床刀架的拆卸步骤

（1）数控车床刀架拆卸前的准备工作。

在拆卸前要用压缩空气吹净刀架表面的铁屑等，并将刀架表面擦拭干净。选择合适的拆卸刀架的地点并清理现场环境。熟悉刀架结构特点和拆卸的技术要求和技巧，准备好拆卸刀架所需拆卸工具，刀架拆卸常用工具如图 6-27 所示。

在拆卸过程中应在零件和接线端上做好记录或标记，以便于装配。

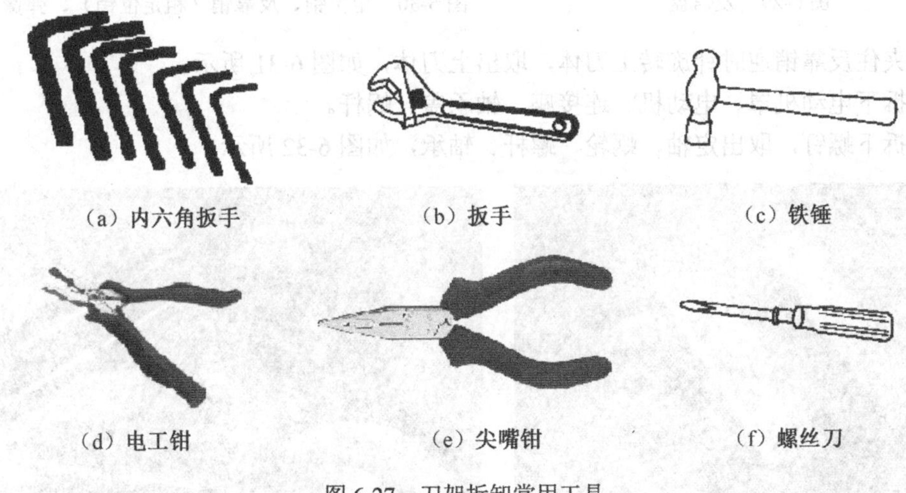

（a）内六角扳手　（b）扳手　（c）铁锤

（d）电工钳　（e）尖嘴钳　（f）螺丝刀

图 6-27　刀架拆卸常用工具

（2）拆下闷头，用内六角扳手顺时针转动蜗杆，使离合盘松开，其外形结构如图 6-28 所示。

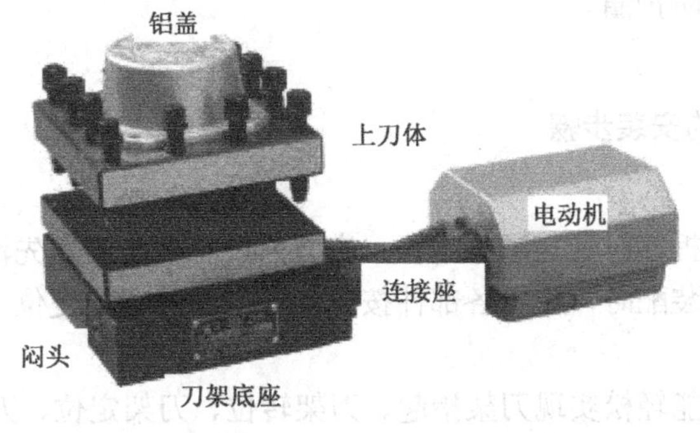

图 6-28　刀架外形图

（3）拆下铝盖、罩座。

（4）拆下刀位线，拆下小螺母，取出发信盘，如图 6-29 所示。

（4）拆下大螺母、止退圈，取出键、轴承。

（5）取下离合盘、离合销（球头销）及弹簧，如图 6-30 所示。

图 6-29　发信盘

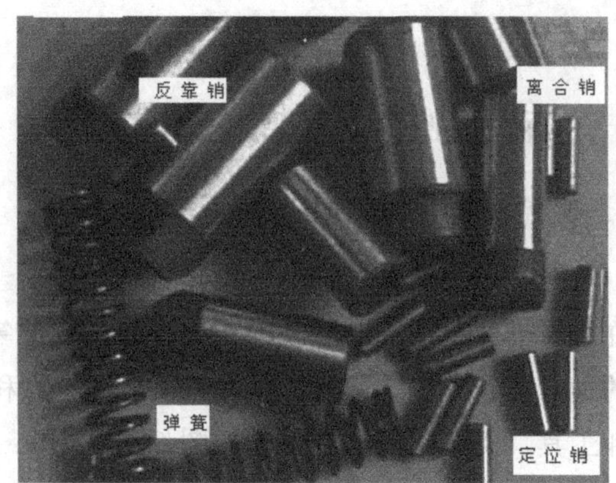

图 6-30　定位销、反靠销（粗定位销）、弹簧

（6）夹住反靠销逆时针旋转上刀体，取出上刀体，如图 6-31 所示。

（7）拆下电动机罩、电动机、连接座、轴承盖、蜗杆。

（8）拆下螺钉，取出定轴、蜗轮、螺杆、轴承，如图 6-32 所示。

图 6-31　上刀体（刀架体）

图 6-32　蜗轮丝杆

（9）拆下反靠盘、防护圈。

（10）拆下外齿圈。

2. 数控车床刀架的安装步骤

（1）装配顺序

刀架的装配顺序按拆卸时的逆顺序进行。安装前，各配合处要先清理铁屑、铁锈等异物，传动部件涂上润滑脂。装配时，应将各部件按拆卸时所作的标记复位。

（2）安装后检查

转动电动机，是否能轻松实现刀架抬起、刀架转位、刀架定位、刀架锁紧，若无法实现则未装配好，必须拆卸蜗轮丝杆、转位套、球头销、刀架体、定位销等重新装配。

二、检修发信盘

1. 检测发信盘故障

确定发信盘是断路故障还是短路故障，将发信盘接入小于 24 V 的直流稳压电流源，使用指针式万用表的电阻挡，用红表笔接发信盘的负极（标志位“-”），黑表笔接发信盘的四个霍尔器件输出接线柱上的任意一个点，将磁铁贴近该霍尔传感器外侧观察指针偏转情况（注意磁铁的极性），若哪个不偏转就可判断该霍尔器件断路损坏，若测四个位置都不偏转可能是短路故障或者是电路中电阻、稳压二极管出现故障。对于断路故障只要更换霍尔器件就可以了；对于发信盘短路故障可以检查电阻和稳压二极管是否损坏以确定是否有维修价值。

2. 排除发信盘故障

确定故障后，将发信盘的上封盖揭开，用小台钻（或手钻，钻头直径可选 2.5～3 mm）小心地把故障点上的密封树脂钻掉（注意不要损坏器件引脚）。用偏口钳将损坏的霍尔器件的实体部分剪碎（注意不要剪断器件的引脚），并将引脚理直，将新霍尔器件的引脚比照发信盘上留下的引脚成型为 U 形（注意霍尔器件的标志方向），如图 6-33 所示，确定好位置后分别将对应引脚焊好，再按上述检测方法检测正常后，剪去多余引脚并用热熔胶恢复密封，并盖好上封盖，发信盘维修完毕。其他故障可参照此法,关键是不要剪坏元件的引脚就可以了。

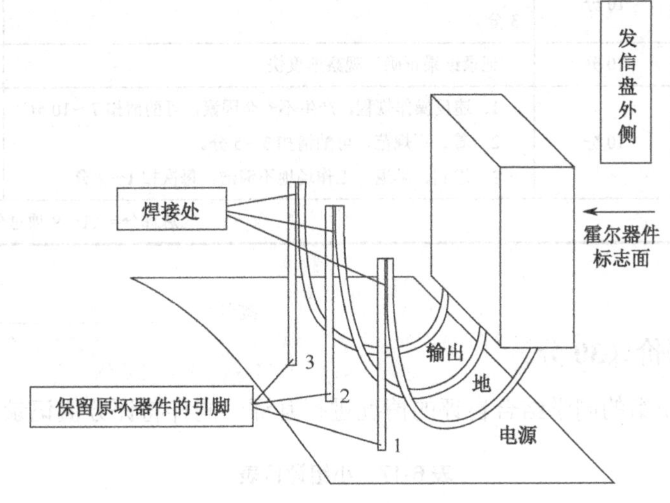

图 6-33 引脚焊接示意图

习题

1. 简述刀架换刀过程。
2. 刀架故障主要包括__________方面和__________方面的原因。
3. 霍尔器件是输入为__________，输出是一个__________信号。
4. 霍尔元件,它是由__________、__________、__________、__________和集电极开路的输出级集成的磁敏传感电路。
5. 工位刀架换刀时的动作顺序是__________、__________和__________。

评价反馈

（一）自我评价（40 分）

先进行自我评价，评分值记录于表 6-16 中。

表 6-16　自我评价表

项 目 内 容	配　分	评 分 标 准	扣分	得分
1. 实操准备	10 分	预习技能训练的内容。		
2. 拆卸安装	10 分	按照图示顺序拆卸刀架。顺序拆错每次可酌情扣 2～3 分。		
3. 机械检测	10 分	按照步骤检测刀架的机械部分。不会检测每部分可酌情扣 2～3 分。		
4. 机械故障排除	15 分	按照步骤排除刀架的机械故障。未能排除机械故障每处可酌情扣 3～5 分。		
5. 电气检测	10 分	按照步骤检测刀架的电气部分。不会检测每部分可酌情扣 2～3 分。		
6. 电气故障排除	15 分	按照步骤排除刀架的电气故障。未能排除电气故障每处可酌情扣 3～5 分。		
7. 操作过程	10 分	按照规范的工作过程进行操作。出错每处可酌情扣 2～3 分。		
8. 记录数据	10 分	记录结果正确、观察速度快		
9. 安全、文明操作	10 分	1. 违反操作规程，产生不安全因素，可酌情扣 7～10 分。 2. 着装不规范，可酌情扣 3～5 分。 3. 迟到、早退、工作场地不清洁，每次扣 1～2 分。		
		总评分=（1～9 项总分）×40%		

签名：＿＿＿＿＿＿　＿＿＿＿＿＿年＿＿月＿＿日

（二）小组评价（30 分）

再由同一实训小组的同学结合自评的情况进行互评，同样将评分值记录于表 6-17 中。

表 6-17　小组评价表

项 目 内 容	配　分	评　分
1. 实训记录与自我评价情况	20 分	
2. 对实训室规章制度的学习与掌握情况	20 分	
3. 相互帮助与协作能力	20 分	
4. 安全、质量意识与责任心	20 分	
5. 能否主动参与整理工具、器材与清洁场地	20 分	
总评分=（1～5 项总分）×30%		

参加评价人员签名：＿＿＿＿＿＿＿＿＿＿＿＿年＿＿月＿＿日

（三）教师评价（30 分）

最后由指导教师结合自评与互评的结果进行综合评价，并将评价意见与评分值记录于表 6-18 中。

表 6-18 教师评价表

<table>
<tr><td colspan="2">教师总体评价意见：

</td></tr>
<tr><td>教师评分（30 分）</td><td></td></tr>
<tr><td>总评分=自我评分+小组评分+教师评分</td><td></td></tr>
</table>

教师签名：________ ________年__月__日

知识拓展

一、数控机床刀架分类

1. 排刀式刀架

排刀式刀架一般用于小型数控车床，以加工棒料或盘类零件为主。在排刀式刀架中，夹持着各种不同用途的刀具沿着机床 X 坐标方向排列在横向滑板上。刀具布置方式如图 6-34，所示。

这种刀架在刀具布置和机床调整等方面都比较方便，可以根据具体工件的车削工艺要求，任意组合各种不同用途的刀具，一把刀具完成车削任务后，横向滑板只要按程序沿 X 轴移动预先设定的距离，第二把刀就到达加工位置，这样就完成了机床的换刀动作。这种换刀方式迅速省时，有利于提高机床的效率。

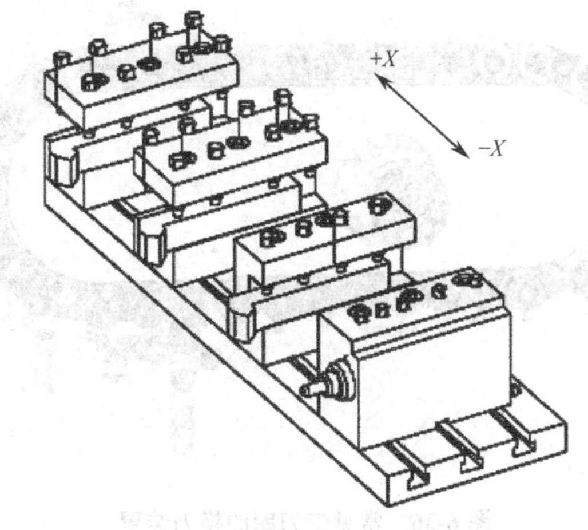

图 6-34 排刀式刀架

2. 回转刀架

回转刀架是数控车床最常用的一种典型换刀刀架，如图 6-35 所示，是一种最简单的自动换刀装置。回转刀架上回转头各刀座用于安装或支持各种不同用途的刀具，通过回转头的旋转、分度和定位，实现机床的自动换刀。回转刀架分度准确、定位可靠、重复定位精度高、转位速度快、夹紧性好，可以保障数控车床的高精度和高效率。回转刀架必须具有良好的强度和刚度，以承受粗加工的切削力；同时要保证回转刀架在每次转位的重复定位精度。

数控机床使用的回转刀架是比较简单的自动换刀装置，常用的类型有四方刀架、六角刀架，即在其上装有四把、六把或更多的刀具。回转刀架根据刀架回转轴与安装地面的相对位置，又分为立式刀架和卧式刀架两种，立式回转轴垂直于机床主轴，多用于经济型数控车床，卧式回转刀架的回转轴平行于机床主轴，可径向与轴向安装刀具。

图 6-35　常见回转刀架结构

3. 带刀库的自动换刀装置

上述排刀式刀架和回转刀架所安装的刀具都不可能太多，即使是装备两个刀架，对刀具的数目也有一定限制。当由于某种原因需要数量较多的刀具时，应采用带刀库的自动换刀装置，如图 6-36 所示。带刀库的自动换刀装置由刀库和刀具交换机构组成。

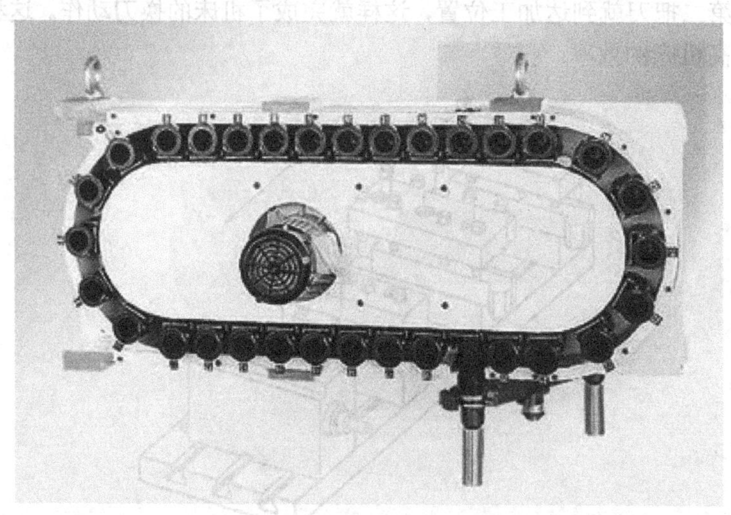

图 6-36　常见带刀库的换刀装置

二、刀架使用注意事项

（1）刀架电机采用三相 380V 特殊刀架电机，刀架连续运行时，每分钟换刀次数不得超过 6 次，否则会烧坏电机。

（2）该刀架反转锁紧时间为 1.2～1.3s。反转锁紧时间设置过长会使电机温度过高而损坏电机。反转时间设置过短会使刀架不能充分锁紧。在每台刀架的合格证上都注明了该刀架的准确锁紧时间。

任务 4 数控机床电气控制线路的检修

任务目标

掌握数控机床电气设备的检修方法和维修步骤。

学习目标

应知：

了解数控机床主要电器的结构。

应会：

（1）掌握数控机床主要电器的基本应用技术 。

（2）掌握组成电气控制线路的基本规律。

（3）掌握数控机床电气设备的检修方法和维修步骤。

建议学时

建议完成本学习任务为 12 学时。

器材准备

本学习任务所需的通用设备、工具和器材如表 6-19 所示。

表 6-19 通用设备、工具和器材明细表

序号	名 称	型 号	规 格	单位	数量
1	数控车床			台	1
2	万用电表	MF-47 型	0-10-50-250A、0-300-600V、0～300Ω	台	1
3	机床检修实训常用工具		电工钳、尖嘴钳、电工刀、木榔头、铁榔头、试电笔、扳手、锉刀、电烙铁、钢锯、一字和十字形螺丝刀、内六角扳手等工具	套	1

相关知识

一、数控机床电气元件认识

1. 按钮

按钮是一种结构简单、广泛用于发送控制指令的手动主令电器。

控制按钮一般用于短时间的接通或断开小电流。常用种类有指示灯型按钮、紧急故障处理的蘑菇状按钮、钥匙状旋式按钮、自锁式按钮等。

按钮的外形、内部结构与符号如图 6-37 所示，它由按钮帽、复位弹簧、常开触头、常闭触头、接线柱和外壳组成。

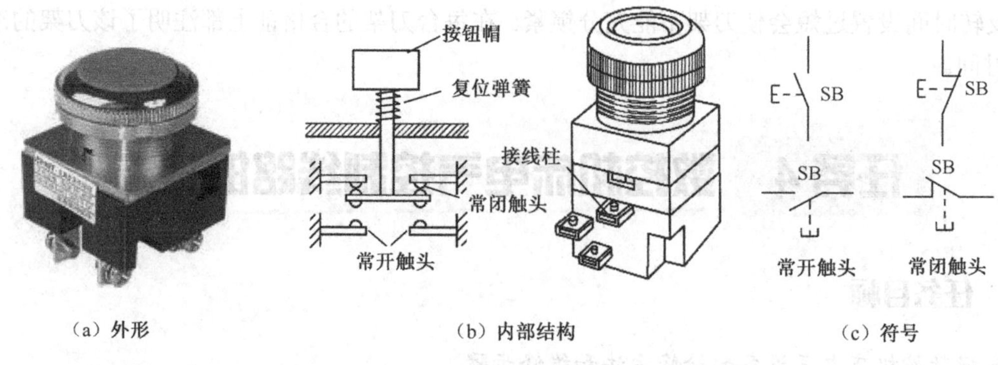

（a）外形　（b）内部结构　（c）符号

图 6-37　按钮开关外形、内部结构和符号

2．接触器

接触器是一种自动化的控制电器，主要用于频繁接通或分断大电流，具有控制容量大、可远距离操作、可实现各种定量控制和失电压及欠电压保护等功能，广泛应用于自动控制电路。

常用交流接触器的外形如图 6-38 所示，其基本结构和图形符号如图 6-39 所示。

交流接触器主要由电磁系统、触头系统、灭弧装置及辅助部件等组成，利用电磁线圈的通电或断电，使动、静铁芯吸合或释放，从而带动主触头或辅助触头闭合或断开，从而接通或断开电路。

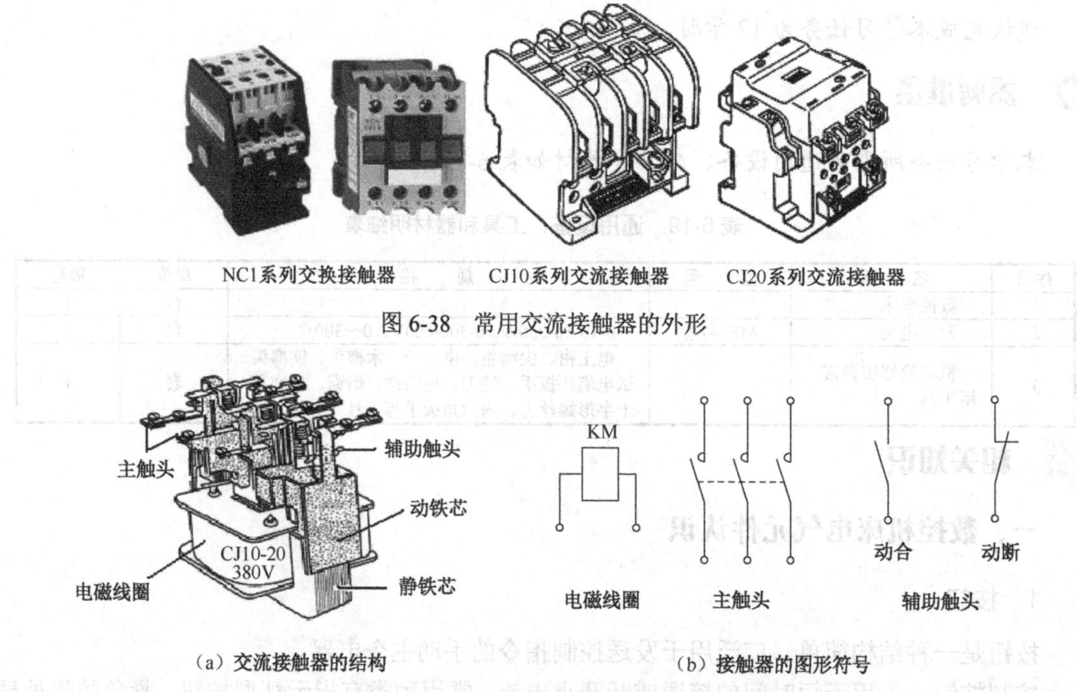

图 6-38　常用交流接触器的外形

（a）交流接触器的结构　（b）接触器的图形符号

图 6-39　交流接触器的基本结构和图形符号

3．直流中间继电器

直流中间继电器的作用是控制各种电磁线圈，以使信号放大或将信号同时传递给有关控制

元件。在自动生产线控制系统中，用于小电流、低电压 PLC 电路与大电流、高电压主电路之间的信号转换。

直流中间继电器有多种外形，常见的外形、符号如图 6-40 所示。其结构和工作原理与接触器相同，但触头对数多，且没有主辅之分。

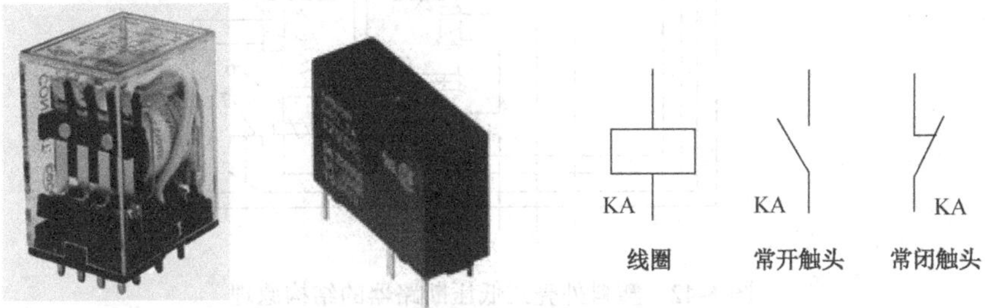

图 6-40 常用直流中间继电器的外形与继电器符号

小提示： 中间继电器与接触器所不同的是中间继电器的触头对数较多，并且没有主辅之分，各对触头允许通过的电流大小是相同的，其额定电流约为 2～5A。

4. 低压断路器

低压断路器又称自动空气开关，是将控制和保护功能合为一体的控制电器，常用作不频繁接通和断开电路的总电源开关或部分电路的电源开关。小型低压断路器具有短路、过载以及漏电（需附加模块）等保护功能，还可根据需要增加过压、欠压保护功能。

低压断路器有多种外形，常见外形、结构原理及符号如图 6-41、图 6-42、图 6-43 所示。

低压断路器的主触头是靠手动操作或电动合闸的。主触头闭合后，自由脱扣机构将主触头锁在合闸位置上。过电流脱扣器的线圈和热脱扣器的热元件与主电路串联，欠电压脱扣器的线圈和电源并联。当电路发生短路或严重过载时，过电流脱扣器的衔铁吸合，使自由脱扣机构动作，主触头断开主电路。当电路过载时，热脱扣器的热元件发热使双金属片向上弯曲，推动自由脱扣机构动作。当电路欠电压时，欠电压脱扣器的衔铁释放，也使自由脱扣机构动作。分励脱扣器则作为远距离控制用，在正常工作时，其线圈是断电的，在需要远距离控制时，按下启动按钮，使线圈通电，衔铁带动自由脱扣机构动作，使主触头断开。

（a）单极二线

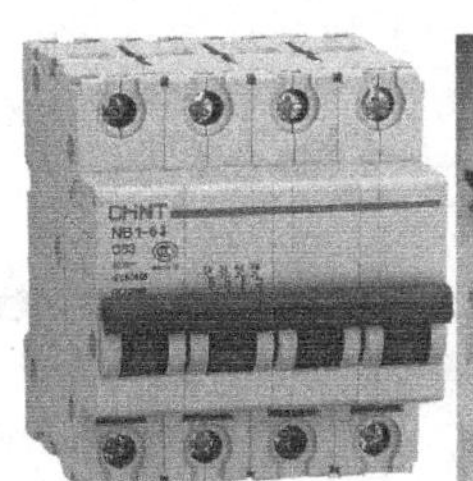

（b）三极四线

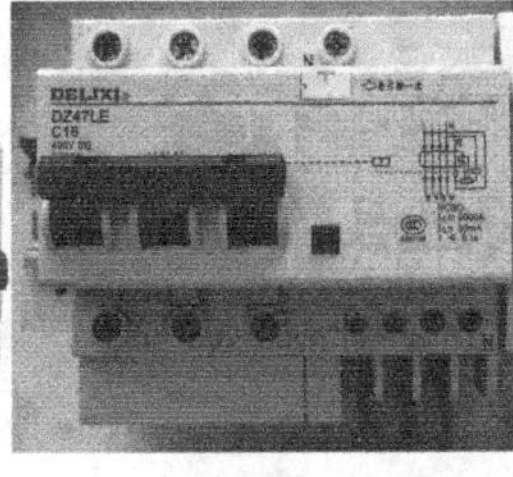

（c）三极四线带漏电功能

（d）三极三线

图 6-41 常用低压断路器的外形及种类

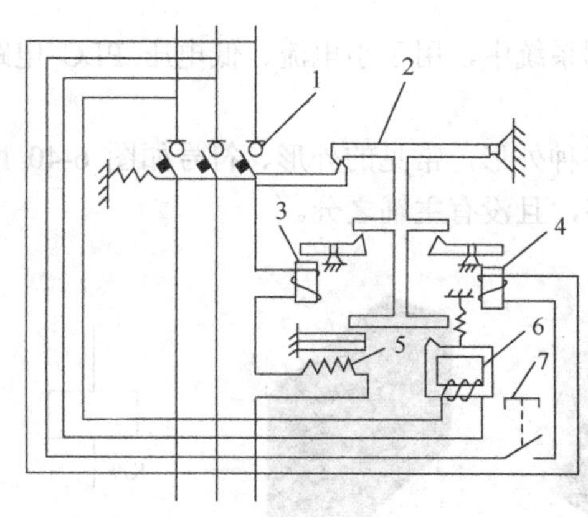

图 6-42　塑料外壳式低压断路器的结构原理

1—主触头；2—自由脱扣器；3—过电流脱扣器；4—分励脱扣器；5—热脱扣器；6—欠电压脱扣器；7—按钮

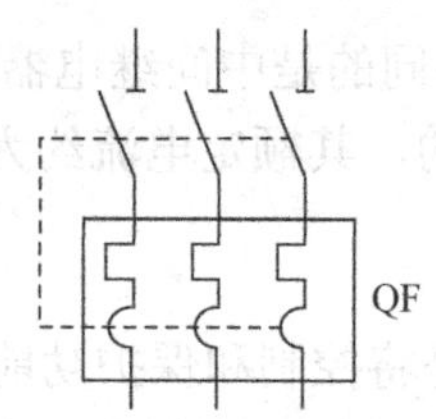

图 6-43　低压断路器符号

5. 热继电器

热继电器是利用流过继电器的电流所产生的热效应而反时限动作的自动保护电器。所谓反时限动作，是指电器的延时动作时间随通过电路电流的增加而缩短。

热继电器主要与接触器配合使用，用作电动机的过载保护、断相保护、电流不平衡运行的保护及其他电气设备发热状态的控制。

热继电器的文字符号为 FR，常用热继电器的外形和符号如图 6-44 所示。

（a）电子式热继电器　（b）双金属片式热继电器　（c）图形符号

图 6-44　常用热继电器外形和符号

目前使用最普遍的是双金属片式热继电器，结构如图 6-45 所示。

6. 熔断器

熔断器在控制系统中主要用作短路和过载保护的电器，使用时串联在被保护的电路中，当电路发生短路故障、通过熔断器的电流达到或超过某一规定值时，以其自身达到的热量使熔体熔断，从而自动分断电路，起到保护作用。

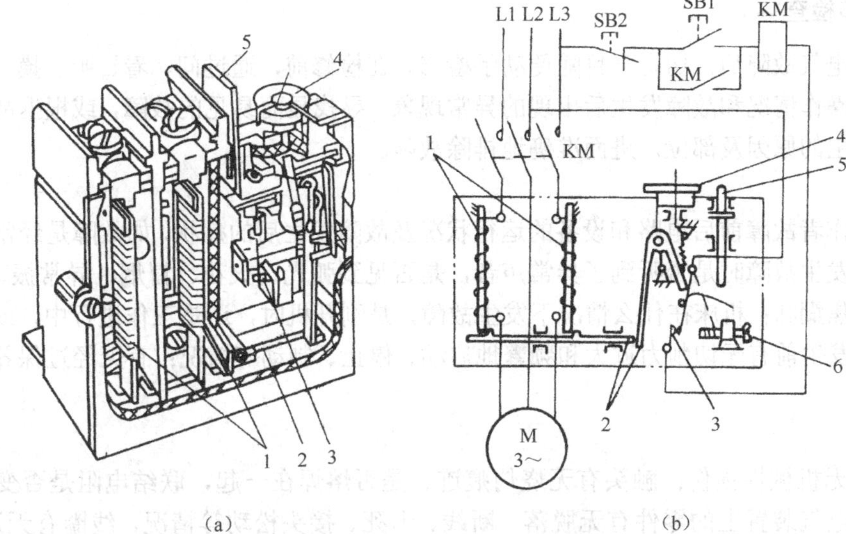

图 6-45 双金属片式热继电器的结构示意图

1—热元件；2—传动机构；3—动断触头；4—电流整定按钮；5—复位按钮；6—限位螺钉

熔断器主要由熔体（或称熔丝）和安装熔体的熔管（或称熔座）两部分组成。熔体由铅、锡、锌、银、铜及其合金制成，常做成丝状、片状或栅状；熔管是装熔体的外壳，由陶瓷、绝缘钢纸制成，在熔体熔断时兼有灭弧作用。熔断器的文字符号为 FU，常用熔断器外形如图 6-46 所示。

熔断器按结构形式分为半封闭瓷插式、无填料封闭管式、有填料封闭管式、自复式熔断器等。

RL1 系列螺旋式熔断器

RT18 圆筒形帽熔断器

RTO 系列有填料封闭管式熔断器

图 6-46 常用熔断器

二、数控机床电路故障检修的一般方法

数控机床电气设备故障的类型大致可分两大类，一类是有明显外表特征并容易被发现的，如电动机、电器的显著发热、冒烟甚至发出焦臭味或火花等；另一类是没有外表特征的，此类故障常发生在控制电路中，由于元件调整不当，机械动作失灵，触头及压接线端子接触不良或脱落，以及小零件损坏，导线断裂等原因所引起。电路故障采用的检测判断方法、手段和步骤

如下。

1. 初步检查

当发生电气故障后，切忌盲目随便动手检修。在检修前，通过问、看、听、摸、闻来了解故障前后的操作情况和故障发生后出现的异常现象，寻找显而易见的故障，或根据故障现象判断出故障发生的原因及部位，进而准确地排除故障。

（1）问

询问操作者故障前后电路和设备的运行状况及故障发生后的症状，如故障是经常发生还是偶尔发生；发生故障时是否听到了异常声音，是否见到弧光、火花、冒烟、异常振动等征兆，是否闻到了焦煳味；机床在什么情况下发生故障，是刚开机时，还是工作进行中，或是工作结束时；故障发生前有无切削力过大和频繁地启动、停止、制动等情况；有无经过保养检修或改动线路等。

（2）看

察看有无机械性损伤；触头有无烧灼痕迹、是否熔焊在一起，联结电阻是否变化及导线是否变色；电气装置上的零件有无脱落、断线、卡死、接头松动等情况，线圈有无过热烧毁；运转和密封部位有无异常的飞溅物、脱落物、溢出物，如油、烟、火星、工作介质、金属屑块等；断路器、热继电器是否跳闸，熔断器是否熔断；电源是否缺相，三相是否严重不平衡，电压是否正常；开关、操作手柄的位置是否合适；限位开关是否被压上；操作者的操作程序是否正确等。

（3）听

在线路还能运行和不扩大故障范围、不损坏设备的前提下，可通电试车，细听电动机、接触器和继电器等电器的运转声音是否正常。当运转声音异常时，这是与故障相关联的信号，也是听觉检查的关键。

（4）摸

用手的触觉判别机床旋转部位及电动机有无异常振动，运动时有无冲击；在刚切断电源后，尽快触摸检查电动机、变压器、电磁线圈及熔断器等，看是否有过热现象；有的机床由于继电器、接触器的辅助触头弹簧压力低，稍有振动即能发生误动作，可用螺钉旋具的木柄轻轻叩击，看机床元器件是否跳闸来判断开关、接触器动作是否灵活，有无卡死的现象。

（5）闻

辨别有无异味，在机床运动部件发生剧烈摩擦、电气绝缘烧损时，会产生油烟气、绝缘材料的焦煳味；放电会产生臭氧味，还能听到放电的声音。

2. 缩小故障范围

检修简单的电气控制线路时，对每个元器件、每根导线逐一进行检查，一般能很快找到故障点。但对复杂的线路，若采取逐一检查的方法，不仅需耗费大量的时间，而且也容易漏查。在这种情况下，根据电路图，采用逻辑分析法，找出导致故障可能性大的因数，划出可疑范围，提高维修的针对性，就可以收到准而快的效果。

分析电路时，结合故障现象和线路工作原理，通常先从主电路入手，在电动机主电路所用元器件的文字符号、图区号及控制特点上找到相应的控制电路，再进行认真分析排查，迅速判定故障发生的可能范围。当故障的可疑范围较大时，不必按部就班地逐级进行检查，可在故障范围内的中间环节进行检查，也可先易后难、由表及里，这样来判断故障究竟是发生在哪一部分，从而缩小故障范围，少走弯路，提高检修速度。

经外观检查未发现故障点时，可根据故障现象，在不扩大故障范围、不损伤电气和机械设备的前提下，进行通电试车，进一步判明故障及故障区域。试车前可断开负载（拆除电动机主回路接线，或使电动机在空载下运行），以分清故障是在主电路上还是在控制电路上，是在电动机上还是在主电路上，是在电气部分还是在机械等其他部分。

3. 测量法确定故障点

测量法是维修电工工作中用来准确确定故障点的一种行之有效的检查方法。常用的测试工具和仪表有万用表、钳形电流表、兆欧表、试电笔、校验灯、示波器等，测试的方法有电压法、电流法、电阻法、元件替代法等。主要通过对电路进行带电或断电时的有关参数如电压、电阻、电流等的测量，来判断元器件的好坏、设备的绝缘情况以及线路的通断情况，查找出故障。

小提示：在用测量法检查故障点时，一定要保证各种测量工具和仪表完好，使用方法正确，还要注意防止感应电、回路电及其他并联支路的影响，以免产生误判断。

4. 电压法

电压法就是机床电路在带电情况下，测量各节点之间的电压值，与机床正常工作时应具有的电压值进行比较，以此来判断故障点及故障元件的所在处。它不需拆卸元件及导线，同时机床处在实际使用条件下，提高了故障识别的准确性，是故障检测采用最多的方法。

（1）试电笔

低压试电笔是检验导线和电气设备是否带电的一种常用检测工具，但只适用于检测对地电位高于氖管起辉电压（60～80V）的场所，只能作定性检测，不能作定量检测。当电路接有控制和照明变压器时，用试电笔无法判断电源是否缺相；氖管的起辉发光消耗的功率极低，由绝缘电阻和分布电容引起的电流也能起辉，容易造成误判断。为避免测量中的误判断，初学者最好只将其作为验电工具。

（2）校验灯

校验灯一般是由电工自制的一种测量电压的工具。它消耗的功率大，不会对虚假电压、静电作出错误判断，虚假电压、静电均不会使校验灯亮，它的可靠性较高。测试时可利用灯的亮度对电压值作出粗略的判断，但其测量范围受灯泡额定电压的限制，过高或过低都不能使用。

（3）示波器

示波器也是测量电压的一种工具，尤其是用于测量峰值电压、微弱信号电压。在机床电气设备故障检查中，主要用于电子线路部分检测。

（4）万用表电压测量法

使用万用表测量电压，测量范围很大，交直流电压均能测量，是使用最多的一种测量工具。检测前应熟悉预计有故障的线路及各点的编号，清楚线路的走向、元件位置；明确线路正常时应有的电压值；将万用表的转换开关拨至合适的电压倍率挡，将测量值与正常值比较，作出分析判断。

5. 电阻法

电阻法就是在电路切断电源后用仪表测量两点之间的电阻值，通过对电阻值的对比，进行电路故障检测的一种方法。在继电接触器控制系统中，当电路存在断路故障时，利用电阻法对线路中的断线、触头虚接触、导线虚焊等故障进行检查，可以找到故障点。

采用电阻法查找故障的优点是安全，缺点是测量电阻值不准确时易产生误判断，快速性和准确性低于电压法。因此，电阻法检测电路故障时应注意：检查故障时必须断开电源；如被测电路与其他电路并联连接时，应将该电路与其他并联电路断开，否则会产生误判断；测量高电阻值的元器件时，万用表的选择开关应旋至合适的电阻挡。

6．跨接线法

跨接线法亦称短接法，就是在怀疑断路的部位用一根绝缘良好的导线短接，若短接处电路接通，则表明该处存在断路故障。

在电子线路中常用跨接线法检测元件，判断元件是否存在断路或短路故障；在机床电气设备检修中跨接线法可用于断路故障的检修，如导线断路、虚连、虚焊、触头接触不良等故障。跨接线法使用前应用万用表测量控制电源正常，使用时应注意安全，避免发生触电事故；跨接线法只适用于压降极小的导线及触头之类的断路故障检查，绝对不能将导线跨接在负载两端；跨接线法不能在主回路中使用。

小提示：使用跨接线法必须相当熟悉电路，初学者慎用。

7．电流法

电流法是利用电流表或钳形电流表在线检测负载电流、判断三相电流是否平衡；检测交流电动机运行状态，判断交流电动机是处于过载还是轻载运行，判断交流电动机某相是否存在匝间短路故障（空载电流明显偏大的一相有匝间短路故障）。钳形电流表在检测前应根据负载电流的大小选择合适的量程；改变量程时，应将被测导线推出钳口，不能带电旋转量程开关。

8．元件替代法

元件替代法是利用相同型号、规格的元件去替代可能有故障的元件，替代以后看设备故障是否消除。元件替代法可核实采用电压法、电阻法所确定的故障点；核实是否因为元件参数裕度不够而带来的故障；核实模棱两可而无法确定的故障；核实元件参数选用不当带来的故障。元件替代法多用于电子线路检查和消除故障。

任务实施

一、数控设备电气设备维修要求

数控设备电气设备发生故障后，维修人员应能及时、熟练、准确、迅速、安全地查出故障并加以排除，尽早恢复设备的正常运行。对电气设备维修的一般要求如下。

（1）采取的维修步骤和方法必须正确，切实可行。

（2）不得损坏完好的元器件。

（3）不得随意更换元器件及连接导线的型号规格。

（4）不得擅自改动线路。

（5）损坏的电气装置应尽量修复使用，但不得降低其固有的性能。

（6）电气设备的各种保护性能必须满足使用要求。

（7）电气绝缘合格，通电试车能满足电路的各种功能，控制环节的动作程序符合要求。

（8）修理后的电气装置必须满足其质量标准要求。电气装置的检修质量标准：

① 外观整洁，无破损和碳化现象。

② 所有的触头均应完整、光洁，接触良好。

③ 压力弹簧和反作用力弹簧应具有足够的弹力。

④ 操纵、复位机构必须灵活可靠。

⑤ 各种衔铁运动灵活，无卡阻现象。

⑥ 灭弧罩完整、清洁，安装牢固。

⑦ 整定数值大小应符合电路使用要求。

⑧ 指示装置能正常发出信号。

二、数控机床电气故障修复的注意事项

当找出电气设备的故障点后，就要着手进行修复、试运转、记录等，然后交付使用，但必须注意如下事项。

（1）在找出故障点和修复故障时，应注意不能把找出的故障点作为寻找故障的终点，还必须进一步分析查明产生故障的根本原因。例如，在处理某台电动机因过载烧毁的事故时，决不能认为将烧毁的电动机重新修复或换上一台同型号的新电动机就算完事，而应进一步查明电动机过载的原因，到底是因负载过重，还是电动机选择不当、功率过小所致，因为两者都将导致电动机过载。所以在处理故障时，修复故障应在找出故障原因并排除之后进行。

（2）找出故障点后，一定要针对不同故障情况和部位相应采取正确的修复方法，不要轻易采用更换元器件和补线等方法，更不允许轻易改动线路或更换规格不同的元器件，以防产生人为故障。

（3）在故障点的修理工作中，一般情况下应尽量做到复原。但是，有时为了尽快恢复工业机械的正常运行，根据实际情况也允许采取一些适当的应急措施，但绝不可凑合行事。

（4）电气故障修复完毕，需要通电试运行时，应和操作者配合，避免出现新的故障。

（5）每次排除故障后，应及时总结经验，并做好维修记录。记录的内容包括：工业机械的型号、名称、编号、故障发生日期、故障现象、部位、损坏的电器、故障原因、修复措施及修复后的运行情况等。记录的目的：作为档案以备日后维修时参考，并通过对历次故障的分析，采取相应的有效措施，防止类似事故的再次发生或对电气设备本身的设计提出改进意见等。

三、对主轴控制电路进行全面检查

图 6-47 是某数控车床与主轴控制部分有关的电路，请按照步骤对这部分电路进行全面检查。先在断电情况下，对照电路图对电气元件逐一检查，对有故障的元件进行修复或更换，在确保元件正常和线路没有短路的前提下通电，测试主轴电路功能。

1．检查顺序

（1）先检查容易检查的部位，后检查较难检查的部位；先用简单易行的方法检查直观、简单、常见的故障，后用复杂、精确的方法检查难度较高、没有见过和听说过的疑难故障。

如图 6-47 中的几个交流接触器集中安装在机床后的配电箱中，易于检查，而 SQ4 则安装在机床床体上，需要拆开端盖才能测量，因此先对交流接触器进行检查。

（2）先查重点怀疑的部位和元器件，后查其他部位和元器件。翻查以往的维修记录，如在以往的保养维修中 KA8 是经常损坏的部件，我们首先对 KA8 进行检查。

（3）先检查电源，后检查负载。因电源侧故障会影响到负载，而负载侧故障未必会影响到电源。如图 6-47 所示，先检查 400 和 407 两点间的电压是否正常。

（4）先检查电气设备的活动部分，再检查静止部分，因活动部分比静止部分发生故障的概率要高得多。如图 6-47 所示，我们应先对继电器、接触器的触点等动作较多的部位进行检查，后检查线圈。

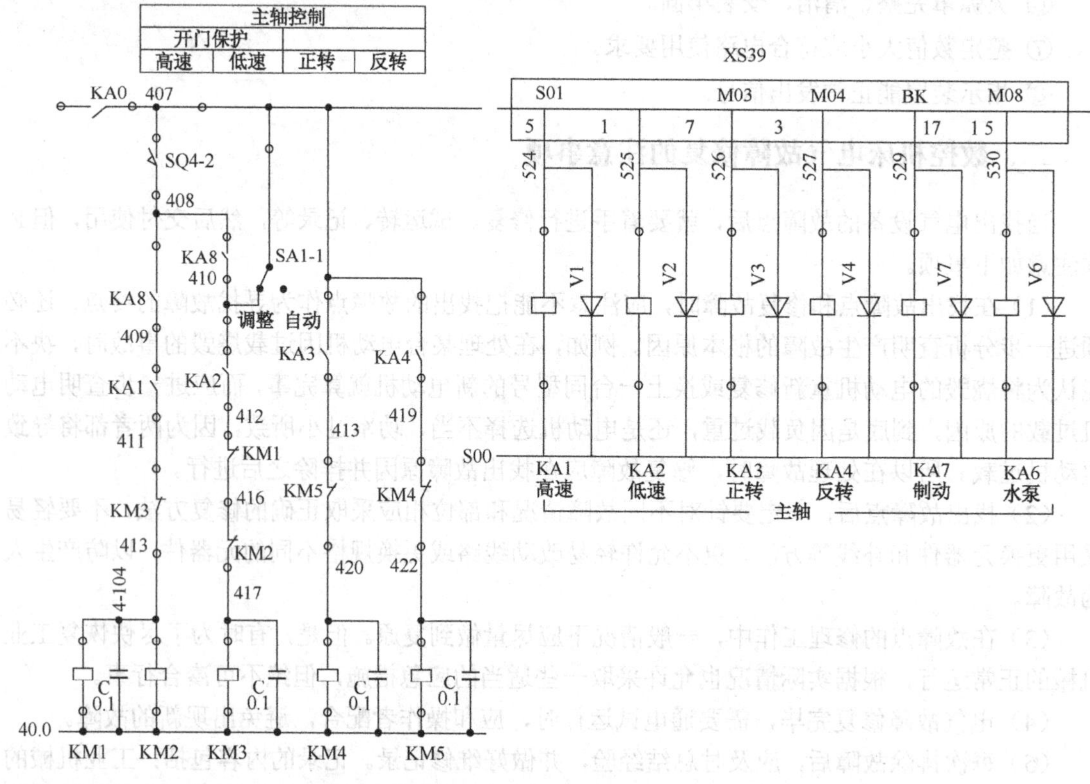

图 6-47　某数控车床与主轴控制部分有关的电路

2．电气控制线路断电检查的内容

（1）检查熔断器的熔体是否熔断、是否合适以及接触是否良好。

（2）检查开关、刀闸、触点、接头是否接触良好。

（3）用万用表欧姆挡测量有关部位的电阻。

（4）检查改过的线路或修理过的元器件是否正确。

（5）检查热继电器是否动作，中间继电器、交流接触器是否卡阻或烧坏。

（6）检查转动部分是否灵活。

3．元件检查

（1）按钮检测方法

① 检查外观是否完好。

② 用万用表检查按钮的动合和动断触头工作是否正常。

动断触头：用万用表欧姆挡（电阻挡），表笔分别接触按钮的两接线端时 R=0，按下按钮时 R=∞。

动合触头：用万用表欧姆挡（电阻挡），表笔分别接触按钮的两接线端时 R=∞，按下按钮时 R=0。

（2）接触器检测方法

① 检查接触器外观，应无机械损伤。用手推动接触器可动部分时，接触器应动作灵活，无卡阻现象。灭弧罩应完好无损，固定牢固。

② 用万用表 R×1 挡检测各触头的分、合情况是否良好。

方法是：用手或旋具用力均匀按下动触头（切忌将旋具用力过猛，以防触头变形或损坏器件）。

动断触头：用万用表欧姆挡（电阻挡），表笔分别接触动断触头的两端时 R=0，手动操作后 R=∞。

动合触头：用万用表欧姆挡（电阻挡），表笔分别接触动合触头的两端时 R=∞，手动操作后 R=0。

③ 用万用表 R×100 挡检测接触器线圈直流电阻是否正常，一般为 1．5～2kΩ 左右。

④ 检查接触器线圈电压与电源电压是否相符。

（3）直流中间继电器检测方法

①外观检查继电器及其专用插座是否完整无缺，各接线端和螺钉是否完好。

②用万用表 R×100 挡检测继电器线圈直流电阻是否正常，一般为 0.5～1kΩ 左右。

③用万用表 R×1 挡检测各触头的分、合情况是否良好。方法是：检查继电器线圈电压与电源电压是否相符，通入相应的直流电压。

动断触头：用万用表欧姆挡（电阻挡），表笔分别接触公共点及动断触头 R=0，通电后 R=∞。

动合触头：用万用表欧姆挡（电阻挡），表笔分别接触公共点及动合触头 R=∞，通电后 R=0。

（4）低压断路器检测方法

① 检查外观是否完好。

② 手动操作：用万用表检查开关接通和断开是否正常。

开关合闸前：用万用表欧姆挡（电阻挡），表笔分别接触开关的每一极的两接线端时 R=∞，断开状态。

开关合闸后：用万用表欧姆挡（电阻挡），表笔分别接触开关的每一极的两接线端时 R=0，接通状态。

带有漏电功能的低压断路器检测方法是：根据开关的极数接入电源，在合闸通电的状态下，按一次试验按钮，漏电低压断路器应分闸，用以检查漏电保护性能是否正常可靠，如不能正常工作，必须立即更换，不能继续使用。

（5）热继电器检测方法

① 外观检查热继电器是否完整无缺，各接线端和螺钉是否完好。

② 用万用表 R×10 挡检测各主触头、动断辅助触头进、出线端电阻的阻值，正常情况下 R=0。

（6）熔断器检测方法

① 外观检查熔断器是否完好无损，各接线端和螺钉是否完好。

② 检查熔断器的熔体是否完好，方法是：用万用表 R×1 挡检测，正常情况下 R=0。如检查带熔断功能指示的 RL1、RTO 系列熔断器可直接观察熔断指示。

4．通电检查分析

通过直接观察无法找到故障点，断电检查仍未找到故障时，可对电气设备进行通电检查。将整个电路划分为几部分，配上合适的熔断器，选用万用表的交流电压挡、校验灯等工具，对各部分分别通电。通电时动作要迅速，尽量减少通电测量和观察的时间。

（1）通电检查前要先切断主电路，让电动机停转，尽量使电动机和其所传动的机械部分脱开，将控制器和转换开关置于零位，行程开关还原到正常位置。

（2）观察有关继电器和接触器是否按照控制顺序动作。

（3）检查各部分的工作情况，看是否有拒动、接触不良、元器件冒烟、熔断器熔体熔断等现象。

（4）测量电源电压、接触器和继电器线圈的电压以及各控制回路的电流等数据，从而将故障范围进一步缩小或查出故障。

结合通电检查进行故障分析。如果检查时发现某一接触器不吸合，则说明该接触器所在回路或相关回路有故障，再对该回路作进一步检查，便可发现故障原因和故障点。

习题

1. 数控机床电气设备维修包括哪两方面？
2. 画出按钮、接触器、直流中间继电器、低压断路器、热继电器和熔断器的符号。
3. 数控机床电路故障检修一般包括哪些方法？
4. 数控设备电气设备维修有哪些要求？
5. 数控机床电气故障的修复有哪些注意事项？

评价反馈

（一）自我评价（40 分）

先进行自我评价，评分值记录于表 6-20 中。

表 6-20　自我评价表

项 目 内 容	配分	评 分 标 准	扣分	得分
1．实操准备	10 分	预习技能训练的内容		
2．元件认识与检查	20 分	能认识数控机床电路的各个元件，并对元件进行检测，判断出元件的好坏；不能认识元件每个可酌情扣 3～5 分，不会检测元件每处扣 3～5 分。		
3．故障检测与排除	30 分	按照任务要求和步骤使用万用表对主轴电路进行检测；不能找出故障或找错故障每次可酌情扣 5～10 分。		
4．操作过程	20 分	按照规范的工作过程进行操作；出错每处可酌情扣 2～3 分。		
5．记录数据	10 分	记录结果正确、观察速度快。		
6．安全、文明操作	10 分	1．违反操作规程，产生不安全因素，可酌情扣 7～10 分。 2．着装不规范，可酌情扣 3～5 分。 3．迟到、早退、工作场地不清洁，每次扣 1～2 分。		
		总评分=（1～6 项总分）×40%		

签名：________________年___月___日

（二）小组评价（30 分）

再由同一实训小组的同学结合自评的情况进行互评，同样将评分值记录于表 6-21 中。

表 6-21 小组评价表

项 目 内 容	配 分	评 分
1. 实训记录与自我评价情况	20 分	
2. 对实训室规章制度的学习与掌握情况	20 分	
3. 相互帮助与协作能力	20 分	
4. 安全、质量意识与责任心	20 分	
5. 能否主动参与整理工具、器材与清洁场地	20 分	
	总评分=（1～5 项总分）×30%	

参加评价人员签名：____________ ____________年__月__日

（三）教师评价（30 分）

最后由指导教师结合自评与互评的结果进行综合评价，并将评价意见与评分值记录于表 6-22 中。

表 6-22 教师评价表

教师总体评价意见：	
教师评分（30 分）	
总评分=自我评分+小组评分+教师评分	

教师签名：____________ ____________年__月__日

知识拓展

电气设备的日常维护

电气设备的维修包括日常维护和故障检修两方面。加强对电气设备的日常检查和维护，及时发现一些非正常因素，并给予及时的修复或更换处理，可以把许多故障消灭在萌芽状态，降低故障造成的损失，增加连续运转周期。电气设备的日常维护包括电动机和控制设备的日常维护。

1. 电动机的日常维护

电动机是机床设备的心脏，在日常维护中应保持：电动机表面清洁，运转声音正常，运行平稳，三相电流平衡，绝缘电阻大于 0.5MΩ，接地良好，温升正常，绕线转子异步电动机、直流电动机电刷下火花在允许范围之内。

2. 控制设备的日常维护

控制设备日常维护的主要内容有：操纵台上的所有操纵按钮、主令开关的手柄、信号灯及仪表护罩都应保持清洁完好；各类指示信号装置和照明装置应完好；电气柜的门、盖应关闭严密，柜内保持清洁、无积灰和异物；接触器、继电器等电器吸合良好，无噪声、卡住或迟滞现象；试验位置开关能起限位保护作用，各电器的操作机构应灵活可靠；各线路接线端子连接牢靠，无松脱现象；各部件之间的连接导线、电缆或保护导线的软管，不得被切削液、油污等腐蚀；电气柜及导线通道的散热情况应良好；接地装置可靠。

参考文献

[1] 胡燕等编．自动控制原理.武汉：华中科技大学出版社，2007.

[2] 余成波等编著．自动控制原理．北京：清华大学出版社，2006.

[3] 李晓荃．单片机原理与应用．北京：电子工业出版社，2000.

[4] 吴坚，赵英凯，黄玉清．计算机控制系统．武汉：理工大学出版社，2002.

[5] 高国琴等．微型计算机控制技术．北京：机械工业出版社，2006.

[6] 王用伦．微机控制技术．重庆：重庆大学出版社，2004.

[7] 蔡杏山．零起步轻松学步进与伺服应用技术．北京：人民邮电出版社，2012.

[8] 秦虹主编．电机原理与维修．北京：中国劳动社会保障出版社，2004.

[9] 宋峰青主编．变频技术．北京：中国劳动社会保障出版社，2004.

[10] 岳庆来主编．变频器、可编程控制器及触摸屏综合应用技术．北京：机械工业出版社，2006.

[11] 李良仁主编．变频调速技术与应用．北京：电子工业出版社，2004.

[12] 三菱电机株式会社编．变频器原理与应用教程．北京：国防工业出版社，1998.

[13] 刘伟主编．传感器原理及实用技术．北京：电子工业出版社，2006.

[14] 蔡崧主编．传感器与 PLC 编程技术基础．北京：电子工业出版社，2005.

[15] 李绍炎编著．自动机与自动线．北京：清华大学出版社，2006.

[16] 丁加军等主编．自动机与自动线．北京：机械工业出版社.2005.

[17] 刘增辉主编．模块化生产加工系统．北京：电子工业出版社，2005.

[18] FESTO 产品目录．费斯托工业自动化教学培训系统．

[19] 严爱珍主编．机床数控原理与系统．北京：机械工业出版社.1998.

[20] 马一民等主编．数控技术及应用．西安：西安电子科技大学出版社，2006.

[21] 胡相斌主编．数控加工实训教程.西安：西安电子科技大学出版社，2007.

[22] 张光跃主编．数控设备故障诊断与维修实用教程．北京：电子工业出版社，2005.

[23] 杨克冲等主编．数控机床电气控制．武汉：华中科技大学出版社，2005.

[24] 王栋臣等编．数控加工实训．济南：山东科学技术出版社，2005.

[25] 方沂主编．数控机床编程与操作．北京：国防工业出版社，1999.

[26] 亚龙 YL-335B 型自动生产线实训考核装备实训指导书（三菱 PLC 版本），2010.